化学实验赏析

HUAXUE SHIYAN SHANGXI

翟慕衡 魏先文 王正华 等 编著

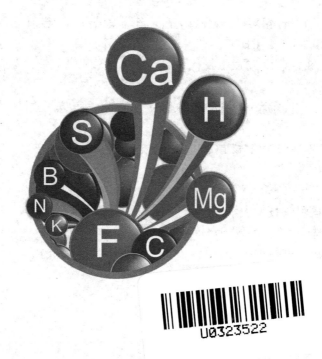

中国科学技术大学出版社

内 容 简 介

本书内容包括化学实验简史、化学实验对创新精神的培养和对人类社会的贡献、化学实验的基本操作、化学实验与生活、化学实验与生命、趣味化学实验、设计性实验等。本书反映了化学学科的知识与日常生活息息相关的内容,既开拓学生的知识面,优化知识结构,体现学科交融、文理渗透,又培养和提高学生的创新精神以及实践动手能力。

本书可作为高等院校文理各科的公选课教材,也可作为中学化学教师的教学参考书、中学生的课外读物以及社会各界了解化学实验与社会发展相关性的科普读物。

图书在版编目(CIP)数据

化学实验赏析/翟慕衡,魏先文,王正华等编著.—合肥:中国科学技术大学出版社,2012.8(2016.2重印)

ISBN 978-7-312-02912-7

Ⅰ.化… Ⅱ.①翟… ②魏… ③王… Ⅲ.化学实验—教材 Ⅳ.O6-3

中国版本图书 CIP 数据核字(2012)第 155633 号

出版	中国科学技术大学出版社
	安徽省合肥市金寨路 96 号,230026
	http://press.ustc.edu.cn
印刷	合肥市宏基印刷有限公司
发行	中国科学技术大学出版社
经销	全国新华书店
开本	710 mm×960 mm 1/16
印张	20.25
字数	340 千
版次	2012 年 8 月第 1 版
印次	2016 年 2 月第 2 次印刷
定价	33.00 元

前　　言

　　化学是研究物质的性质、组成、结构、变化和应用的科学。它是一门历史悠久而又富有活力的学科,是人类用以认识和改造物质世界的主要方法和手段之一,它的成就是社会文明的重要标志。从开始用火的原始社会,到使用各种人造物质的现代社会,人类都在享用化学成果。例如,增产粮食和控制人口、使人类丰衣足食,合理利用现有能源和提供新能源,制造和提供各种现代化的材料,化学对人类生存环境的影响等,都依赖化学学科所做的贡献。

　　化学研究的内容为合成新物质以及对物质的分离、鉴定和表征。实验与理论一直是化学研究中相互依赖、彼此促进的两个方面,化学是一门建立在实验基础上的科学,是一门实验性科学。实验是化学学科的特点,也是化学学科生存、发展的基础,化学科学的生命力和动力,也是其最终的目的。

　　物质世界中的千变万化的化学现象都是通过化学实验观察到的,而化学学科中的一些学说和定理,既是在实验的基础上经综合、归纳而得到,也是在实验的鉴别中修正、发展而成熟的。可见实验在化学发展中具有特殊的重要作用。在历史上化学实验方法的作用表现在六个方面:澄清问题;发现新物质(元素及化合物);研制合成新材料、新物质;验证理论并提供依据;奠基化学学科的建立;推动科学的发展。

　　化学实验方法的创新、改进与创造发明关系极大,可以说化学上的每一次重大的发明创造,每一次重大的突破、发展和进步都与化学实验方法的创新、改进或变革密切相关。创新是化学进步的阶梯和源泉,没有创新化学就不会进步! 而古今中外的著名化学家都是十分重视化学实验方法的创新与改进,并获得发现、发明和创造的。

　　化学实验对培养学生的创新意识、百折不挠的顽强进取精神,对增强学生的社会责任感和使命感,作用和意义均十分重大。

　　我们以国家级实验教学示范中心建设单位(安徽师范大学化学实验教学中心)

为依托平台,面向非化学类学生开设了化学实验赏析课程,旨在让更多的学生了解现今的化学与化学实验概况以及化学实验在国民经济和社会生活的作用。本书包括化学实验简史、化学实验对创新精神的培养和对人类社会的贡献、化学实验的基本操作、化学实验与生活、化学实验与生命、趣味化学实验、设计性实验等。课程反映了化学学科的知识与日常生活息息相关的内容,既开拓学生的知识面,优化知识结构,体现学科交融、文理渗透,又培养和提高学生的创新精神以及实践动手能力。

　　本书可作为高等院校非化学类文理各科的素质教育公选课教材,也可作为中学化学教师的教学参考书、大学生和中学生的课外读物以及社会各界了解化学实验与社会发展相关性的科普读物。参加本书编写工作的有翟慕衡(第一章)、王正华(第二章)、张莉(第三章)、杜俊(第四章)、魏先文(第五章)、承勇(第六章、第七章)。全书由翟慕衡统稿和定稿。

　　在本书的编写过程中,我们参考了许多文献资料(包括网络资料),在此,向参考资料的所有作者表示衷心的感谢! 在本书的出版过程中,得到了安徽省教育厅优秀创新团队项目(2006KJ006TD)资助,编者表示深切的谢意。由于本书涉及面广,编者水平有限,再加上时间仓促,难免有错误和不妥之处,恳请读者和同行们批评指正。

编　者

2012 年 4 月

目　　次

第一章　化学实验概述

第一节　化学实验简史

一、化学与化学实验

1. 化学是研究物质变化的科学

化学是研究物质的性质、组成、结构、变化和应用的科学。世界是由物质组成的,化学则是人类用以认识和改造物质世界的主要方法和手段之一,它是一门历史悠久而又富有活力的学科,它的成就是社会文明的重要标志。从开始用火的原始社会,到使用各种人造物质的现代社会,人类都在享用化学成果。人类的生活能够不断提高和改善,化学的贡献在其中起了重要的作用。

化学是重要的基础科学之一,在与物理学、生物学、天文学等学科的相互渗透中,得到了迅速的发展,也推动了其他学科和技术的发展。例如,核酸化学的研究成果使今天的生物学从细胞水平提高到分子水平,建立了分子生物学;对地球、月球和其他星体的化学成分的分析,得出了元素分布的规律,发现了星际空间有简单化合物的存在,为天体演化和现代宇宙学提供了实验数据,还丰富了自然辩证法的内容。

2. 化学研究的目的

任何自然科学的最终目标都是要为人类造福,使人类生活得更美好,化学也不例外。所以化学研究的目的就是通过对实验的观察来认识物质的化学变化规律,并将这些规律应用于实际的化工生产中,以便人们从廉价而丰富的天然资源中提取有用的物质和制备人工产品,从而满足社会生产和人们生活的需要。

从化学本身研究对象的特点出发,化学研究应该解决如下的问题:

(1) 保证人类的生存,解决人类粮食、能源、合理使用自然资源以及环境保护方面的问题,并做出自身的努力和贡献。

(2) 提高人类的生活质量,如合成新的材料、物质的净化和纯化等,使人类的衣、食、住、行的条件有大幅度的改善和提高。

(3) 延长人类的寿命,如探索并了解生命过程中的化学奥秘,合成新的药物等。

由于全世界人口的迅猛增长,地球上能够为人类所利用的资源,包括土地在内都是有限的。为了生存的需要,人们必须在有限的土地上生产出更多的粮食和农产品。化肥、农药的研究正是为此而发展起来的。

能源也是人类生存的必需要素之一,而自然界的石油、煤炭等矿物资源已日趋减少,如何合理而又综合利用这些能源,正是化学家孜孜以求的目标。原子能利用的关键也在于化学制备和处理,而进入电气时代的人类更需要化学家能提供更多的高效化学能源。

人类生活质量的高低,在很大程度上取决于新材料的诞生。化学家成功研制出来的高分子塑料就使人们走进了塑料时代;新型建筑材料和装潢材料的问世,又使人们的居住条件得到了改善;特种材料的研制成功,又使人类走向宇宙,开创了宇航时代。

人体中微量元素的作用正被化学家一一探明,新的药物一批又一批地被研制成功并合成,人类的寿命正在不断地延长,而且还会有新的突破。

随着工业的发展、人口的增多,人类赖以生存的环境也在受到越来越严重的污染。探明环境被污染的程度、制定保护环境的对策,又成为化学研究的重要内容。

总之,化学是一门使人类生活得更美好的学科。正如已故的著名化学家卢嘉锡先生所说:"化学发展到今天,已经成为人类认识物质自然界,改造物质自然界,并从物质和自然界的相互作用中得到自由的一种极为重要的武器。就人类的生活而言,农、轻、重,吃、穿、用,无不密切地依赖化学。在新的技术革命浪潮中,化学更是引人瞩目的弄潮儿。"

　　3. 化学学科的特点和研究化学的方法

　　化学是一门建立在实验基础上的学科,实验与理论一直是化学研究中相互依赖、彼此促进的两个方面。实验在化学学科中具有特殊的重要作用。实验是化学学科的特点,也是化学学科生存、发展的基础、生命力和动力,也是其最终的目的。化学是一门实验性科学,但同时必须要有正确的理论指导。

　　(1) 化学学科的特点是:化学学科是实验性很强的学科之一,化学总是非常强烈地依赖使用独具特色的实验技术手段而进行化学实验。

　　化学学科拥有并使用自己特定的概念、定律和理论,构成相互联系的复杂的多层次的庞大知识系统,并与其他自然科学学科区别开来。

　　化学学科有自己的一套科学语言,用来表征其特有的概念、定律和理论,如形式化的符号语言、形象化的图形语言(包括模型),以及两者的结合表示等。

　　化学学科具有较强的经验性,并由于化学科学的复杂性,所以其经验性较强,有一系列的经验公式、定律(理)。

　　化学学科实践性较强,与工业联系比较直接和密切。

　　(2) 研究化学的方法。化学方法是指从事化学研究的基本手段和思维工具。它既有自然科学研究一般方法的共性,又有化学研究方法的个性。

　　化学方法有多种,主要有化学实验、化学假说、化学模型、化学中的数学方法和化学逻辑,以及利用化学原理的理论方法等。人们在化学研究和教学中,除了使用科学仪器等物质手段进行实验外,还必须使用其他各种具有理性思维的化学方法。

　　在诸多的化学方法中,化学实验方法(主要是化学分析和化学合成)、化学模型方法(分子模型)和化学的分析综合法更具化学研究方法的特点。可以说,它们是化学研究的基本方法。

　　我们在强调实验的重要性的同时,并不否认理论指导作用的重要性。当有了正确的理论指导我们就可以迅速并且正确地完成所研究的课题。

　　化学方法的形成和发展是与化学学科发展的历史紧密相连的。化学的各个历史发展阶段均需要倡导和建立一定的研究方法与它相适应,而某种化学方法一旦形成,反过来又极大地促进了化学的觉醒和推动化学学科的进步。

4. 化学是一门实验性极强的科学

化学研究的内容为:① 合成新物质。这是化学研究的核心,是化学区别于所有其他科学的特色。② 分离、鉴定和表征。这是化学研究的主要内容之一。

从化学研究的内容看,化学实验方法在化学成为科学以来,是一直起推动作用的直接的重要方法,其他方法无论在化学上多么重要,也不能将实验方法取代。

实践是认识世界的基础,也是检验真理的最高和唯一的标准。毫无疑问,人们想要认识物质世界,必须实践。物质世界中千变万化的化学现象都是通过化学实验观察到的,而化学学科中的一些学说和定理,既是在实验基础上经综合、归纳而得到的,也是在实验的鉴别中修正、发展而成熟的。可见实验在化学发展中具有特殊的重要作用。在这个意义上,人们把化学科学看成是一门实验性科学。对于从事化学研究的工作人员来说,不论是搞应用化学的还是搞理论化学的,都应该高度重视化学实验,否则将无法正确认识化学世界。

5. 化学实验方法的特点

(1) 观察是化学实验成败的关键。任何实验方法都与观察方法有着密切的联系,观察是实验的基础,实验是观察的深入。在化学实验方法中,科学的、全面的观察尤其具有特殊的关键作用。"善于观察"是化学工作者的基本功。不仅要能观察到客观上变化多端的实验现象,还要能透过复杂的表面现象,看到和探讨事物内在的本质,更还要善于不断地抓住实验中的"异常现象",加以分析和研究,才能够有所发现。

古今中外的化学家之所以有所发现,主要是他们能抓住观察到的自然现象、实验现象,深究不止,力图弄清楚其中之所以然。虽然现在有了很多先进的化学实验仪器,但我们仍然需要实验者在使用这些仪器时,观察并记录实验现象,在这些事实的基础上分析和研究问题。

(2) 环境因素是化学实验的重要条件。在做实验时,有时候会因为温度、压力等条件的不同,而得到完全两样的产品。因此,在化学实验中,有时会由于无意之中条件未控制好,而使得实验结果给人以某种假象。如果不能辨别出这些假象,将会导致错误的结论。这是应该尽量避免的。我们要会思考、分析和检验这种因素造成的问题。

（3）经验是化学实验成功的有力基础。化学实验是通过人的双手去使用各种仪器设备与药品，装置各种复杂的仪器进行各种化学操作而实现的。实验成功与否和实验者的经验多少有着密切关系。所以，搞实验工作的人，不仅要善于总结自己的工作经验，也要注意主动吸取别人的工作经验。为此就必须熟悉文献资料的查阅，要掌握外文工具，有认真阅读各种科技杂志的习惯，有重视不断积累、整理资料的好习惯。

（4）分析方法在化学实验中占有重要的地位。很多的结论和成果都是依赖化学分析而得到的。直到 19 世纪，化学实验仍主要以化学分析方法作为基本手段。进入 20 世纪，在分析化学中逐步采用了仪器分析的方法。通过仪器分析，不仅可以分析各种物质的组成成分，而且还能对物质的微观结构进行探测。

实验分析方法还是化学科学指导生产和技术的重要手段。如在钢铁工业中，要保证转炉炼钢的成功，就离不开炉前的快速分析。化学实验在现代环境保护中所起的重要作用，同样是通过分析手段实现的。

（5）化学合成是化学实验方法的重要内容。化学的实验方法不仅能分析和分离、提纯、制取自然界中的常见化合物，而且通过合成方法能够仿制自然界存在的某些物质，还能进一步创造许多自然界中没有的物质。

从 19 世纪 20 年代维勒（Friedrich Whler）人工合成尿素以后，化学实验方法以合成天然有机物为重要目标，把人类对化学物质的认识和改造推进到一个新的水平，促进了化学的发展。到了今天，化学合成已经成为化学实验方法的重要内容，提高了化学实验方法的水平。现在世界上每年人工合成出的化合物有 100 多万种。在有机合成方面，不仅能合成橡胶、纤维、塑料等高分子化合物，而且还能合成蛋白质、核酸等生物大分子物质。

近几十年来，无机合成方面也取得了巨大进展。根据需要合成了一系列重量轻、强度高、耐热性能好的无机纤维，如硼纤维、碳纤维和氧化锆纤维等。还合成了不少种类的高温无氧陶瓷，如氮化硅陶瓷、氮化硼陶瓷等都能耐 1 600 ℃的高温。现在军事上所用的压电陶瓷，也主要是由钛酸钡通过实验合成的。人造地球卫星、宇宙飞船上所用的耐高温过硬材料，均是由上述各种陶瓷与金属、无机纤维等做成的复合材料。

化学实验方法中,由于合成手段的飞速发展,今天已经形成了一门重要的合成化学分支学科。合成化学实验使人们积累了无数的宝贵经验和资料,为化学理论的发展提供了丰富的素材。

(6) 化学实验方法通过移植而被不断更新。在化学实验方法中,不断引进其他学科的方法,使传统的实验方法改变了面貌。

近代物理学、数学、电子学以及激光技术、等离子技术、微波技术、真空技术、分子束技术、傅里叶变换技术和电子计算机的快速急剧发展,革新和发展了化学实验中的仪器分析方法。例如,由于应用激光红外光源和干涉仪,并借助快速傅里叶变换技术,红外光谱仪能把可测样品的灵敏度,由原来的毫克级提高到毫微克级。这种仪器被称为"分子的指纹"。而被称为"原子的指纹"的电子光谱仪与电子计算机联用,发展为现代各种的电子光谱仪,这类仪器具有分辨率高、多用或专用的良好性能。核磁共振仪,因为运用了超导和傅里叶变换技术,已经能够测定生物大分子和大多数元素原子核的核磁共振谱。电子计算机与分析仪器的联机使用,通过程序既可以控制仪器的操作,又可以进行波形的分解、基线的校准、背景扣除,并及时处理数据、显示分析结果等,从而大大提高了实验分析的灵敏度和准确度,实现了仪器的自动化和对样品的连续测定。

电子计算机的应用,还可以开展如快速反应动力学等新分析方法的研究。激光的应用,特别是激光作为光源,应用于原子吸收光谱、发射光谱、原子荧光光谱和分子荧光光谱等,引起了化学实验中分析方法的巨大变革。

化学实验中引进激光技术,还诞生了激光化学这门新的分支学科。它主要研究激光如何引发和控制化学反应。传统的化学实验方法,由于条件所限,很难探测复杂化学反应的微观过程。但自从引进激光以后,情况大变。利用激光形成的超短脉冲,能以非常快的速度在极短的时间内将分子激发到某一微观过程的初始状态,并对这一初始状态随时间变化的过程进行"快速摄影"。由此出现的"激光动态光谱"技术,目前已经广泛用于研究有机化合物中能量传递和转移过程,并揭示了分子的空间取向及其发生电荷转移的规律,为研究基元反应动力学提供了广阔的前景。把激光技术与分子束结合起来,形成的"激光分子束光谱"方法,可以研究分子的各种碰撞过程中进行的能量传递和化学键的断裂、生成等细节的微观反应动力学问题。

近几十年来,化学实验方法由于在分子水平上模拟生物在自然条件下进行的复杂化学反应,使实验具有快速、稳定和准确等特点。这种实验方法奠定了化学仿生学的基础,化学仿生学模拟生物体内的化学反应过程、物质输送过程,以及能量转换和信息传递过程。

二、化学实验的发展过程

自从进化出了人类,化学便与人类结下了不解之缘。钻木取火、用火烧煮食物、烧制陶器、冶炼青铜器和铁器,都是化学技术,或者说化学实验的应用。

1. 人类文明的起点——火的利用

在几百万年以前,人类过着极其简单的原始生活,靠狩猎为生,吃的是生肉和野果。根据考古学家的考证,至少在距今 50 万年以前,可以找到人类用火的证据,即在北京周口店北京猿人生活过的地方发现了经火烧过的动物骨骼化石。

有了火,原始人从此告别了茹毛饮血的生活。吃了熟食后人类增进了健康,智力也有所发展,提高了生存能力。

后来,人们又学会了摩擦生火和钻木取火,这样,火就可以随身携带了。于是,人们不再是火种的看管者,而成了能够驾驭火的造火者。火是人类用来发明工具和创造财富的武器,利用火能够产生各种各样化学反应这个特点,人类开始了制陶、冶金、酿造等工艺,进入了广阔的生产、生活天地。

2. 历史悠久的工艺——制陶

陶器是什么时候产生的,已很难考证,对陶器的由来,也说法不一。有人推测:人类最原始的生活用容器是用树枝编成的,为了使它耐火和致密无缝,往往在容器的内外抹上一层黏土。这些容器在使用过程中,偶尔会被火烧着,其中的树枝都被烧掉了,但黏土不会着火,不但仍旧保留下来,而且变得更坚硬,比火烧前更好用。这一偶然事件给人们很大启发。后来,人们干脆不再用树枝做骨架,开始有意识地将黏土捣碎,用水调和,揉捏到很软的程度,再塑造成各种形状,放在太阳光底下晒干,最后架在篝火上烧制成最初的陶器。

大约距今 1 万年以前,中国开始出现烧制陶器的窑,成为最早生产陶器的国家。陶器的发明,在制造技术上是一个重大的突破。制陶过程改变了黏土的性质,使黏土的成分二氧化硅、三氧化二铝、碳酸钙、氧化镁等在烧制过程中发生了一系列的化学变化,使陶器具备了防水耐用的优良性质。因此陶器不但有新的技术意义,而且有新的经济意义。它使人们处理食物时增添了蒸煮的办法,陶制的纺轮、陶刀、陶挫等工具也在生产中发挥了重要的作用,同时陶制储存器可以使谷物和水便于存放。因此,陶器很快成为人类生活和生产的必需品,特别是定居下来从事农业生产的人们更是离不开陶器。

3. 冶金化学的兴起

在新石器时代后期,人们从烧陶工艺中,掌握了高温技术,并把它用于冶炼铜矿石、铁矿石等而出现了冶金技术。人们开始用金属代替石器和陶器,实现了生产工具的革命。于是,在人类历史上继新石器时代以后,相继出现了青铜器时代和铁器时代。

人类开始使用金属代替石器时,使用得最多的是首先被加工利用的天然红铜,从中国甘肃武威的齐家文化遗址中发掘出的铜刀、铜锥、铜凿和铜环等多种天然红铜器,经光谱分析,其含铜量达99.8%。在埃及和美索不达米亚的最古老的文化遗址中,也曾发现被熔铸和冷锻成的红铜器。

天然铜往往夹杂在铜矿石中,而且这种天然资源还非常有限。由于孔雀石、蓝铜矿等常与天然铜一起出现,并与铜锈有类似的颜色,就容易使人产生由此及彼的联想,了解到孔雀石等是由铜转化的。于是,人们便逐步摸索到将制陶的高温技术施于铜矿石,从而获得了金属铜,开始掌握了铜的冶炼技术,产生了从矿石冶炼金属的冶金学。

最先冶炼的是铜矿,约公元前3800年,伊朗就开始将铜矿石(孔雀石)和木炭混合在一起加热,得到了金属铜。纯铜的质地比较软,用它制造的工具和兵器的质量都不够好。在此基础上改进后,便出现了青铜器。

到了公元前3000～前2500年,除了冶炼铜以外,又炼出了锡和铅两种金属。往纯铜中掺入锡,可使铜的熔点降低到800℃左右,这样一来,铸造起来就比较容易了。铜和锡的合金称为青铜(有时也含有铅),青铜合金与红铜比较,熔点低,硬度高,具有更好的铸造性能,适合制造生产工具,因而被广泛应用。青铜做的兵器,硬而锋利,青铜做的生产工具也远比红铜好,还出现了青铜铸造的铜币。公元前 2000 年的早商时期中国便开始出现青铜。商代后期,青铜技术达到了鼎盛时期。那时已能分别从铜矿石、锡矿石、铅矿石中炼出铜、锡、铅,然后再按一定比例的配方炼出青铜。战国时的《考工记》是世界上第一部总结冶金工艺的著作,书中提出的配方规律大体上是合理的。

中国在铸造青铜器上有过很大的成就,如河南安阳出土的殷商前期的"司母戊"鼎。它是一种礼器,重 875 kg,通斗高 1.33 m,宽 0.77 m,长 1.10 m。经化验,含铜 84.77%,锡 11.64%,铅 2.72%,是已发现的世界上出土的最大古青铜器。

司母戊鼎立耳、方腹、四足中空,除鼎身四面中央是无纹饰的长方形素面外,其余各处皆有纹饰。在细密的云雷纹之上,各部分主纹饰各具形态。鼎身四面在方形素面周围以饕餮作为主要纹饰,四面交接处,则饰以扉棱,扉棱之上为牛首,下为饕餮。鼎耳外廓有两只猛虎,虎口相对,中含人头。耳侧以鱼纹为饰。四只鼎足的纹饰也匠心独具,在三道弦纹之上各施以兽面。鼎腹内壁铸有铭文"司母戊"。据考证,司母戊鼎是商王室重器。其造型、纹饰、工艺均达到极高的水平,是商代青铜文化顶峰时期的代表作。司母戊鼎的铸造工艺,有力地说明了当时铸造水平的高超和中国古代劳动人民的勤劳智慧。

又如战国时的编钟,也是用青铜铸成的,是我国古代在音乐上的伟大创造。

在埃及发现了埋藏有刀、锯、斧、锄等青铜器的古墓,在印度也发现了青铜斧的古迹。经考证,埃及和印度在公元前 3000 年就已进入了青铜器时代。在西欧和苏联也发现了青铜时代铜矿竖井式开采的遗址。因此,青铜器的出现,推动了当时农业、兵器、金融、艺术等方面的发展,把社会文明向前推进了一步。

中国古代不仅用火法炼铜,还发明了水法炼铜。早在西汉《淮南万毕术》里就提到:"曾青[即 $2CuCO_3 \cdot Cu(OH)_2$]得铁则化为铜。"东汉成书的《神农本草经》里也记载:"石胆[即 $CuSO_4 \cdot 5H_2O$]能化铁为铜。"这种现象到了唐末就运用到生产中去了,在宋代成为一种重要的生产铜的方法。中国的水法冶金技术在化学史上是一大贡献。

世界上最早炼铁和使用铁的国家是中国、埃及和印度,中国在春秋时代晚期(公元前 6 世纪)已炼出可供浇铸的生铁。最早的时候用木炭炼铁,木炭不完全燃烧产生的一氧化碳把铁矿石中的氧化铁还原为金属铁。铁被广泛用于制造犁铧、铁耙、铁锛等农具以及铁鼎等器物,当然也用于制造兵器。到了公元前8世纪~前7世纪,欧洲等才相继进入了铁器时代。由于铁比青铜更坚硬,炼铁的原料也远比铜矿丰富,在绝大部分地方,铁器代替了青铜器。

在远古的工艺化学时期,人类的制陶、冶金、酿酒、染色等工艺,主要是在实践经验的直接启发下经过多少万年摸索而来的。

4. 炼丹术与炼金术

从公元前1500年至公元1650年,炼丹术士和炼金术士们,在皇宫、在教堂、在自己的家里、在深山老林的烟熏火燎中,为求得长生不老的仙丹,为求得荣华富贵的黄金,开始了最早的化学实验。记载、总结炼丹术的书籍,在中国、阿拉伯、埃及、希腊都有不少。这一时期积累了许多物质间的化学变化,为化学及其实验手段的进一步发展准备了丰富的素材。这是化学史上令我们惊叹的一幕。

当封建社会发展到一定的阶段,生产力有了较大提高的时候,统治阶级对物质享受的要求也越来越高,皇帝和贵族自然而然地产生了两种奢望:第一是希望掌握更多的财富,供他们享乐;第二,当他们有了巨大的财富以后,总希望永远享用下去。于是,便有了长生不老的愿望。例如,秦始皇统一中国以后,便迫不及待地寻求长生不老药,不但让徐福等人出海寻找,还召集了一大帮方士(炼丹家)日日夜夜为他炼制丹砂——长生不老药。

炼金家想要点石成金(即用人工方法制造金银)。他们认为,可以通过某种手段把铜、铅、锡、铁等贱金属转变为金、银等贵金属。像希腊的炼金家就把铜、铅、锡、铁熔化成一种合金,然后把它放入多硫化钙溶液中浸泡。于是,在合金表面便形成了一层硫化锡,它的颜色酷似黄金(现在,金黄色的硫化锡被称为金粉,可用作古建筑等的金色涂料)。这样,炼金家主观地认为"黄金"已经炼成了。实际上,这种仅从表面颜色而不从本质来判断物质变化的方法,是自欺欺人的,炼金家们从未达到过"点石成金"的目的。

虔诚的炼丹家和炼金家的目的虽然没有达到,但是他们辛勤的劳动并没有完全白费。他们长年累月置身在被毒气、烟尘笼罩的简陋的"化学实验室"中,应该说是第一批专心致志地探索化学科学奥秘的"化学家"。他们为化学学科的建立积累了相当丰富的经验和失败的教训,甚至总结出了一些化学反应的规律。

炼丹家和炼金家夜以继日地在做这些最原始的化学实验,必定需要大批实验器具,于是,他们发明了蒸馏器、熔化炉、加热锅、烧杯及过滤装置等。他们还根据当时的需要,制造出很多化学药剂、有用的合金或治病的药,其中很多都是今天常用的酸、碱和盐。为了把试验的方法和经过记录下来,他们还创造了许多技术名词,写下了许多著作。正是这些理论、化学实验方法、化学仪器以及炼丹、炼金著作,开挖了化学这门科学的先河。

从这些史实可见,炼丹家和炼金家对化学及其实验的发展是有功绩的,后世之人决不能因为他们"追求长生不老和点石成金"而嘲弄他们,应该把他们敬为开拓化学科学的先驱。因此,英语的 chemistry 起源于 alchemy,即炼金术。在英语中化学家(chemist)与炼金家(alchemist)两个名词极为相近,其真正的含义是"化学源于炼金术"。chemist 至今还保留着两个相关的含义:化学家和药剂师。这些可以说是化学脱胎于炼金术和制药业的文化遗迹了。在欧洲文艺复兴时期,出版了一些有关化学的书籍,第一次有了"化学"这个名词。

后来,炼丹术、炼金术几经盛衰,使人们更多地看到了它荒唐的一面。化学方法转而在医药和冶金方面得到了正当发挥。

5. 医药化学时期

到了 16 世纪以后,由于炼金活动不断遭到失败和受到嘲笑,一些炼金家转而去制造医药,用以治疗人们的疾病。这种炼金术的转向适应了当时方兴未艾的资本主义发展的需要,并推动化学发展进入到了新的医药化学时期(16 世纪至 17 世纪中叶),化学对象也随之发生了演变。

当时,16 世纪的医药化学代表人物帕拉塞斯(P. A. Paracelsus)开始强调,炼金术的任务"非在制造黄金,但在制药",因而炼金术的"首要目的是制取药物","使患病的机体恢复平衡"。这就促使千百年沿袭下来的炼金术所追逐的"点石成金"的目标发生了重大改变,从而逐步使虚幻的炼金术转变成具有一定实用价值的医药化学。化学对象也随之具有了可行的实用性色彩。正如帕拉塞斯所说,化学对象就是"研究药物并制取药剂"。因此,当时的炼金家就把化学定义为一门制取药物的技术。例如,16 世纪著名医药化学家李巴乌

（A. Libavius）认为，化学就是"通过从混合物中析出实体的方法来制造特效药物和提炼纯净精华的一门技术"。这里已经把炼金术、制药学和冶金学都包括其中了。

随着医药化学的发展，化学的实用价值日益明显，化学的应用范围日益广泛，就使得化学对象以制取药物为中心逐渐扩展到制取一切有益产品，从而也使化学定义具有了前所未有的广义性。帕拉塞斯已经提出，化学就是一门"把天然原料转变成对人类有益产品的科学"，包括金属冶炼、药物制造和食品加工等任何制造有益产品的化学过程和生物化学过程。这已经是比过去的任何定义"都更接近现代的化学观念"了。而化学实现这一目的的唯一手段就是通过实验——化学合成。

当然，医药化学时期实际的化学对象并没有当时化学定义所规定的那么广泛。因为当时医药化学家所制取的药物主要是无机矿物和金属制剂，主要研究的是无机物质及其变化规律，这也可以说是医药化学时期主要的或实际的化学对象。所以，从医药化学家的主要贡献来看，或从化学知识的积累方面来说，也主要是推进了无机化学的发展，例如，他们制出过二氧化碳，研究了金属置换反应，意识到了质量守恒定律的存在，并第一次提出了"气体"的概念等。

从炼金术的带有神秘色彩的化学对象演化到医药化学的注重实际需要的化学对象，推动化学发展出现了一个重大的方向性转折，从此炼金术开始名存实亡，并逐步走上了科学发展之路，直到演化成为近代化学科学。

6. 燃素化学时期

17 世纪中叶以后，随着资本主义生产的迅速发展和自然科学的巨大进步，一些化学家不再满足于化学只是单纯为医学服务的实用性质，而主张有自己特殊的研究目的，从而诞生了近代化学，跨进了科学化学的确立期（17 世纪中叶至 18 世纪末叶）。

1650～1775 年，随着冶金工业和实验室经验的积累，人们总结感性知识，认为可燃物能够燃烧是因为含有燃素，燃烧过程是可燃物中燃素放出的过程，可燃物放出燃素后成为灰烬。

他们能够具有这一认识的科学基础，是 1661 年波义耳（Robert Boyle）首次提出的科学的元素概念。他指出，真正的元素并不是"四原性"或"三要素"等

"性质"，而是那些"原始的、简单的物质"。因此，化学的目的就应当是去分析、寻找、研究这些元素，认识物质的组成和性质，而不是为了制药。由此，波义耳认为，就"不应再把化学看成是某种技艺或行业的附庸，而应看成是对自然界巨大研究的一个重要部分"或"自然科学的一个分支"。这样就把化学从医学的附庸下解脱出来而成为一门独立的科学，并从一门为医学服务的实用性科学发展成为一门能够探索物质本性的基础性科学。化学对象也随之再次发生了转变。

到了18世纪以后，化学家开始对化学对象有了一些较为全面的认识。1723年，燃素说的创建者斯塔尔(G. E. Stahl)在《化学原理》中提到，"化学与炼金术或黄白术相反，是将混杂物、构成物或混合物人工分解成为其组成部分，或人工将组成部分化合为物体的技艺"。这里既强调了分解，又强调了化合，能够从分解与化合对立统一的角度、动态的化学反应角度，较为全面地认识化学对象和表述化学定义。正如他本人所深刻揭示的，"化学目的——正是分解和化合、或破坏及再生"。因此，尽管斯塔尔所倡导的燃素说是错误的，然而由于燃素论者能够紧紧抓住"物质"、"物质的分解和化合"作为自己的研究对象，从而就完成了许多化学发现，有力地推进了化学的进步，并最终使化学"从炼金术中解放出来"。

历史表明，由17世纪中叶波义耳所明确的科学的化学对象，不仅影响到了燃素时期，而且也影响到了18世纪中叶拉瓦锡(A. L. Lavoisier)推翻燃素说时期的化学大革命时代。1785年，拉瓦锡在概括当时化学发展形势时就曾经提到，"化学正在朝向自己的目标前进，正在不断完善起来，不断把物质分解，细分再细分"，不断在寻找"真正是最简单的物质"，即化学元素。正是依照了这一目标拉瓦锡才能够超出波义耳的工作，列出了历史上第一张化学元素表。这就不仅从概念上，而且从实际存在的元素物质上最终确立了科学的元素说，从而能够在波义耳宣布化学独立百余年后最终完成了科学化学的确立。

7. 近代化学时期

近代化学时期，也称定量化学时期。1775年前后，拉瓦锡用定量化学实验阐述了燃烧的氧化学说，开创了定量化学时期。这一时期建立了不少化学基本定律，提出了原子学说，发现了元素周期律，发展了有机结构理论。所有这一切都为现代化学的发展奠定了坚实的基础。

　　19世纪的化学是理论上取得突飞猛进发展的科学,相继建立了原子论、分子论、元素周期律、化学结构理论以至物理化学理论。与此同时,化学研究的范围也日益广泛,除了18世纪所强调的分解与化合两大过程之外,溶解与结晶、放热与吸热、膨胀与压缩、酸与碱和有机物的人工合成等领域也得到了广泛研究,从而推动无机化学、有机化学、分析化学和物理化学等四大基础学科的相继建立,并进入到近代化学体系的全面形成期(19世纪)。这一时期的化学对象已经能够开始在原子和分子水平上研究物质相互作用的规律,从而体现了化学发展从搜集材料进入到整理材料阶段的特点。化学定义已随之更加富于科学性和理论性。例如,1834年俄国化学家盖曼就把化学定义为是"关于实物及解释其相互作用规律的科学"。著名德国化学家洛塔·迈耶(L. Meyer)也如此,把化学概括为"关于实物及其变化的科学"。他们都强调了化学的"规律性"或"科学"的探索,即化学不仅包括了对于物质本身的性质、组成和结构的研究,而且包括了化学反应所需要的条件诸如"光、热、电、磁等变化"的一系列反应条件的研究。化学已经不再只是一种"技艺"或"手艺",而是一门从理论上探讨物质变化规律性的科学了,从而化学定义的表述被提到了一个新的高度。

　　特别是在19世纪后期,由于原子分子论的建立以及元素周期律的发现,人们对于化学现象本质的认识更深入了一步,从而能够超出对于宏观现象变化的认识,从微观的物质组成与结构的变化方面来认识化学对象和表述化学定义。例如,革命化学家肖莱马(Carl Schorlemmer)已经把化学概括为"关于原子的科学"。在此基础上,恩格斯(F. V. Engels)也在哲学方面依照物质运动形式的特征提到化学是"关于原子运动的科学"。这样就从原子之间的"分"与"合"角度,较为深刻地揭示了化学运动和化学对象的本质,并把化学定义的表述再提到了一个新的认识水平。

　　与此同时,自从1860年卡尔斯鲁厄第一次世界化学家代表大会以后,由于化学家已经能够较为明确地把"原子"和"元素"联系起来,并把原子理解为是化学元素的最小粒子,他们就在把化学概括为"原子的科学"的基础上,进一步把化学概括为"关于化学元素的最小粒子的科学"。其中的典型代表就是1871年门捷列夫(D. M. Mendeleev)提出的定义,指出"化学,在其现代状态中……可以称作关于元素的学说"。

　　这种依照原子或元素的观念来认识化学对象和化学科学的特征,反映了19世纪化学的最高认识。例如,19世纪末(1893年)具有权威性的《牛津新英语词典》就是以元素为核心来概括化学对象的。它指出,化学就是"研究组成一切物体的某几种基本元素或物质的各种形式,论述这些元素在形成化合物时的化合规律,以及它们处于不同物理条件下所伴随发生的各种现象"。这里,已经把化学所要研究的物质的元素组成、元素性质和元素间的化合规律以至化学反应中的物理条件等各个方面,都做出了较为全面的、深刻的反映。

　　可以看出,19世纪后期化学家对于化学对象的认识,以及在此基础上所给出的化学定义,已经具有相当的深刻性、微观性、理论性等特点,并已经日益接近于现代化学家的认识。

　　在这一时期,化学家们通过对矿物的分析,发现了许多新元素,加上对原子分子学说的实验验证,经典性的化学分析方法也有了自己的体系。草酸和尿素的合成、原子价概念的产生、苯的六环结构和碳价键四面体等学说的创立、酒石酸拆分成旋光异构体,以及分子的不对称性等等的发现,导致有机化学结构理论的建立,使人们对分子本质的认识更加深入,并奠定了有机化学的基础。

　　8. 现代化学时期

　　现代化学时期,也是科学相互渗透的时期。20世纪初,量子论的发展使化学和物理学有了共同的语言,解决了化学上许多悬而未决的问题。进入20世纪以后,由于受到自然科学其他学科发展的影响,并广泛地应用了当代科学的理论、技术和方法,化学在认识物质的组成、结构、合成和测试等方面都有了长足的进展,而且在理论方面取得了许多重要成果。在无机化学、分析化学、有机化学和物理化学四大分支学科的基础上产生了新的化学分支学科。

　　近代物理的理论和技术、数学方法及计算机技术在化学中的应用,对现代化学的发展起了很大的推动作用。19世纪末,电子、X射线和放射性的发现为化学在20世纪的重大进展创造了条件。

　　在结构化学方面,由于电子的发现开始并确立的现代的有核原子模型,不仅丰富和深化了对元素周期表的认识,而且发展了分子理论。应用量子力学研究分子结构,产生了量子化学。

　　从氢分子结构的研究开始,逐步揭示了化学键的本质,先后创立了价键理论、分子轨道理论和配位场理论。化学反应理论也随着深入到微观境界。应用X射线作为研究物质结构的新分析手段，可以洞察物质的晶体化学结构。测定化学立体结构的衍射方法，有X射线衍射、电子衍射和中子衍射等方法。其中以X射线衍射法的应用所积累的精密分子立体结构信息最多。

研究物质结构的谱学方法也由可见光谱、紫外光谱、红外光谱扩展到核磁共振谱、电子自选共振谱、光电子能谱、射线共振光谱、穆斯堡尔谱等，与计算机联用后，积累大量物质结构与性能相关的资料，正由经验向理论发展。由于电子显微镜放大倍数不断提高，人们已可直接观察分子的结构。

经典的元素学说由于放射性的发现而产生深刻的变革。从放射性衰变理论的创立、同位素的发现到人工核反应和核裂变的实现、氘的发现、中子和正电子及其他基本粒子的发现，不仅使人类的认识深入到亚原子层次，而且促使人们创立了相应的实验方法和理论；不仅实现了古代炼丹家转变元素的思想，而且改变了人类的宇宙观。

作为20世纪的时代标志，人类开始掌握和使用核能。放射化学和核化学等分支学科相继产生，并迅速发展；同位素地质学、同位素宇宙化学等交叉学科接踵诞生。元素周期表扩充了，人们已发现了117种元素，并且正在探索超重元素以验证元素"稳定岛假说"。与现代宇宙学相依存的元素起源学说和与演化学说密切相关的核素年龄测定等工作，都在不断补充和更新元素的观念。

在化学反应理论方面，由于对分子结构和化学键的认识的提高，经典的、统计的反应理论已进一步深化，在过渡态理论建立后，逐渐向微观的反应理论发展，用分子轨道理论研究微观的反应机理，并逐渐建立了分子轨道对称守恒定律和前线轨道理论。分子束、激光和等离子技术的应用，使得对不稳定化学物质的检测和研究成为现实，从而化学动力学已有可能从经典的、统计的宏观动力学深入到单个分子或原子水平的微观反应动力学。

计算机技术的发展，使得分子、电子结构和化学反应的量子化学计算、化学统计、化学模式识别，以及大规模数据的处理和综合等方面，都得到较大的进展，有的已经逐步进入化学教育之中。关于催化作用的研究，已提出了各种模型和理论，从无机催化进入有机催化和生物催化，开始从分子微观结构和尺寸的角度及生物物理有机化学的角度，来研究酶类的作用和酶类的结构与其功能的关系。

分析方法和手段是化学研究的基本方法和手段。一方面,经典的成分和组成分析方法仍在不断改进,分析灵敏度从常量发展到微量、超微量、痕量;另一方面,发展出许多新的分析方法,可深入到进行结构分析、构象测定、同位素测定、各种活泼中间体,如自由基、离子基、卡宾、氮宾、卡拜等的直接测定,以及对短寿命亚稳态分子的检测等。分离技术也不断革新,例如离子交换、膜技术、色谱法等等。

合成各种物质是化学研究的目的之一。在无机合成方面,首先合成的是氨。氨的合成不仅开创了无机合成工业,而且带动了催化化学,发展了化学热力学和反应动力学。后来相继合成的有红宝石、人造水晶、硼氢化合物、金刚石、半导体、超导材料和二茂铁等配位化合物。

在电子技术、核工业、航天技术等现代工业技术的推动下,各种超纯物质、新型化合物和特殊需要的材料的生产技术都得到了较大发展。稀有气体化合物的合成成功又向化学家提出了新的挑战,需要对零族元素的化学性质重新加以研究。无机化学在与有机化学、生物化学、物理化学等学科相互渗透中产生了有机金属化学、生物无机化学、无机固体化学等新兴学科。

酚醛树脂的合成开辟了高分子科学领域。20世纪30年代聚酰胺纤维的合成,使高分子的概念得到广泛的确认。后来,高分子的合成、结构和性能研究、应用三方面保持互相配合和促进,使高分子化学得以迅速发展。

各种高分子材料合成和应用,为现代工农业、交通运输、医疗卫生、军事技术,以及人们衣食住行各方面,提供了多种性能优异而成本较低的重要材料,成为现代物质文明的重要标志。高分子工业发展为化学工业的重要支柱。

20世纪是有机合成的黄金时代。化学的分离手段和结构分析方法已经有了很大发展,许多天然有机化合物的结构问题纷纷获得圆满解决,还发现了许多新的重要的有机反应和专一性有机试剂,在此基础上,精细有机合成,特别是在不对称合成方面取得了很大进展。

一方面,合成了各种有特种结构和特种性能的有机化合物;另一方面,合成了从不稳定的自由基到有生物活性的蛋白质、核酸等生命基础物质。有机化学家还合成了有复杂结构的天然有机化合物和有特效的药物。这些成就对促进科学的发展起了巨大的作用,为合成有高度生物活性的物质,并与其他学科协同解决有生命物质的合成问题及解决前生命物质的化学问题等,提供了有利的条件。

20 世纪以来,化学发展的趋势可以归纳为:由宏观向微观、由定性向定量、由稳定态向亚稳定态发展,由经验逐渐上升到理论,再用于指导设计和开创新的研究。一方面,化学为生产和技术部门提供尽可能多的新物质、新材料;另一方面,化学又向生物学和地质学等学科渗透,在与其他自然科学相互渗透的进程中不断产生新学科,如使蛋白质、酶的结构问题得到逐步地解决,并向探索生命科学和宇宙起源的方向发展。

三、化学实验在化学学科中的作用

1. 化学实验是化学研究中最重要和最基本的方法

化学是一门以实验为基础的实验科学,实验是化学研究中最重要和最基本的方法。

(1) 离开实验就没有化学上的发现。化学和其他自然科学相比,更显示出它对实验的依赖关系,因此它是一门离不开实验的科学。任何化学的原理、定律以及规律,无一不是从实验中得出结论的。因此只有那些思维活跃,求知欲望强烈,同时又有良好实验习惯和动手能力,并能注意观察现象的人,才有可能成为化学研究的成功者。

酸碱指示剂是检验溶液酸碱性的常用化学试剂,像科学上的许多其他发现一样,酸碱指示剂的发现是化学家善于观察、勤于思考、勇于探索的结果。

300 多年前,英国年轻的科学家波义耳在化学实验中偶然捕捉到一种奇特的实验现象。有一天清晨,波义耳正准备到实验室去做实验,一位花木工为他送来一篮非常鲜美的紫罗兰,喜爱鲜花的波义耳随手取下一朵带进了实验室,把鲜花放在实验桌上开始了实验,当他从大瓶里倾倒出盐酸时,一股刺鼻的气体从瓶口涌出,倒出的淡黄色液体冒出白雾,还有少许酸沫飞溅到鲜花上,他想"真可惜,盐酸弄到鲜花上了"。为洗掉花上的酸沫,他把花放到水里,一会儿发现紫罗兰颜色变红了,当时波义耳既新奇又兴奋,他认为,可能是盐酸使紫罗兰颜色变成红色。为进一步验证这一现象,他立即返回住所,把那篮鲜花全部拿到实验室,取了当时已知的几种酸的稀溶液,把紫罗兰花瓣分别放入这些稀酸中,结果现象完全相同,紫罗兰都变为红色。由此他推断,不仅盐酸,而且其他各种酸都能使紫罗兰变为红色。他想,这太重要了,以后只要把紫罗兰花瓣放进溶液,看它是不是变红色,就可判别这种溶液是不是酸。偶然的发现激发了科学家的探求欲望,后来,他又弄来其他花瓣做实验,并制成花瓣的水或酒精的浸液,用它来检验是不是酸,同时用它来检验一些碱溶液,也产生了一些变色现象。

这位追求真知,永不困倦的科学家,为了获得丰富、准确的第一手资料,他还采集了药草、牵牛花,苔藓、月季花、树皮和各种植物的根⋯⋯泡出了多种颜色的不同浸液,有些浸液遇酸变色,有些浸液遇碱变色,不过有趣的是,他从石蕊苔藓中提取的紫色浸液,酸能使它变红色,碱能使它变蓝色,这就是最早的石蕊试液,波义耳把它称作指示剂。为使用方便,波义耳用一些浸液把纸浸透、烘干制成纸片,使用时只要将小纸片放入被检测的溶液,纸片上就会发生颜色变化,从而显示出溶液是酸性还是碱性。今天,我们使用的石蕊、酚酞试纸、pH 试纸,就是根据波义耳的发现原理研制而成的。

后来,随着科学技术的进步和发展,许多其他的指示剂也相继被另一些科学家所发现。

居里夫人(Marie Sklodowska Curie)也是经历了许多次艰辛的实验而发现镭的。

1898 年 12 月 26 日,玛丽在提交给法国科学院的报告中宣布他们又发现一个比铀的放射性要强百万倍的新元素——镭。这是皮埃尔·居里(Pierre Curie)和他的妻子玛丽·斯克洛道夫斯卡婚后 3 年的伟大爱情的结晶。

这一发现把当时在物理学领域中信奉了几个世纪的整个理论翻了个底朝天。一些保守的科学家表示怀疑,"镭在哪里? 指给我们看看,我们才能相信!"皮埃尔和玛丽决心以事实来回答这一切怀疑。但是,要提炼出纯镭,必须要有大量的矿物和较大的实验室。沥青铀矿是一种昂贵的矿物,他们买不起,后来在奥地利的一位教授的帮助下,他们花掉了全部的存款,变卖了所有值钱的东西,才买到十几麻袋沥青铀矿渣。为了实验室,居里夫妇同巴黎大学交涉,回答他们的是一番无情的嘲笑。最后是理化学院同意供给他们一个长期不用的木棚。木棚的地面是用沥青铺的,玻璃房顶破旧得不蔽风雨。室内只有两张破旧的桌子,一只炉子和一块皮埃尔用来进行计算的小黑板。居里夫妇就在这样的破屋里开始了伟大的科学实验。

岁月如流水,居里夫妇忘却了时间,不论严冬或盛夏,不分黑夜和白天,整天紧张地工作着。由于睡眠太少,体力消耗太大,他们的健康受到损害。皮埃尔全身疼痛,玛丽明显地消瘦了,但是,他们坚持着,整整花了 45 个月的劳动,经过几万次的提炼,终于成功地获得了 10 g 纯镭。镭发现了,而且不久发现镭有治疗癌的功效,镭价飞涨,一些好友劝居里夫妇申请专利,有了这项专利权,居里夫妇转眼就将成为人间巨富。但是,皮埃尔说:"不行! 我们不应该从发现的新原子赚钱。镭既是济世救人的仁慈物质,这东西就应该是属于世界的。"

人工降雨的发明也是依赖着科学家的不懈的实验和研究。

1932 年诺贝尔化学奖的得主、美国化学家兼物理学家朗缪尔(Lrving Langmuir),一生进行过许多有益的研究,但他在科学上实现的最大突破还是人工降雨。在获得诺贝尔奖后,他就和化学家谢弗(V. J. Schaefer)等人共同进行了人工降雨的研究。在他的研究室里保存着小小的人工云,它就是充斥在电冰箱里的水蒸气。朗缪尔一边降低冰箱里的温度,一边加入各种尘埃微粒进行降雨实验。

1946 年 7 月的一天,天气异常炎热,由于实验装置出了故障,装有人工云的电冰箱里的温度一直降不下来,朗缪尔只好临时用固态二氧化碳(干冰)来降温。当他刚把一块干冰放进冰箱里时,奇迹出现了:水蒸气立即变成了许多小冰粒,在冰箱里盘旋飞舞,人工云化为了霏霏飘雪。这一奇特现象使他明白尘埃微粒对降雨并非绝对必要,只要将温度降到零下40 ℃以下,水蒸气就会变成雨而降落下来。朗缪尔高兴地去找谢弗(V. J. Schaefer),商量怎样把这一想法付诸现实。接着便出现了振奋人心的一幕:1946 年的一天,一架飞机在云海上飞行,朗缪尔和谢弗将干冰撒播在云层里,30 分钟后就开始了降雨,从而第一次真正的人工降雨获得了成功。后来,美国通用电气公司的本加特又对朗缪尔的人工降雨方法进行了改良,他用碘化银微粒取代干冰,使人工降雨更加简便易行。朗缪尔在 1957 年去世时,终于满意地看到人工降雨已发展成为一项大规模的事业。人工降雨的发明,标志着气象科学发展到了一个新的水平,但遗憾的是,它也曾被用于非正义的战争。例如,1967～1972 年,美国在侵越战争中出动了 2600 架次飞机进行人工降雨,目的在于截断"胡志明小道"运输线,结果造成山洪暴发,交通堵塞,其破坏效果超过了常规轰炸。当然,美国政府这种滥用人工降雨的行径受到了世界舆论的谴责。

化学上许多新的发明也是在大量实验的基础上才得以问世的。例如合成氨催化剂的发明,历经几百个配方、上万次的试验才得以成功。这说明成功的背后是大量的辛勤劳动。

(2) 实验手段的不断进步是化学发展的关键。化学实验工作往往离不开测量,因此实验手段的进步,特别是实验仪器的开发,对化学研究有着重要的作用。19 世纪精密天平的出现曾为化学研究开创了一个新的局面。19 世纪初期,曾有人提出"任何原子的重量都是氢原子重量的倍数"。此学说是否可信有赖于对各种元素的称重测定。后来,由于测到了氯元素的原子量并不是氢原子的整数倍,该学说就受到了怀疑并被摒弃。近代化学实验手段的飞跃发展,更是将化学研究推进到一个新时代。各种波谱,特别是红外、紫外、顺磁、核磁技术的发展,使化学家对物质结构的研究有了明亮的"眼睛"。各种电子能谱的出现和发展,又使化学研究如虎添翼,更深入到微观和分子水平的研究。

分析检测手段的越来越精密,也创造了条件使化学研究更加造福于人类,例如,用伏安溶出法测量人体毛发中的硒含量,就可初步判断癌症患病的几率。曾用此法测量过若干人的毛发,健康人的硒含量均在 600 ppb(parts per billion)以上,而癌症病人的毛发中硒的含量均在 400 ppb 以下。这就启发人们注意保持体内硒含量的重要性。

因此,实验手段的不断进步和丰富是化学研究的关键所在。

化学的每一次重大突破和成就的取得,都与实验方法的改进密切相关。化学从 17 世纪发展到现在,从获取化学物质的观点来看,化学实验方法的发展可分为四个阶段,也是四次化学实验和化学学科的飞跃阶段。

第一阶段:17 和 18 世纪,主要是通过化学实验方法了解天然化学物质,对一些元素和比较简单的化合物进行分析、分离、提纯与制取等。

第二阶段:19 世纪 20 年代维勒合成尿素,开辟了由无机物合成天然有机物的道路,把无机界与有机界联系起来。化学实验方法把人类对化学物质的认识推进到一个新的阶段,显示出人类认识自然能力的提高。

第三阶段:20世纪前半个多世纪,人工合成了非天然的无机的和有机的多种化合物。例如橡胶、塑料、合成纤维等高分子化合物以及金属陶瓷等新型化学物质,其性能在许多方面超过了天然化合物,标志着化学实验方法达到了新的高度。

第四阶段:20世纪60年代以后,化学在分子水平上模拟生物在常规条件下进行复杂的化学变化的实验方法,具有速度快、稳定、准确等优点。

在历史上,化学实验方法的作用表现在六个方面:① 澄清问题;② 发现新物质(元素及化合物);③ 新材料、新物质的研制合成均以实验方法为实现的手段;④ 验证理论,并为理论提供依据;⑤ 对化学学科的建立起着奠基作用;⑥ 在科学的发展上起推动作用。

2. 化学中的实践与认识

(1) 化学工艺的发明与创造。化学工艺的发明与创造完全来源于实践和研究。

古代的化学工艺在发明和创造之初,往往来源于人们实践中的无意识的发现,是偶然的,但又是社会生产力发展到一定程度的产物,又有其必然性。

无论在我国还是其他国家,化学工艺的发展都经历了一个由原始的、粗犷的逐步发展为成熟的、精细的工艺水平的演进过程。化学工艺的发展过程,在一定程度上是社会生产力发展和人们对物质需求不断提高的过程。

到近现代,古老的化学工艺不断得到完善,而崭新的化学工艺则不断被发明和创造。

近现代化学工艺的发明与创造有这么一条主线,即先是存在问题,然后是研究问题,最后是解决问题,并发明了一项新的化学工艺。化学工艺的发明与创造带有明显的目的性。这与古代化学工艺的发明与创造,即先是偶然的发现,然后是再有意识地利用存在较大的区别。

进入21世纪,社会发展进入知识经济时代,化学工艺的发展趋势呈现出了精细化、个性化、绿色化的特性。

(2) 化学观念的起源与变革。在古代,人们对化学现象的产生认识是模糊不清的。随着生产实践的不断深入，人们的化学知识不断得到积累，对自然界的构成、物质的结构等问题的观念和认识也在逐步发生变革。在经历了医药化学之后，化学最终被确立为一门科学。

在这一过程中，许多化学家做了大量的实验并做出了重大的贡献。正如伟大的化学家波义耳所说："化学，到目前为止，还是认为只在制作医药和工业方面具有价值。但是，我们所学的化学，绝不是医学或药学中的婢女，也不应甘当工艺和冶炼的奴仆。化学本身作为自然科学中的一个独立部分，是探索宇宙奥秘的一个方面。化学，必须是为真理而追求真理的化学。"

19 世纪以前的化学观念带有明显的神秘色彩和宗教色彩，对化学的认识处于起步阶段。19 世纪的化学以原子论为核心，大量的化学研究围绕着如何阐明原子这一概念及其在化学中的规律而进行。19 世纪末，化学观念再一次发生重大改变。X 射线、放射性和电子三大新发现，猛烈冲击着道尔顿的原子论关于原子不可再分的观念，打开了原子和原子核内部结构的大门，开始揭露微观世界的奥秘，把整个自然科学推进到更深一级的物质层次的研究。

到了 20 世纪，化学研究在很大程度上主要通过研究电子在分子、原子中的分布和运动规律，更深刻地揭示物质的性质和化学变化。研究物质结构层次的深入，使化学研究的对象和范畴更明确——化学是一门专门研究各种分子及其变化的基础科学。

21 世纪的化学则是研究化学与其他学科相交叉的轴心学科，特别是在生命科学、材料科学、神经科学和医学等领域有着化学家施展才华的广阔天地，它的方法、对物质结构性能的研究使其正活跃地支配着其他科学领域。

3．化学认识真理性的检验

化学认识真理性的检验，或者说化学真理的实践检验，也必须依赖化学实验，离开实验，化学理论的真理性将无法验证。

化学认识的目的在于追求有关物质结构、性质及其转化的真理性认识。化学活动的观察就是人们运用各种认识手段研究现实世界中的化学物质及其变化规律并用之为我所用的过程。

就化学研究而论，同一个化学实验的结果不仅能够在一个实验室中实现，而且能够在所有实验室中都能实现时才会获得承认。

　　化学理论的内容是客观的,检验化学理论真理性的标准也应当是客观的。历史事实表明,错误的理论无论看起来多么有说服力,在科学实践中终归要暴露出其谬误而遭淘汰;正确的理论无论遇到多少困难,必将证明其自身的价值而获得承认。因此,只有人类的化学实践活动才是检验化学理论的最终标准。只有人类在化学领域中的实践活动,才能作为最终判定和化学理论的依据,任何外在于科学本身的力量都无权决定新理论的命运。

　　化学具有很强的实用性,新的理论的确立将极大地改变人类化学实践的面貌。化学理论的评价又是十分复杂的。借助于化学实验操作可以对这些预言进行检验,判定它们的真伪,但是这些判定却很难构成对于该化学理论的最终的决定性判决。因为化学实验也只是运用有限的手段来变革无限的自然界化学运动的一种操作,对于化学真理的检验是不可能一次就完成的。

　　仅仅依靠少数几次实验的检验,把实践标准简单化是不能令人满意的解决化学理论的判定问题的。然而,化学实验结果对理论假说的支持毕竟是极有意义的。它虽然很难最终判定理论的真理性,却可以在很大程度上影响人们对化学理论的选择和取舍。一个理论所做出的预言被实践确认为正确者的数量越多,这一理论被证实的程度就越高。

　　在化学理论的检验过程中,首先,要依靠比较精确的化学实验,采用严格定量的方法,提高化学实验的精确度和精密度。化学理论的检验只有立足于可靠的实验才可能获得高度的确证。其次,在化学理论的检验中必须遵循多样性的原则,要进行多方面和多次的检验。第三,排除主观因素的干扰。第四,化学理论还必须经受严峻性的考验。

第二节　化学实验对人类社会的贡献

　　化学以及实验与人类社会的关系十分重大,对人类社会有着重要的贡献。例如增产粮食和控制人口、使人类丰衣足食,合理利用现有能源和提供新能源,制造和提供各种现代化的材料，化学对人类生存环境的影响等，都依赖化学实验所做的贡献。

一、化学实验与人类文明和社会进步

化学与社会的关系也日益密切。化学家们运用化学的观点来观察和思考社会问题，用化学的知识和实践来分析和解决社会问题，例如能源危机、粮食问题、环境污染等。

化学对人类创造物质生活有着巨大的贡献。化学中的重要实验内容——合成化学，在改善人民生活，为人类的衣、食、住、行提供了数不清的物质保证；化肥、农药等农用化学品成为提高粮食单位面积产量、解决粮食危机的主要手段，帮助人们解决了粮食短缺的问题；合成新的药物，帮助人们延年益寿，提高人类的健康水平方面做出了应有的贡献。

材料是人类生存和生活必不可少的部分，是人类文明的物质基础和先导，是直接推动社会发展的动力。它与能源及信息并立为国民经济的三大支柱，而且材料还是发展能源和信息技术的物质基础。所谓材料是指人类利用化合物的某些功能来制作物件时用的化学物质。化学是材料诞生和发展的源泉。自古以来，人类文明的进步都是以新材料的发明、开发与利用为标志的。石器、陶器、铁器、铜器、有机高分子材料的出现，都曾为人们的生活带来了巨大的变化。目前，通过实验合成出来的材料仍以每年大约5%的速度递增。材料的发展离不开化学及其实验，而材料科学也为化学的发展开辟了一个新的领域。

化学与其他学科的相互交叉与渗透，产生了很多边缘学科，如生物化学、地球化学、宇宙化学、海洋化学、大气化学等等，使得生物、电子、航天、激光、地质、海洋等科学技术迅猛发展。

现代化学的兴起使化学在无机化学和有机化学的基础上，发展成为多分支学科的科学，开始建立了以无机化学、有机化学、分析化学、物理化学和高分子化学为分支学科的化学学科。化学家这位"分子建筑师"将运用他的善变之手，为全人类创造今日之大厦、明日之环宇。

二、化学实验与环境保护以及可持续发展

人类赖以生存的环境由自然环境和社会环境组成。人们通常所说的环境问题主要是指由于人类盲目地破坏、不合理地开发、利用自然资源而造成的生态环境的破坏，以及工农业生产发展和人类生活对环境所造成的污染。造成环境污染的因素大体上有物理、化学和生物三个方面。与化学有着密切关系的是"三废"——废气、废水、废渣污染；全球的气候变化、酸雨沉降、温室效应、臭氧层空洞、氧气锐减等也与化学有着较为密切的联系。

所谓可持续发展，就是既能满足当代发展的需要，又不破坏子孙后代满足其需要的发展，是一个可以不间断的发展。

化学实验在现代环境保护起着重要作用。解决"三废"的排放、温室气体的排放、破坏臭氧的物质排放、酸雨的治理等，均需要化学及其实验来解决。而环境污染的监测是通过分析手段来实现的。

化学是一门能满足社会各种各样需求的中心学科，化学造成的环境污染问题以至其他因素造成的环境污染，最终还是需要化学去解决。实际上，化学不仅在治理环境污染上存在优势，而且几乎在担负着治理环境污染的全部重担。即主要依靠化学在原子—分子水平上实现物质分子的转化，使有害物质无害化，变害为利，变废为宝，实现人类与环境的和谐协调。

化学之所以能够具有治理环境的职能，主要是由于化学能够认识环境物质的化学组成和迁移规律及其对人类和生态环境的化学污染效应，从而能够使污染物的分子发生化学转化，进行"无害化"的处理。这是其他学科难以做到的。

为了可持续发展，把化学造成的污染减小到最小，化学学科及其化学家们正在努力打造"绿色化学"。绿色化学又称为环境无害化学、环境友好化学、清洁化学，是指设计没有或者只有尽可能小的环境副作用，并且在技术上和经济上可行的化学品和化学过程。绿色化学追求高选择性化学反应、极少副产品，甚至达到原子经济性、实现零排放。因此绿色化学不仅可以防止环境污染，亦可提高资源与能源的利用率，提高化工过程的经济效益，是使化工过程可持续发展的技术基础。

　　工业革命到现在已有两个世纪,随着科学技术和商品经济的发展,社会生产力得到了极大的提高。进入 20 世纪后,世界各国都在一味追求经济快速发展,但人类赖以生存的自然资源和生态环境却被严重破坏,地球和人类已经不堪重负,人类的发展面临三大难题——资源、环境和健康。在这样的形势下,1972 年 6 月,联合国在瑞典斯德哥尔摩召开了有史以来第一次"联合国人类环境会议",并发表了《联合国人类环境宣言》。《宣言》公开承认人类只拥有一个地球,环境污染和生态破坏已成为制约人类生存和发展的重大因素,并呼吁各国保护环境,拯救地球。会议散发了一个非正式文件:《只有一个地球》,向人类提出几条忠告:第一,地球不是"足球",可以任意踢,随意造,地球只有一个,必须动员全人类共同珍惜和维护;第二,人与地球应该相依为命,携手同行;第三,地球上出现的环境污染、生产破坏、资源短缺、物种灭绝等灾难,主要都是由人类的过错造成的,人类应该悬崖勒马,回头是岸;第四,地球上的物质和能量是有限的,目前还在超载运行,人类过高的需求必须加以节制。

　　1992 年 6 月,在巴西里约热内卢召开了"联合国环境与发展大会"。会上对工业革命以来的"高生产、高消耗、高污染"和"先污染、后治理"的发展模式予以否定。大会上还制订了一个伟大的战略,共同向地球发出了庄严的承诺,人类今后不再与地球对着干,而要与地球相依为命及和谐相处,开创一条人类新的谋生道路,即人类可持续发展的道路。

　　化学家在可持续发展中面临的首要问题是"物尽其用",应该珍惜资源和能源,在将原料转化为产品时,转化率越高越好。化学家还应该在工作中体现出"以人为本"的精神,增进人类健康、减少疾病,也是他们努力的目标。

　　绿色化学的原则是:① 预防废弃物的形成要比产生后再想办法处理更好。② 应当研究合成途径,使得工艺过程中耗用的材料最大化地进入最终产品。③ 使用的原料和生产的产品都遵循对人体健康和环境的毒性影响最小的原则。④ 研制的化学产品在毒性减少后仍应具备原有功效。⑤ 尽可能不使用一些附加物质(如溶剂、分离剂等),尽可能使用无害的物质,优选使用在环境温度和压力下的合成工艺。⑥ 能源的需求应当结合环境和经济影响,评价其影响应没有空间、时间限制,追求最小化。⑦ 技术、经济可行性论证的,首选使用可再生原材料。⑧ 尽量避免不必要的化学反应。⑨ 有选择性地选取催化试剂会比常规化学试剂出色。⑩ 研制可在环境中分解的化学产品。⑪ 开发适应实时监测的分析方法，为在污染物产生之前就施行控制创造条件。⑫ 化学工艺中使用和生成的物质，都应选择最大程度减少化学事故（泄漏、爆炸、火灾等）。

绿色化学的根本目的是从节约资源和防治污染的观点来重新审视和改革传统化学，使我们对环境的治理从治标到治本，从而保护环境，维持环境的良性循环，保持生物的多样性，实现人与自然的和谐发展、协调发展。

三、化学实验与新技术革命

所谓新的技术革命，是以电子计算机、生物工程、新材料、激光、网络通信、能源、空间科学、海洋开发等为标志的。

新的技术革命的每一个领域，与化学都有着密切的联系。可以毫不夸张地说，如果没有化学家的密切合作，任何重大的技术突破都是不可能的。化学及其实验在新技术革命中的表现和作用为：

（1）科学发展的知识基础。化学以其特有的化学观察和实验等手段所揭示出来的有关物质的组成、结构和变化等方面的认识，是整个自然科学发展所不可缺少的重要知识基础。

英国化学家戴维（H. Davy）出生于木刻匠家庭，从小就喜爱化学实验。他曾用自己的身体试验氧化亚氮（笑气）气体的毒性，发现其麻醉性，使医学外科手术发生了重大改变；他还发明了安全矿灯，解决了因火焰引起的瓦斯爆炸，对19世纪欧洲煤矿的安全开采做出了有益的贡献。但是，他一生最辉煌的成就莫过于新元素的发现。

1799年，意大利物理学家伏特（A. Volta）发现了金属活动顺序，并应用其发明了伏特电池。次年，英国化学家尼科尔森（W. Nicholson）和卡里斯尔（A. Carlisle）利用伏特电池成功地分解了水。从此，电在化学研究中的应用引起了科学家的广泛关注。

1806年，戴维对前人有关电的研究进行了总结，预言这种手段除可以把水分解为氢气和氧气外，还可能分解其他物质，这一科学思想使他把电与物质组成联系起来，从而导致了一系列新元素的发现。

1777年之前,对于碱类和碱土类物质的化学成分,人们普遍认为它们具有元素性质,是不能再分解的。法国化学家拉瓦锡创立氧化理论之后,则认为这两类物质都可能是氧化物。1807年,戴维决心用实验来证实拉瓦锡的见解,同时也想验证一下自己预言的正确性。最初他用苛性钾或苛性钠的饱和溶液实验,发现碱没有变化,只和水电解结果一样。通过分析,他认为应该排除水这个干扰因素。于是改用熔融苛性钾,结果发现阴极白金丝周围出现了燃烧更旺的火焰,说明由于加热温度过高,分解出的产物立刻又被燃烧了。后来他换用碳酸钾并通以强电流,但阴极上出现的金属颗粒还是很快地被烧掉了。最后,他总结教训,在密闭坩埚内电解熔融苛性钾,终于拿到了一种银白色金属,并进行性质实验,发现在水中能剧烈反应,出现淡紫色火焰,显然是该金属与水作用放出氢气的结果。由此,戴维判断这是一种新金属,取名为钾。不久,他又从苛性苏打中电解出了金属钠。次年,用同样方法,他从苦土(MgO)、石灰、菱锶矿($SrCO_3$)和重晶石($BaCO_3$)中分别又发现了新元素镁、钙、锶和钡。

1807年12月,尽管当时英法两国正进行着战争,法国皇帝拿破仑仍然颁发勋章,以嘉奖戴维的卓越成就。但是,戴维并没有因此骄傲起来。金属钾被发现以后,他由该金属可从水中分解出氢气受到启发,认为钾也应该能够分解其他物质。于是在1808年,他将钾与无水硼酸混合,在铜管中加热,得到了青灰色的非金属硼。这样,不到两年,戴维就发现了七种新元素。如果加上他1810年和1813年确定的氯元素和碘元素,戴维一生发现和确认的元素就有九种。这一成就在他去世之前的52个元素发现史上,是无人能与其媲美的。

(2) 科学发现的认识工具。化学能够以其特有的化学实验分析手段,对物质的质和量两个方面做出鉴定,从而可以成为其他学科进行科学发现的"眼睛",找到研究成果。相反,如果忽视化学分析手段的应用,就有可能功亏一篑,导致失败。

稀有气体的发现完全证明了化学及其实验不仅是科学发展的知识基础,也是科学发现的认识工具。

稀有气体中最先被发现的是氩。那是在19世纪精密天平的出现以后,1882年瑞利(Rayleigh)想要证实普劳特(E. Prout)的假说,着手测定氢和氧的密度以便证实或否定它们的相对原子质量(1∶16)。经过10年后他宣布,氢和氧的相对原子质量比实际上是1∶15.882。瑞利还测定了氮的密度,结果发现从大气中所分的氮的密度为1.252 g/cm³,而从化学法中所得到的氮的密度为1.250 5 g/cm³,两者数值在小数点后第三位不相同。他提出了好几种假说来解释造成这种不一致的原因。他假定在大气氮中含有与臭氧相似的成分 N_3,但他在《自然》杂志上发表这一意见后没有引起广泛的注意。只有拉姆塞(W. Ramsay)注意到了瑞利的实验,要求共同研究这一问题。拉姆塞检验了已测定的氮密度值,获得了同样的结果,他宣布这是因为大气氮中含有 N_3 成分。

但是当拉姆塞着手对大气进行光谱分析时,他发现,在光谱中除了已知的氮谱线外还清楚地观察到了不属于任何一种已知元素的一组红色与绿色光谱线。毫无疑问,在大气氮中含有某种未知元素。这时他想起了卡文迪许(H. Cavendish)过去做过的一种实验。卡文迪许让含有充足氧气的空气通过放电,以便固定(氧化)全部氮气。但是结果剩下约 1/120 的氮气不能被氧化。拉姆塞和瑞利重做了卡文迪许的实验,结果发现有体积约占 1/80 的氮不能被氧化。

两位科学家在研究这种剩余气体时发现,它的密度比氮气的密度要大得多。新的气体被命名为氩(Ar,英文为 Argon,其希腊文原意是"不活泼的、惰性的")。原来大气中含有 0.93%的氩。在卡文迪许以后经过了 100 多年,人们对空气进行了无数次的分析,但是都没有能够确定其中存在有 1%左右的氩。氩是一种单原子的气体。

氩的发现在科学界引起了极大的反响。它的性质是出乎意料的,其化学性质不活泼的特点特别令人难以理解。人们也不知道氩在周期表中应该放在什么位置上。

在氩于 1894 年被发现以后不久,又发现了一种稀有气体元素——氦。1868 年法国天文学家皮埃尔·让森(P. J. Janssen)在印度观察日食,摄下了太阳色球层的光谱,在研究明片时发现在光谱中存在着明亮的谱线,与钠的黄色谱线不相吻合。两个月以后英国天文学家洛克耶(Lockyer)和弗兰克兰(E. D. Frankland)一起研究日珥的光谱时又重新发现了不属于任何已知元素的黄色谱线。新元素被命名为氦(英文为 Helium,希腊文原意是"太阳")。两位天文学家的报告于 1868 年 9 月 23 日同时送到了巴黎科学院。

到了 1895 年初,英国著名化学家瑞利和拉姆塞得悉美国人希尔布兰德

(Hillebrand)在研究含铀的矿石钇铀矿时发现,将这种矿物加硫酸煮沸,放出了某种气体,他们猜想这是氮气。1895年3月,拉姆塞重做了希尔布兰德的实验,获得了约20 cm³的气体。在研究它的光谱时看到了明亮的黄色能谱,差不多与钠的黄色谱线相吻合。他猜想其中含有某种未知元素,暂定名为氦(意思是隐藏着的)。他把气体样品送去请著名光谱学家克鲁克斯(Crookes)进行分析,第二天就收到回电:氦就是氦,请来看吧! 这样,第二个稀有气体氦就被发现了。不久人们又发现氦不仅存在于铀矿中,而且存在于其他天然物中,特别是大气中。这就向拉姆塞重新提出了在周期表中如何安排氦和氩的位置的问题。他并没有马上想到在周期表中有特别的零族元素存在。但是布瓦博德朗采用了门捷列夫的方法,产生了前面的想法,并且预言还存在有三个未发现的稀有气体。他计算了它们的相对原子质量,并精确到第三位、第四位数字。他所计算出相对原子质量分别为20.094 5,84.01,137.71。这时拉姆塞也同样采用了门捷列夫的方法,得出结论认为还存在有另一种稀有气体,其相对原子质量为20。1897年8月他作了题为《尚未发现的一种气体》的报告。报告中指出:"采用门捷列夫先生的方法可以完全有把握地预言存在有另一种稀有气体,其相对原子质量约为20。"

拉姆塞开始寻找这种气体,研究了它的各种可能存在的场所,于是又回到研究大气层的空气上面来。这时已经发明了液化空气及其他气体的技术设备(特拉弗斯已经安装了这种设备)。1898年5月拉姆塞得到了少量的液态空气,研究了其中较重的组分(这是把大部分空气蒸发后剩下的残留气体)。5月31日他用光谱法发现了一种新气体——氪。这时人们对存在有一族稀有气体元素已毫不怀疑了。

1898年6月7日拉姆塞用光谱法研究液态空气中较轻的组分,发现在光谱的紫色、红色、绿色部分中存在有一系列谱线,他把这种新发现的气体命名为氖(英文为Neon,希腊文原意是"新的")。同年又发现了另一稀有气体氙(英文为Xenon,希腊文原意是"陌生的")。

这样,瑞利和拉姆塞完成了极其困难的研究工作,连同氡(1900年卢塞福(Rutherford)和索迪(F. Soddy)发现自Ra生出的气体Rn也是一种稀有气体)发现了一整族的稀有气体元素。两位科学家对微量气体所采用的操作方法可以说明这一工作确实困难。稀有气体的发现名副其实地是"第三位数字"的胜利,也就是分析的高度准确性的胜利。

(3) 经验科学的理论基础。化学发展到了今天,尽管还不能十分精确地描述化学运动的规律,成为像数学、物理学那样理论性很强的学科,然而对一些以高级运动形式为研究对象的、尚处于经验发展阶段的学科来说,化学仍可成为它们的理论指导基础,如化学对生命科学所起的作用。

核酸的发现与生命合成与化学科学及所起的作用非常密切。

核酸的发现已有 100 多年的历史,但人们对它真正有所认识不过是近 60 年的事。远在 1868 年瑞士化学家米歇尔(F. Miesher)首先从脓细胞分离出细胞核,用碱抽提再加入酸,得一种含氮和磷特别丰富的沉淀物质,当时曾叫它核质。

1872 年又从鲑鱼的精子细胞核中,发现了大量类似的酸性物质,随后有人在多种组织细胞中也发现了这类物质的存在。因为这类物质都是从细胞核中提取出来的,而且都具有酸性,因此称为核酸。过了多年以后,才有人从动物组织和酵母细胞分离出含蛋白质的核酸。

20 世纪 20 年代,德国生理学家柯塞尔(A. Kossel)和他的学生琼斯(W. Johnew)、列文(P. A. Levene)的研究结果,才搞清楚核酸的化学成分及其最简单的基本结构,证实它是由四种不同的碱基,即腺嘌呤(A)、鸟嘌呤(G)、胸腺嘧啶(T)和胞嘧啶(C)及核糖、磷酸等组成。其最简单的单体结构是碱基－核糖－磷酸构成的核苷酸。1929 年又确定了核酸有两种,一种是脱氧核糖核酸(DNA),另一种是核糖核酸(RNA)。核酸的分子量比较大,一般由几千到几十万个原子组成,分子量可达十一万至几百万以上,是一种生物大分子。这种复杂的结构决定了它的特殊性质。

1928 年生理学家格里菲斯(J. Griffith)在研究肺炎球菌时发现肺炎双球菌有两种类型:一种是 S 型双球菌,外包有荚膜,不能被白血球吞噬,具有强烈毒性;另一种是 R 型双球菌,外无荚膜,容易被白血球吞噬,没有毒性。格里菲斯取少量 R 型细菌,与大量已被高温杀死的有毒的 S 型细菌混在一起,注入小白鼠体内,照理应该没有问题。但是出乎意料,小白鼠全部死亡。检验它的血液,发现了许多 S 型活细菌。活的 S 型细菌是从那里来的呢?格里菲斯反复分析后认为一定有一种什么物质,能够从死细胞进入活的细胞中,改变了活细胞的遗传性状,把它变成了有毒细菌。这种能转移的物质,格里菲斯把它叫做转化因子。细菌学家艾弗里(O.T.Avery)认为这一工作很有意义,立刻研究这种转化因子的化学成分。

在 1944 年得到研究的结果,证明了转化因子就是核酸(DNA),是 DNA 将 R 型肺炎双球细菌转化为 S 型双球细菌的信息载体。但是,这样重要的发现没有被当时的科学家们所接受,主要原因是过去错误假说的影响。

以前柯塞尔(Kossel)发现核酸时,列文等化学家曾错误地认为核酸是以四个含有不同碱基的核苷酸为基础的高分子化合物,其中四种碱基的含量比为 $1:1:1:1$。在这个错误假说的影响下,人们对艾弗里的新发现提出了种种责难,怀疑他的实验是不严格的,很可能在做实验时带入了其他蛋白质,因而产生了与文列假说不符合的现象。艾弗里在大量舆论的压力下,也不敢坚持他的正确结论,也采取了模棱两可的说法:"可能不是核酸自有的性质,而是由于微量的、别的某些附着于核酸上的其他物质引起了遗传信息的作用。"后来,美国生理学家德尔布吕克(M.Delbuck)发现噬菌体比细菌还小,只有 DNA 和外壳蛋白,构造简单、繁殖快,是研究基因自我复制的最好材料。于是组成噬菌体研究小组,开始选用大肠杆菌及其噬菌体研究基因复制的工作。

1952 年小组成员赫希尔(A.D.Heishey)和蔡斯(M.Chase)用同位素标记法进行实验。他们的实验进一步证明了 DNA 就是遗传物质基础。差不多与此同时,还有人观察到凡是分化旺盛或生长迅速的组织,如胚胎组织等,其蛋白质的合成都很活跃,RNA 的含量也特别丰富,这表明 RNA 与蛋白质的生命合成之间存在着密切的关系。

核酸生物学功能的发展进一步促进了核酸化学的发展。尤其是 21 世纪 50 年代以来,用于核酸分析的各种先进技术不断地创造和使用,用于核酸的提取和分离的方法不断地革新和完善,从而为研究核酸的结构和功能奠定了基础。核酸分子中各个核苷酸之间的连接方式已有所认识,DNA 分子的双螺旋结构学说已经提出,有关核酸的代谢、核酸在遗传中以及在蛋白质生物合成中的作用机理,也得到了比较深入的认识。近年来,遗传工程学的突起,在揭示生命现象的本质,用人工方法改变生物的性状和品种,以及在人工合成生命等方面都显示了核酸历史性的广阔远景。

所以,化学的重要性是显而易见的,在新技术革命中,它是可以大显身手的。

四、古代中国在化学实验上的重大贡献

古代中国的化学毫不逊色于西方。大约 5 000～11 000 年前,我们已会制作陶器,3 000 多年前的商朝已有高度精美的青铜器,造纸、瓷器、火药更是化学史上的伟大发明。在 16 和 17 世纪时,中国是世界最先进的国家。

1. 火药

黑火药是中国古代四大发明之一。为什么要把它叫做“黑火药”呢? 这还要从它所用的原料谈起。火药的三种原料是硫磺、硝石和木炭。木炭是黑色的,制成的火药也是黑色的,因此叫黑火药。火药的性质是容易着火,因此可以和火联系起来,但是这个“药”字又怎样理解呢? 原来,硫磺和硝石在古代都是治病用的药,因此,黑火药便可理解为黑色的会着火的药。

火药的发明与中国西汉时期的炼丹术有关,炼丹的目的是寻求长生不老的药,它是中国炼丹家在寻找长生不老丹过程中发现的,最可能的起源年代是公元 850 年。

在炼丹的原料中,就有硫磺和硝石。炼丹的方法是把硫磺和硝石放在炼丹炉中,长时间地用火炼制。在许多次炼丹过程中,曾出现过一次又一次地着火和爆炸现象,经过这样多次试验终于找到了配制火药的方法。

黑火药发明以后就与炼丹脱离了关系,一直被用在军事上。古代人打仗,近距离时用刀枪,远距离时用弓箭。有了黑火药以后,从宋朝开始,便出现了各种新式武器,例如用弓发射的火药包。火药包有火球和火蒺藜两种,用火将药线点着,把火药包抛出去,利用燃烧和爆炸杀伤对方。

大约在公元 8 世纪,中国的炼丹术传到了阿拉伯,之后火药的配制方法也传了过去,后来又传到了欧洲。火药第一次引起西方社会关注是在 12 世纪后期。这样,中国的火药成了现代炸药的“老祖宗”。这是中国的伟大发明之一。

2. 造纸

纸是人类保存知识和传播文化的工具,是中华民族对人类文明的重大贡献。在使用植物纤维制造的纸以前,中国古代传播文字的方法主要有:在甲骨(乌龟的腹甲和牛骨)上刻字,即所谓的甲骨文;甲骨数量有限,后来改在竹简或木简上刻字。可见,孔子写的《论语》所用的竹简之多,份量之重是可想而知的;另外,用丝织成帛,也可以用来写字,但大量生产帛却是难以做到的。最后才有了用植物纤维制造的纸,并一直流传到今天。

中国人最迟在公元前2世纪就发明了纸。世界上最早的写有文字的纸是1942年在内蒙古额济纳河岸旁的一座汉代古烽火台废墟下面发现的。这张纸可以上溯至公元110年。1957年5月,中国考古工作者在陕西省西安市灞桥的一座古代墓葬中发现一些米黄色的古纸。经鉴定这种纸主要由大麻纤维制造,其年代不会晚于汉武帝(公元前156~前87年),这是现存的世界上最早的植物纤维纸。

提起纸的发明,人们都会想起蔡伦。他是汉和帝时的中常侍。他看到当时写字用的竹简太笨重,便总结了前人造纸的经验,带领工匠用树皮、麻头、破布、破渔网等做原料,先把它们剪碎或切断,放在水里长时间浸泡,再捣烂成为浆状物,然后在席子上摊成薄片,放在太阳底下晒干,便制成了纸。它质薄体轻,适合写字,很受欢迎。

造纸是一种极其复杂的化学工艺,它是广大劳动人民智慧的产物。实际上,蔡伦之前已经有纸了,因此,蔡伦只能算是造纸工艺的改良者。

纸在公元7世纪传到印度,8世纪传到西亚,12世纪传到欧洲。

3. 炼丹术与炼金术

秦始皇统一中国后,中国便早早地进入了封建社会。皇帝和封建统治阶级希望拥有更多的财富来享乐,并望长生不老,所以,便迫不及待地寻求长生不老药,召集了一大批炼丹家,日日夜夜为他们制长生不老药——丹砂。

炼丹的最初目的虽然是寻求长生不老的仙丹,但炼丹家和炼金家在做这些原始的化学实验时,需要大批的实验器具。于是他们发明了最初的一些实验装置,还制造出一些化学试剂,其中很多都是今天常用的酸、碱和盐、有用的合金以及治病的药物。同时,他们还为化学学科的建立积累了相当丰富的经验和失败的教训,甚至总结出一些化学反应的规律。例如,中国炼丹家葛洪从炼丹实践中提出:"丹砂(硫化汞)烧之成水银,积变(把硫和水银二者放在一起)又还成(变成)丹砂。"这是一种化学变化规律的总结,即"物质之间可以用人工的方法互相转变"。

直到公元 8 世纪,中国的炼丹术传到了阿拉伯,后来又传到了欧洲。

4. 陶器和瓷器

大约 1 万年以前,中国开始出现烧制陶器的窑,成为最早生产陶器的国家。陶器的发明在制造技术上是一个重大的突破。陶器的制作不但有新的技术意义,而且有新的经济意义。陶器产生后很快成为人类生活和生产的必需品,陶器制作的工具在生产中发挥了重要的作用,特别是定居下来从事农业生产的人们更是离不开陶器。陶器的产生极大地推动了生产力和社会的发展。后来,中国人在制陶的基础上又发明制造了瓷器。瓷器的优点大大地超过陶器,极大地丰富、改善和方便了人们的生活,是中国对世界的又一大贡献。

五、中国化学史上对世界的其他重要贡献

1. 焰色反应

被称为"山中宰相"的我国南朝著名科学家陶弘景(公元 454～536 年)在实践中发现,硝石(硝酸钾)"以火烧之,紫青烟起",从而找到了鉴别外表极为相似的硝石与朴硝(硫酸钠)的最简便方法。这个方法其实就是我们今天所说的"焰色反应"。陶弘景发现"焰色反应"并应用于物质的鉴别,比欧洲最早发现者德国化学家马格拉夫早 1 200 多年。

2. 自燃

西晋时期的政治家、哲学家和诗人张华(公元 232～300 年)于公元 290 年前出版的新著《博物志》一书,是世界上记载"自燃"现象的最早文字记载。

3. 碳酸气

西晋时期张华所著《博物志》一书中,已有烧白石作白灰有气体发生的记载。白石就是白石灰石,白灰就是石灰,所产生的气体就是碳酸气即二氧化碳。17 世纪后,才有比利时人对碳酸气作专门的研究。

4. 深井天然气

中国人于公元前 1 世纪就已用传统的方法打出了 4 800 尺深的钻井,并用竹管把天然气从井里引到锅灶里,用来蒸煮食物和熬制食盐。比欧洲人早 1 900 多年。

5. 氧气

我国唐朝学者马和在公元 8 世纪时期就已发现了氧气的存在并提出了制取的方法,但由于其原著《平龙认》一书已失传,无法进一步研究和考证。过了 1 000 多年三个欧洲人(普利斯特里、拉瓦锡、舍勒)才在各自不同国家里发现了氧气的存在。

6. 石油

我国人民知道和利用石油的时间比世界各国都要早。远在 1 800 多年以前,后汉文学家班固所著《汉书》中记载:"上郡高奴县,有水可以燃烧"。这里所指可燃液体就是石油。高奴在今陕西省延长,现在仍出产石油。

7. 煤

早在新石器时代晚期,我们的祖先已用煤炭雕刻成圆环和动物形状的艺术品。公元前 200 年左右的西汉,已用煤炭做燃料来冶炼铁。我国使用煤的历史悠久,为世界上任何国家所不及。

8. 麻醉剂

据《后汉记·华佗传》中记载,在公元 200 年时,我国外科鼻祖华佗就能用全身麻醉来施行外科手术,他是世界上施用临床麻醉最早的人,所用麻沸散是最早的麻醉药物。

9. 水银

据马王堆汉墓医书《五十二病方》记载,用水银能治疗臃肿和皮肤病。由此可见,中国是水银疗法的最早发明者,比西方早了八个世纪。

10. 制盐工艺

我国有着悠久的制盐历史,是产盐最早的国家。相传在夏朝(公元前 2140~前 1711 年),我们的祖先就会用海水煮盐。关于古代制盐工艺的记载,以明末宋应星的《天工开物·作咸篇》所叙述的最为详细。

11．酿酒工艺

早在新石器的代，中国人就掌握了发酵酿酒的技术。在中国，最晚于公元前2世纪便有人饮葡萄酒。公元52年左右，中国人就掌握了冰冻提取酒精的技术，从而发明了白兰地。

12．陶瓷工艺

据新近出土的文物表明，中国早在公元前11世纪就已用高岭土制造出原始瓷器。而欧洲到18世纪才研制成瓷器，比中国晚了约1 700年。

13．长明灯

中国人对简单的油灯进行了尽可能的改进。在汉朝或早于汉朝就已开始用海豹油或鲸油和不燃的石棉灯芯了；后来设计出使灯冷却的方法，来阻止油的蒸发。李约瑟评价说："它是一个有趣的化学冷却水套预处理蒸馏法。它包含了蒸气和水循环系统的全部现代技术。"

14．炼钢铁

中国是世界上第一个生产生铁的国家，也是世界上首先用生铁炼钢的国家。最迟在战国时代（公元前5～前3世纪）中国人就完成了这些发明。这才导致了1856年西方转炼炉钢法的发明。

15．湿法炼铜

宋人沈括（1030～1094）在他所著的《梦溪笔谈》里就记载有"淡水浸铜法"。东汉人所著《神农本草纪》晋人葛洪（公元约281～340年）所著《抱朴子》以及其他文献里也有不少类似的记载。可见铁从硫酸铜溶液中置换出铜的现象，早在宋朝之前已被我国人民所认识。

16．青铜

青铜是一种铜锡合金，我们的祖先很早就能冶炼和使用它。《史记·封禅书》里就有"黄帝作室鼎三"，以及"禹收牧贡金铸九鼎"这一类的话。据史学家的考证和判断，那时所谓的"金"不是黄金而是青铜。说明我国从黄帝、夏禹起，即公元前2 500多年就会冶炼青铜来铸造器物了，并著有当时的冶金工艺的著作。

17．炼锌

我国开始炼锌和生产锌的确切年代，虽难以考证，但在署名为霞飞子（公元

918 年)的《宝藏论》一书中,有"倭铅"(即锌)这一名称,说明我国在 1 000 多年以前就能炼锌。再根据明朝宣宗时铸造的黄铜宣德炉的化学分析结果,我国在 15 世纪 20 年代就已经能大量地生产锌了。这比欧洲的早 400 多年。

18. 毒气

利用毒气进行化学战的历史,在中国至少可以追溯到公元前 5 世纪～4 世纪。墨家早期著作中,就有关于利用风箱把炉子内燃烧的芥末所释放的气体,打入围城敌军隧道的记载。这比第一次世界大战中德国人利用战壕芥子气早 2 300 年。

19. 联合制碱法

侯德榜(1890～1974)是我国著名的化学工程专家,他在 1942 年创造发明了联合制碱法,也称侯氏制碱法,对原来比利时人索尔维在 1862 年发明的制碱法(也称索尔维制碱法)作了重大的改革,把世界制碱技术提高到一个新的水平,引起了国际上强烈的反响。从此,中国化学工业技术一跃登上世界舞台。

20. 人工合成牛胰岛素

1965 年 6 月,中国科学院生物化学研究所、北京大学化学系、中国科学院有机化学研究所以及许多工厂、院校、科研部门共同协作,终于在世界上第一次用人工的方法合成了具有生物活性的蛋白质——结晶牛胰岛素。这是新中国科学家在科学上获得的一个"世界冠军"。

21. 人工合成核酸

1982 年 1 月 15 日,在北京科学会堂举行的科学报告会上,传出鼓舞人心的消息:新中国的科学家人工合成了"酵母丙氨酸转移核糖核酸",这是在世界上首次用人工方法合成具有与天然分子相同化学结构和完整生物活性的核糖核酸。新中国的科学家又一次夺得了科学上的"世界冠军"。

第三节　化学实验对创新精神及人才的培养

一、化学实验对创新精神的培养

1. 化学实验方法的创新、改进与创造发明

化学是一门以实验为基础的实验科学，化学实验方法的创新、改进与创造发明关系极大，可以说化学上的每一次重大的发明创造，每一次的重大突破、发展和进步都与化学实验方法的创新、改进密切相联系，无不伴随着它的巨大的创新或变革。创新是化学进步的阶梯和源泉，没有创新化学就不会进步！

古今中外的著名化学家都是十分重视化学实验方法的创新与改进，并获得发现、发明和创造的。

1905 年德国著名化学家拜尔（A. V. Baeyer）因在靛蓝和芳香烃化合物方面的工作获得了诺贝尔化学奖。

1835 年 10 月 31 日，拜尔生于柏林。1858 年，拜尔获得博士学位后于 1860 年在柏林格威柏学院担任教职。1872 年他被任命为斯特拉斯堡大学的化学教授，1875 年他继承李比希作慕尼黑大学的化学教授，并在那里度过余生。

1864 年拜尔继续维勒、李比希和施利珀在尿酸方面的工作，说明了有关的一系列衍生物的特性，包括阿脲、仲班酸、海因和巴比土酸等。

1871 年他将酚和邻苯二酸酐混合加热，发现了酞染料酚酞和荧光黄。在做这项工作的过程中，他发现了苯酚甲醛树脂，后来贝克兰（L. H. Baekeland）在工业上大大发展了这种树脂。然而，拜尔最富有成效的研究工作是靛蓝，这项工作从 1865 年开始一直延续了 20 年。

第一步是把靛蓝还原成它的母体吲哚，拜尔是用它与锌粉混合加热的新方法来完成的。最早的合成方法是从苯乙酸开始的，步骤很多；以后用邻硝基肉桂酸和邻硝基丙炔酸，步骤就缩短了。

1883年拜尔发表了靛蓝的结构,这个结构除了双键的立体化学排列之外其余都是正确的,这个双键在1928年由X射线结晶学证实是反式排列的。工业合成靛蓝最后是在1890年完成的。拜尔的工作还导致了许多新型染料的生产。

拜尔后来又从靛蓝转向了聚乙炔的研究。这个化合物的爆炸性质使他考虑到不饱和环状化合物中碳碳键的稳定性。他提出了拜尔张力学说,即化合物的键角离理想的四面体排列越远化合物越不稳定。拜尔研究了四价氧化合物以及芳香族化合物的还原,他观察到在还原时芳香性即失去;他还研究了萜烯化合物,并在1888年首次合成了萜烯。

2. 化学实验对学生创新精神的培养

化学实验是培养学生创新精神和实践能力的重要途径和环节。化学是一门以实验为基础的自然学科,化学教学中最基本的和最重要的内容之一就是实验和操作。学生可以从实验现象中去认知事物,掌握化学基本原理和基本技能,并通过自己的操作来培养各种能力,从而促进思维的发展和综合素质的提高。所以通过化学实验,在化学教学以及科研中教会学生脑手并用,用实验方法去探索和学习知识,能很好地培养学生的科研素质和创新精神。实验不仅是锻炼学生实践能力的重要途径,而且是激发学生探索兴趣、培养学生创新精神的切入点。

教师应通过不断学习,提高自己的业务素质,使自己具有较强的科研素质和创新精神。"学高为师,身正为范",教师是学生的带路人和榜样,一个不具有较高科研素质和创新精神的老师是不可能带领他的学生走上科研和创新之路的,甚至还有可能带领学生误入歧途。所以,教师首先应该不断加强学习,使自己拥有较强的科研素质和创新精神,从而引领学生在科研和创新的道路上前进。

为了激发和调动学生学习兴趣和动机,教师要善于为学生创设学习、获取新知识的情境。为学生创造动手、动脑的条件,培养其科研素质和创新精神。建构式教学理论提倡"做中学、学中做",化学实验就为学生提供了这样的环境。要培养学生的科研素质和创新精神,就应在日常教学中对学生进行有规律的刺激,让学生养成科研和创新的习惯,因为"记忆需要不断地重复加以巩固,否则就会遗忘",而当一种行为成为一种习惯后,就很难丢弃。所以,将培养学生的科研素质和创新精神贯穿于日常教学中,让学生养成习惯,以便于在今后的学习和生活中用科研和创新的眼光观察事物,时时想到用科研和创新的方法解决问题。

全面培养学生完善的实验能力和创新精神,在实验教学中可以采取一些具体的做法:

(1) 整合简单的实验,引发学生的创新意识。整合简单实验可采用横向串联和纵向延伸把简单实验设计成综合实验、系列实验的方法。横向串联可使知识系统化、条理化、层次化而形成知识网络,使知识达到前所未有的强度。纵向延伸可使知识程序化,使知识达到前所未有的功能。"若干知识点的串联或并联,就可以用来练习扩散、渗透和重组的统摄思维和推理的逻辑思维",整合简单实验,迫使学生对原贮存的知识进行重组,寻找这些实验之间的交汇点和结合点,使知识融会贯通,训练学生的创新思维、引发学生的创新意识。

(2) 着力改进化学实验的装置和操作,培养学生的创新能力,包括实验材料的创新、实验条件的创新、实验方法的创新。化学课程中的实验设计及操作方法虽然都是经过反复验证的,但实际操作中仍存在着这样或那样的不足,在化学实验教学中,教师应鼓励学生对其不足的方面加以改进,使之更合理。发动学生对书本中出现的部分实验进行改进与改革,是学生最喜欢的形式,同时也是培养学生思维的批判性的一种方法。在实验教学中,我们要求学生对教材中的实验从五个方面进行改进:① 如何使仪器装置更为简约而科学;② 如何使操作更简化;③ 如何使实验现象更明显直观;④ 是否安全;⑤ 是否可微型化。同时可鼓励学生从实验废弃物(药品或仪器)、家用品、其他社会物品三方面选择实验材料等等。教师必须注意给学生营造宽松、民主、自由的气氛,鼓励学生大胆地提出实验方案,即使对学生提出的不全面、不完善甚至错误的实验方案,也要以表扬鼓励为主,充分肯定学生在提出实验方案过程中的主动参与精神和创新意识。另外,教师允许他们在保证安全的前提下按照自己的方案进行探究活动,让学生在探究过程中经受挫折的磨炼,并体验探究的乐趣和成功的喜悦。教师引导学生改进、完善、拓展这些实验,增强实验的探索性、综合性,使之更贴近对实际问题的解决,培养学生的创新能力,同时也培养他们不迷信课本,勇于对科学方法进行创新的精神。

（3）将定性实验改变为定量实验，变验证性实验为探究性实验，发展学生的创新能力。定性实验只要求通过实验验证某物质是否有或物质间能否反应，定量实验不仅要知道是否有或能否反应，而且还要确定有多少或物质间按怎样的比例关系发生反应。从定性实验到定量实验，可以提高学生综合应用知识进行创新的能力。

将定性实验改为定量实验，需要学生积极运用已有知识，从多角度、多方位、多层次地进行创新分析，用尽可能多的方法来设计实验方案，并对各方案从操作的可行性、实验结果的准确性进行分析评价，选择最佳方案，可培养学生思维的深刻性。

设计探究实验是发现与创新的手段。目前，很多实验都只是注重实验功能的验证性，给出实验条件、步骤和相应的药品来验证某物质的性质、某物质的制取方法或某个化学反应原理，从而学生实验几乎是依样画葫芦照做，毫无创意和新意可言。虽然，验证性实验对于学生巩固、掌握书本理论知识、提高自己的实验能力、熟练地掌握实验技能技巧是有很大帮助的。然而，科学实验的重要功能是其探索性。探索是发现问题、寻找规律、利用规律的有效途径。任何科学成果的发现和发展都需要经过不懈努力、不断探索才能得以实现。而探索性的化学实验就是挖掘书本已有的实验内容的新意境、新内容，把学生导入科学探索的新起点、新境界、新高度，让他们亲历其境、刻苦努力地探索新知识、解决新问题、猎取新成果，使自己体会到成功者的喜悦，进一步激发其继续保持旺盛的创新激情，形成创新思维。

（4）开展实验方案的设计，强化学生的创新能力。化学实验设计应是化学教学中的一个重要目标，实验设计是对学生各项能力的综合测试。完成实验设计的题目，必须具备：① 阅读、挖掘信息的能力；② 选择药品仪器的判断力；③ 实验操作能力；④ 分析现象结论的能力；⑤ 分析实验过程的能力；⑥ 选择、组合、修改设计实验的能力；⑦ 综合运用知识、类比、迁移、收敛、发散思维的能力；⑧ 准确、清楚的文字表达能力。让学生自行设计实验，可使学生的整体思维能力、知识运用能力、创造思维能力得到全面的提高。化学实验方案设计的基本要求是：科学性、安全性、可行性、简约性。实验方案设计的一般程序是：实验课题→提出设计方案→讨论方案的可行性→实验操作→对实验进行分析、比较、评价→确定最佳实验方案。

　　课题选定之后,教师首先需要指导学生阅读有关材料,复习有关化学知识,学生必须把过去所建立的认知结构和信息进行分析、综合、比较,思考实验原理方法和步骤,拟订实验所需药品、仪器,探讨实验时所产生的现象和容易发生的失误以及安全等应注意的问题,最后独立设计实验方案,这个过程就体现了创造性思维。实验方案包括:实验题目、仪器、药品、操作步骤和装置图。方案在实验前交教师审阅,教师在尊重学生的创造精神的原则下,进行统计、分析、综合比较,归纳出最佳方法,纠正某些实验方案的错误,提出某些实验方案的缺点。在实验过程中,既要加强实验操作过程的指导,又要放手让学生去独立实验、细心观察、认真思考、独立分析和解决实验中所出现的问题。实验中,很可能还要推翻原假设去重新修正方案,让学生在失败中找原因,掌握科学的方法和态度。独立设计实验,可当作科学研究的"模拟",把学生带入科学探索情景之中,让学生亲自探求新知识,使他们成为发现者,这不仅训练了学生的科学探究的方法,更重要的是发展了学生的创造性思维。开展实验方案设计还可以培养学生学会合作的现代人才意识,促进学生的全面发展。

　　(5) 开发化学实验的大课堂,培养学生的创新能力。课内外结合,扩展创新空间。虽然课堂教学仍是培养学生的创造性思维、进行创造性学习、发展学生个性特长的主渠道,但不能忽视在课外教学之外组织学生进行创造性的探索活动,以使学生获得发展的机会。开放型的实验室,多种多样的成本低廉、便于携带,可用于野外实习和调查活动的化学实验箱,为学生课外的探索活动提供了极大的空间。在课外的探索活动中,学生的思维不像在课堂上受到很大限制,学生可以充分、自由地发展想像力,根据自己的兴趣和爱好设计实验方案,进行探究活动,这对培养学生的创造性更具有深刻的意义。另外,为学生开发一些联系生活实际的应用型实验,可使学生亲身感受到化学实验的实用价值,能强烈激发学生的创造动机。

　　总之,化学实验是化学教学内容的基础和核心,通过做实验,可以激发学生的科研和创新精神,拓展他们的科研、创新精神和能力,同时打破学生心中对科学研究和创新的神秘和畏惧,为他们打开通往科研和创新的大门,让他们认识到科研和创新可以是在学习和探索中不断进行的,帮助他们树立信心,培养科研、创新精神和能力。化学实验教学要真正体现培养学生动手、动脑、观察、探索的教学思路,能够激发学生学习化学的兴趣、培养学生的创造性思维、开发学生潜能、发展学生的个性,为化学教育走素质教育之路发挥独特的功能。教学中,教师应深刻领会教学大纲,挖掘实验教学内涵,为培养学生的创新精神和创造能力铺平道路和提供条件。

3. 化学实验对百折不挠的顽强进取精神的培养

目前,化学研究是利用化学实验进行的一种探索性的活动。探索过程是一个艰难曲折的过程,往往要经历许多艰难、困苦、挫折、失败的煎熬和打击。化学家所进行的科研并不是一帆风顺的和不间断地产生着发现、发明和创造的。他们的每一次、每一项的成功的背后,都充满着普通人难以想像的紧张、繁忙、单调的工作以及许多次的失败和失望。科学探索活动中,需要有不怕困难的勇气、战胜困难的坚毅、披荆斩棘的开拓、勇往直前的进取,以及不怕自我牺牲的献身精神。只有不畏劳苦沿着陡峭的山路攀登的人们,才有希望到达光辉的顶点。所以,化学实验对百折不挠的顽强进取精神的培养是有极大作用的。

发现氧气的人叫舍勒。他是瑞典著名的化学家,1742 年 12 月 19 日生于瑞典的施特拉尔松,他家里很穷,13 岁就到哥德堡一家药房当学徒,利用业余时间自修化学。后来,他先后在马尔摩、斯德哥尔摩和乌普萨拉的药房担任药剂师。在这期间,他和另一位青年化学家一起,进行了从酒石中提炼酒石酸的实验,并写成了两篇论文,送给瑞典科学院。由于他是一名普通的药剂师,瑞典科学院显得很轻视,未予发表,无疑地,这对于年轻的舍勒是一个不小的打击。但他并不灰心,更加奋发地从事研究工作,经过无数次的实验,终于在 1773 年发现了氧,并写成了《论空气与火》一书。1774 年,他又发现了氯,并得到英国化学家戴维的确认,这更增强了他对研究化学的信心。

1775 年,舍勒为了更好地从事研究工作,辞去了药剂师的职务,到科平这个小镇上,自己开设了一家药房。尽管他收到柏林和英国的一些聘请书,但他始终没有离开这个小镇。在这里,他专心致志地从事化学研究,先后发现了氟、氨、氯化氢、氢氟酸、钨酸、钼酸和砷酸等,在化学的很多方面有所发现,做出了巨大的贡献。他被选为瑞典皇家科学院院士。

180多年前,德国的数学家高斯(C. F. Ganss)和意大利的化学家阿伏伽德罗(A. Avogadro)进行过一次激烈的辩论,辩论的核心是化学究竟是不是一门真正的科学。

高斯说:"科学规律只存在于数学之中,化学不在精密科学之列。"

阿伏伽德罗反驳道:"数学虽然是自然科学之王,但是没有其他科学,就会失去真正的价值。"

此话惹翻了高斯,这位数学家竟发起火来:"对于数学来说,化学充其量只能起一个女仆的作用。"

阿伏伽德罗并没有被压服,他使用实验事实进一步来证实自己的观点。阿伏伽德罗在将2 L氢气放在1 L氧气中燃烧得到了2 L水蒸气的实验结果给高斯时,他十分自豪地说:"请看吧,只要化学愿意,它就能让2加上1等于2。数学能做到这一点吗? 不过,遗憾的是,我们对于化学知道得太少了!"

科学的发展证明阿伏伽德罗的观点是正确的,生活在现代社会的人们,谁也不会再去怀疑化学的重要性了。化学已经成为一个国家国民经济的重要支柱。在当今世界综合国力的竞争中,化学能否保持领先地位,已经成为一个国家能否取胜的重要因素之一。

二、化学实验在人才培养中的意义和作用

1. 化学实验在人才培养中的意义

现代化学教育的任务已经不是单纯地传授化学知识,而是更应注意发展学生的化学智力,即培养学生对化学运动的观察力、想像力、逻辑思维能力和创造力,以适应现代化学日益理论化和综合化的发展趋势。在有限的时间内,让学生掌握日新月异、极其丰富的化学知识已经不可能,所以,要使学生掌握学习和科研的方法。这样,化学实验对人才培养有着非常重要的作用。同时,化学实验对学生创新精神、百折不挠的顽强进取精神的培养也有着重要作用。所以化学实验在人才培养中有着重要的意义。

2. 化学实验在人才培养中的作用

化学实验在培养化学人才中的作用体现在:

（1）培养学生学习化学的兴趣和积极性。在化学教学中，许多学生最先接触到的都是需要自己亲自动手完成的操作，再加上有许多有趣的现象，对学生有很大的吸引力。这样对于激发学生的好奇心、引起青少年学生对化学的兴趣、调动学习的积极性、提高教学质量很有好处。让学生亲手做一定数量的实验，不但能培养学生手脑并用的好习惯，还能巩固所学的化学知识，提高学习效果。

（2）是培养独立工作能力的基础和重要的一环。化学实验的基本功很重要，一个学化学的学生有没有良好的独立工作能力，很大程度上决定于它的实验基本功是否过硬。如果这方面的能力很差，就不可能是一个很好的毕业生，更谈不上优秀了。

一个具有能独立从事化学研究工作的人，其能力和基本功应包括：① 熟练掌握各种操作技术和仪器的使用；② 具有敏锐的观察能力；③ 通过实验能够获得准确的结果，并能得出想要的结论。

（3）培养严谨的学风和科学态度。一个合格的化学工作者，要有严谨的学风和做学问的科学态度，反对学术上的各种不正之风。这种严谨的学风和科学态度常常是在长期做实验的熏陶中得到培养的。实验本身是严谨的，谁要是马马虎虎、粗心大意地应付，不认真对待，就会遭到实验结果的报复，即不能得到正确的结论或满意的结果。

在培养过程中，老师要严格要求学生，若实验数据不合格或结果不准确，应当要求学生重做。使学生不能存有侥幸心理，更不能弄虚作假，久而久之就可培养起严谨的作风和科学态度。

（4）通过实验培养学生的唯物主义精神。化学实验是实践的一种形式。化学实验要求真实和实事求是。实践是检验真理的唯一标准。实践的观点是辩证唯物主义认识论的第一和基本的观点。因此，学生在学习过程中通过化学实验的具体活动，加深理解了所学的化学理论知识，既提高了学习效果，又培养了唯物主义精神。

第四节　著名化学家与化学实验

一、国外著名化学家与化学实验

1. 舍勒发现氧气的故事

瑞典科学家卡尔·威廉·舍勒 14 岁就到药房当学徒,后来做了药剂师。他经常试着制各种新药,在实验室里碾碎、蒸馏各种矿物和药品。

　　如果给点燃的蜡烛罩上一个玻璃罩,蜡烛燃烧一会儿就熄灭了,如果把玻璃罩内的空气全部抽掉,蜡烛立即熄灭;铁匠炼铁时,用风箱鼓进空气,火会烧得更旺。燃烧的物质为什么需要空气呢? 舍勒对燃烧产生了浓厚的兴趣。

　　为了搞清这个问题,舍勒把各种不同的化学物质放在密闭的容器里,一次又一次地进行试验。

　　有一天,舍勒在空烧瓶中放进一块白磷,塞上瓶塞,然后从瓶外稍稍加热,白磷立即燃烧起来,发出火光,冒出白烟。不久,火光灭了,浓雾也散了,最后瓶壁上沉积了一层白色物质。

　　待烧瓶刚凉,舍勒立刻把烧瓶倒扣进水中,然后拔出瓶塞,这时怪事发生了,水充满烧瓶体积的 1/5 以后,水面不再上升。他又重做了几遍实验,结果还是一样。

　　这是怎么回事? 1/5 的空气去哪儿了? 带着这样的问题,舍勒又做了另一个实验。

　　他在一个小瓶里放进一些铁屑,在上面浇了些稀硫酸溶液,然后用插上玻璃管的软木塞塞住瓶口,放进盛水的玻璃缸里。将玻璃管生成的气体引出水面,用火舌点燃,又把一只空烧瓶底朝天罩在火舌上面。烧瓶的瓶口浸在水面下,这就使外部的空气没法进入瓶中。随着氢气在密闭的空间里燃烧,玻璃缸里的水不断涌进烧瓶。当火焰完全熄灭了,进入烧瓶的水依然只占烧瓶体积的1/5。

舍勒对此事迷惑不解。既然燃烧中用掉了1/5的空气,那么剩下的4/5空气为什么不消失?难道瓶里剩下的空气跟那些在燃烧中消失的空气不一样?

于是他又做了一连串实验,在烧剩下的空气中,放进蜡烛、炭、白磷,结果是:蜡烛立即熄灭,烧红的炭很快变黑,连易于燃烧的磷也不肯着火,把几只老鼠关进里面,马上窒息而死。

舍勒终于明白了,这种烧剩下的空气的确跟"烧掉"的那部分空气性质不同。看来空气是由两种完全不同的成分组成的。他认为一种是"活空气",它能帮助燃烧,于是把它叫做"火焰空气";另一种是"死空气",对火不起作用,老鼠会窒息而死,所以叫它"无用空气"。

舍勒更感兴趣的是"火焰空气"。经过多次实验,舍勒很快找到了制造纯"火焰空气"的方法。

舍勒在玻璃曲颈瓶中装进一些硝石,放到炉子上加热,同时,在瓶颈上束上一个挤瘪了的牛尿泡。硝石熔化了,放出的气体使牛尿泡逐渐胀大起来。接着很快将牛尿泡取下来,把泡里的气体贮存在一个烧瓶里。把烧红的木炭、刚吹灭的木柴、磷分别放进这些烧瓶中,这时木炭四周火星迸裂,猛烈燃烧,发出白炽的光芒;带余烬的木柴重新燃烧起来了;磷爆发出火焰,竟亮得刺目。舍勒高兴得从实验室冲出来,摇着手里的一只瓶子喊着"火焰空气! 火焰空气!"

2. 发现氢气的伟大学者——卡文迪许

1731年10月10日,卡文迪许出生在英国一个贵族家庭。父亲是德文郡公爵二世的第五个儿子,母亲是肯特郡公爵的第四个女儿。早年卡文迪许从叔伯那里承接了大宗遗赠,1783年他父亲逝世,又给他留下大笔遗产。这样他的资产超过了130万英镑,成为英国的巨富之一。尽管家资万贯,他的生活却非常俭朴。他身上穿的永远是几套过时陈旧的绅士服,吃的也很简单,即使在家待客,也只是一只羊腿。

在当时,贵族的社交生活花天酒地,卡文迪许却从不涉足。他只参加一种聚会,那就是皇家学会的科学家聚会。目的很明确:增进知识,了解科学动态。当时的目击者是这样描述的,卡文迪许来参加聚会,总是低着头,屈着身,双手搭在背后,悄悄地进入室内。然后脱下帽子,一声不响地找个地方坐下,对别人都不理会。若有人向他打招呼,他会立即面红耳赤,羞涩不堪。有一次聚会是一位会员做实验示范。这位会员在讲解中发现,一个穿着旧衣服、面容枯槁的老头,紧挨在身边认真听讲。当他看了他一眼,老头急忙逃开,躲在他人身后。过一会儿,这老头又悄悄地挤进前面注意地听讲。这奇怪的老头正是卡文迪许。

卡文迪许长期深居独处,整天埋头在他科学研究的小天地。他把自己家的部分房子进行了改造,一所公馆改为实验室,一处住宅改为公用图书馆,把自家丰富的藏书供大家使用。1733年他父亲死后,他又将他的实验基地搬到乡下的别墅。将别墅富丽堂皇的装饰全部拆去,大客厅变成实验室,楼上卧室变成观象台。甚至在宅前的草地上竖起一个架子,以便攀上大树去观测星象。至于践踏了那些名贵的花草,他毫不在乎。这些都表明,对于科学研究他简直像着了魔一样。

在社交生活中,他沉默寡言,显得很孤僻,然而在科学研究中,他思路开阔,兴趣广泛,显得异常活跃。上至天文气象,下至地质采矿,以及抽象的数学、具体的冶金工艺,他都进行过探讨。特别在化学和物理学的研究中,他有极高的造诣,取得了许多重要的成果。

1766年,卡文迪许发表了他的第一篇论文《论人工空气的实验》。这篇论文主要介绍了他对固定空气(即二氧化碳,在化学命名法提出之前,人们是这样称呼二氧化碳的)、易燃空气(即氢气)的实验研究。

早在1754年英国化学家布莱克就发现了固定空气,但是当时只知道加热石灰石可以获得它,人呼出的空气中含有它,木炭燃烧也产生它。至于怎样收集它、它的物理化学性质如何,人们都不了解。在这些方面卡文迪许做了建设性的工作。卡文迪许考察了收集反应气体的排水集气法,他发现固定空气能溶解于水,室温下的水可吸收固定空气的体积比水本身的体积还要大一点,水冷时可以吸收得更多。若将水煮沸,溶解于水中的固定空气则会逸出。酒精吸收固定空气的本领更大,约是其本身体积的2.25倍。某些碱溶液也能溶解固定空气,因此收集固定空气不能采用排水集气法,而应在不吸收固定空气的水银面上进行。他的这一介绍对于当时科学家研究气体是很有启发的。

卡文迪许测得固定空气比普通空气重 1.57 倍,测出了酸从石灰石、大理石、珍珠灰等物质中排出固定空气的重量,计算出这些物质中固定空气的含量。他还发现在普通空气中,若固定空气的含量占到总体积的 1/9,燃烧的蜡烛在其中就会熄灭。这些实验研究使人们对二氧化碳的性质有了更多的了解。

在卡文迪许之前,许多人曾制取过氢气,但是并没有认真研究它。卡文迪许用稀硫酸或稀盐酸与金属锌或铁作用获得氢气,发现它点火即燃,不溶于水和碱,比普通空气轻 11 倍,与已知的其他气体都不一样,从而断定它是一种新的气体。他还发现,一定量的金属与稀酸作用所放出的氢气的多少,与酸的种类、浓度无关,而随金属不同而相异。

卡文迪许当时信奉燃素说,曾认为氢气就是燃素。恰好,当时的许多燃素说信徒都猜测燃素具有负重量。充满氢气的气球徐徐升空,曾使燃素论信徒受到鼓舞,他们的猜测似乎有了证明。然而细心的卡文迪许在弄清了空气的浮力原理后,以精确的实验测出氢气确有重量,从而否定了燃素具有负重量的观点。尽管他是信奉燃素说的,但是他更尊重科学实验的事实。

从 1771 年起,卡文迪许全神贯注在电学的实验研究上,这是他的一个系统、持久的研究课题。直到 1781 年普利斯特列(J. Priestley)在一项卡文迪许曾探索过的研究题目上有了新的发现,才让卡文迪许重新回到气体的研究中。

1781 年,普利斯特列宣称他做了一个"毫无头绪"的实验:他将卡文迪许发现的氢气和自己发现的脱燃素空气(即氧气)混和在一闭口瓶中,然后用电火花燃爆,发现瓶中有露珠生成。他怀疑自己的实验结果,也无法解释自己的实验。当普利斯特列将这一情况告诉卡文迪许后,引起了后者的兴趣。在征得普利斯特列的许可后,卡文迪许继续这一实验。由于他设计的实验较精确,很快得到结论。在他 1784 年发表的论文《关于空气的实验》中指出:氢气和普通空气混合进行燃爆,几乎全部氢气和 1/5 的普通空气凝结成露珠,这露珠就是水。他又采用氧气代替普通空气进行多次实验,同样获得了水。他还证明氢气和氧气相互化合的体积比为 2.02：1。由此他确认了水是由氢气和氧气化合而成的。

在上述实验中,卡文迪许遇到两个意外的问题。他发现燃爆氢气与氧气的混合气体时，有时所产生的水有点酸味，用碱中和，再将水蒸发能得到少量的硝石。若氧气愈多，生成的酸也愈多；若氢气过量，则没有酸生成。这是为什么？为此他继续做了一系列实验，终于解决了疑难。

在1785年发表的论文中，他指出水的酸味是因为水中含有硝酸或亚硝酸，它们的生成则由于氧气中混有氮气，在电火花燃爆的高温中，氧气和氮气会化合。而氢气与普通空气混合燃爆时，由于大量氮气的存在，反应温度不够高，所以无法生成硝酸。这一精细的实验为人们提供了一种由空气制取硝酸的方法。

卡文迪许还发现，燃爆反应后的硝酸或亚硝酸用钾碱溶液中和，过量的氧气用硫化钾溶液吸收掉后，试管里仍剩下一个很小的气泡，此气泡的体积约是氮气总体积的1/120。这部分气体的性质与氮气不一样。根本不参加化学反应。它究竟是什么呢？卡文迪许没法讲清。但是他为后人提出了一个研究课题，直到100年以后，英国化学家瑞利和拉姆塞才证实，这部分气体是惰性气体。

卡文迪许1767年发表的论文也引人注目。这篇文章介绍了他关于水和固定空气的实验。将一个深水井的井水进行煮沸，发现有固定空气逸出，同时产生白色沉淀。他认为白色沉淀和固定空气原先都是溶于水的，它们可能是溶于水中的石灰质土。为了证明这一看法，他在清澈的石灰水中通入固定空气，开始时产生乳白色沉淀，继续通入固定空气后，沉淀复又溶解，溶液再次澄清透亮。这时他将此溶液煮沸，立刻就像井水那样释放出固定空气并产生白色沉淀。

卡文迪许的这一实验和他的解释使人们认清了一个常见的自然现象。在石灰岩遍布的地区，含有二氧化碳的雨水或泉水流经石灰岩地层、慢慢地溶解部分石灰石形成重碳酸盐溶液。这些溶液在石岩中缓慢下滴时，可能因温度变化或水汽蒸发，二氧化碳乘机逸去，碳酸钙结晶析出，日积月累，逐渐形成了石钟、石乳、石笋等奇特的景象。喀斯特地形构造有了科学的解释。

卡文迪许自1766年发表第一篇论文，开始引起社会的重视，以后他又陆续发表了一些关于化学、物理学的富有成果的报告，逐渐引起英国乃至欧洲科学界的震惊，当时有人表示怀疑，为此英国皇家学会曾组织了一个委员会，重复卡文迪许的实验，结果完全证实了卡文迪许的卓越实验技巧和他对科学的诚实态度。卡文迪许是个了不起的科学家,赢得了科学界的尊敬。

卡文迪许对牛顿(Newton)是非常敬仰的,他从牛顿身上不仅吸取了献身科学的力量,还接下了牛顿的许多研究项目。他根据万有引力定律,研究过动力学;依据牛顿提出的热是微粒振动的观点,做了许多有关热的实验、发现了比热的测定法。他还运用万有引力定律,通过实验测定出地球的密度为水的密度的 5.5 倍,由此可以计算地球的相对重量。这些著名的实验不仅验证了万有引力定律的科学性,同时也表明卡文迪许具有扎实的数理基础和高超的实验技巧。

卡文迪许从事科研不图名、不图利。当许多人推崇他发现氢气时,他谦逊地说:“这事早有别人注意到了。”他的许多论文和实验报告没有急于发表,特别是关于自然哲学的许多论述基本上没有公开发表。也许由于他慎重,也许由于他羞怯,他自认为没有足够实验依据的手稿大都没有发表。所以在他将近 50 年的科研生涯中,他没有写一本书,这对于促进科学研究的发展是很可惜的。

卡文迪许虽然一生独居,但是科学研究所开辟的新天地给他的生活提供了特别的情趣。虽然他自小身体虚弱,但是他的生活一直很有规律,所以很少生病,直到 1810 年 3 月 10 日,才以 79 岁的高龄与世永别。

3. 化学领域中的探险者——盖·吕萨克

法国物理学、化学家盖·吕萨克(J. L. Gay-Lussac),生于法国利摩日地区的圣·雷奥纳尔镇。他的父亲是当时的检察官,家境比较富裕。

盖·吕萨克在家乡受初等教育后,就进入巴黎工业学校学习。他热爱化学专业和实验技术,深得该校著名化学家贝托雷(C. L. Berthollet)的赏识;1800 年毕业后,当了贝托雷的助手。当时贝托雷正在同化学家普罗斯(J. L. Proust)争论有关定比定律问题。定比定律是普罗斯 1799 年提出来的,他认为,“两种或两种以上的元素相互化合成某一化合物时,其重量之比例是天然一定的,人力不能增减”。贝托雷对此结论坚决反对,要求盖·吕萨克做实验论证自己的观点。盖·吕萨克经过反复实验和分析研究,所记录的事实和所得的结论都证明贝托雷的反对是错误的。贝托雷看了盖·吕萨克的实验结果后,皱起额头表现出深深的失望。作为大科学家来说,真理总是比自尊心更为可贵。他想,做出这一成果的不是别人,而是刚刚踏上科学道路的年轻人盖·吕萨克。这时贝托雷阴沉的脸上露出了笑容,把手搭在盖·吕萨克的肩上说:"我为你感到自豪。像你这样有才华的人,没有理由让你当助手,哪怕是给最伟大的科学家当助手。你的眼睛能发现真理,能洞察人们所不知道的奥秘,而这一点却不是每一个人都能做到的。你应该独立地进行工作。从今天起,你可以进行你认为必要的任何实验。"贝托雷忘掉了自己争论问题的失败,高兴地认为,世界上又出现了一位伟大的化学家。他不在别处,而是在我贝托雷的实验室里! 法国将为有此骄子而自豪。

盖·吕萨克同法国物理学家彼欧(J. B. Boit)两人是青年科学家又是好朋友。他们经常在一起研究大气现象和地磁现象,讨论新的想法和制定研究计划。他们很感兴趣的是:人怎样上升到空中研究高空大气层和测定地球的磁场强度。有一次,他们突然产生了利用气球到高空的想法,在气球下面悬个坐人的大吊篮,这种大胆的设想使他们入了迷。1804 年 8 月 2 日,天空晴朗,万里无云,气候炎热平静无风。黎明时,他们开始往大气球里充入氢气。气球逐渐膨胀,几小时后腾空升起,平稳上升,下面的人拉紧系住气球的缆绳。盖·吕萨克和彼欧坐在圆形的吊篮里。

"剪断缆绳!"盖·吕萨克吩咐道。"一路平安"留在地面上的贝托雷高声地祝贺,并向他们挥手致意。但他们的声音却被下面的大学生、教授、科学工作者和其他各界人士的欢呼所淹没。气球轻轻地摇摆了一下,就向上升去。这是从来没有过的伟大场面。气球越升越高,两位年轻的科学家高兴地挥动手臂,孩子般地高声叫着。送行的人群逐渐消失,在他们下面的无边无际的旷野中。他们在高空观察磁针的偏转、高度表的变化。升到 5 800 m 的时候,彼欧头晕,耳痛,面色苍白,满脸大汗,冷得牙齿打颤。盖·吕萨克虽然感觉较好,也认为应该下降了。但彼欧坚决要求不要下降,不要管他。盖·吕萨克不同意他的意见,于是开始打开阀门,放出一些氢气,听到轻微的啸声,气球开始收缩,然后逐渐平稳地下降,几小时就着陆了。两位科学家大胆探索的消息引起了极为强烈的反响,到处都在谈论他们创造的航行事迹。一个半月以后,盖·吕萨克再一次升到空中,气球到达 7 016 m 的高度。测量的结果表明,即使在这样的高度,磁场也几乎没有任何变化。他在 6 636 m 的高度采集空气样品,分析后发现它的成分与地面的空气几乎一样。

有一次在阿乔伊,当盖·吕萨克站在窗前沉思问题的时候,一个不相识的男人要求见他。问了姓名后,知道他是盖·吕萨克在论文中批评过的德国化学家洪堡德(A. Humbolkt)。盖·吕萨克感到,这是一个令人不愉快的场面。洪堡德却请他坐下,说:"请你相信,我并不埋怨你的批评。批评是正确的,尽管文章的口气有些尖锐,但是,我把这归怨于你的年轻。我的朋友,要谦虚一些,在科学上不是所有的现象都是那么容易理解的,往往会得出错误的结论。"盖·吕萨克认同洪堡德的意见,并很快地接受了他们一起研究气体的建议。

1805年3月,这两位青年科学家动身前往南方考察。他们每行300~400 km后,就停下来,搭起小帐篷开始工作,就这样边前进边研究到达了意大利的最南端。秋天来到时,考察团出发去北方,经过奥地利到波罗地海。第二年,盖·吕萨克同洪堡德回到了柏林。他们研究空气的成分,往空气中掺入氢气,将混合气体点燃,氧气和氢气化合成水而剩下了氮气。盖·吕萨克发现氢气与氧化合时,氧气的体积总是氢气体积的一半。在他与洪堡德共同撰写的论文中写道:"总是100体积的氧气与200体积的氢气化合并形成水。"这个简单的体积关系促使盖·吕萨克想到,是不是其他的气体化合时其体积间也有这样的关系?因而他决心研究其他气体化合的反应,看这个体积关系是不是具有普遍性。他用等体积的氮气和氧气,用电火花通过这种混合气体。于是气体发生反应变成了氧化氮,他发现1体积的氧气和1体积的氮气化合后得到2体积的氧化氮。他也研究其他气体之间进行的化学反应,发现参加反应的气体与生成的气体之间,其体积都存在着简单的比例关系。

1808年,盖·吕萨克综合各种实验结果,做了这样的结论:"各种气体在彼此起化学作用时常以简单的体积比相结合。"他还进一步明确指出:不但气体的化合反应是以简单的体积比相作用,而且在化合后,气体体积的改变(收缩或膨胀)也与发生反应的气体体积有简单的关系。如2体积的一氧化碳与1体积的氧作用,生成2体积的碳酸气,收缩1体积;1体积的氧与碳化合,生成2体积的一氧化碳,膨胀1体积;1体积的氧与硫反应,生成1体积的亚硫酸气,体积无变化。盖·吕萨克的科学发现是不少的,这仅是他对化学做的一部分贡献。

4. 霍夫曼——煤焦油综合利用的开拓者

霍夫曼(Hofmann)1818年4月8日出生于德国的吉森,18岁时进入吉森大学学习法律,但他最感兴趣的课程不是法律,而是哲学,尤其是自然哲学。

在霍夫曼学习期间,吉森大学的李比希实验室和李比希的讲学、实验吸引了许多学生听课,霍夫曼就是这些听讲的学生之一。他被李比希的讲课迷住了,决心放弃法律专业改学化学。霍夫曼找到李比希,说明了他的想法,同时又和校方进行了交涉。最终,霍夫曼成了李比希的得意学生。

霍夫曼跟随李比希所研究的第一个课题是"煤焦油中的碱性物质",他经过反复实验,在 1841 年 4 月,以《关于煤焦油中有机碱的化学研究》的论文获得了博士学位。由于霍夫曼实验技术精湛,博学多才,思维敏捷,所以于 1843 年被聘为李比希实验室的助理。

1845 年,霍夫曼开始研究苯胺,并发现了用苯制取苯胺的方法,先用硝酸处理苯,在处理过程中,苯被硝酸硝化,形成硝基苯,然后再用氢还原硝基苯,从而得到苯胺。当时所用的苯主要从二苯乙醇酮树脂中获得,来源极少。霍夫曼试着从煤焦油低沸点部分制取,这个方法的成功为煤焦油的综合利用开辟了道路。

霍夫曼研究了大量的有机化合物,证明在有机化合物中,正电性的氢可以被负电性的氯取代。他还制成了氯苯胺、二氯苯胺、三氯苯胺,苯胺的碱性随着氯原子的增加而逐渐减弱,三氯苯胺几乎只显示出中性。这一研究成果证明了取代学说,是对当时杜马提出的理论的支持,但是,也并不排斥大化学家贝采里乌斯的电化二元说,它说明两种理论都有不足之处,从而调和了杜马和贝采里乌斯的争论。为此,巴黎药学会授予他 200 法郎的奖金和一枚金质奖章。

1845 年,霍夫曼被聘为波恩大学讲师,主讲农艺化学。在波恩工作不到一年,霍夫曼就被英国皇家化学学院聘为教授,他任这个教职将近 20 年,一直到 1864 年。霍夫曼在英国工作期间,努力促进英国化学教育的发展,他培养出一大批教授和专家,例如第一个合成苯胺染料的帕金、分析化学家克鲁克斯、分离出甲苯的曼斯菲尔德、火药专家阿贝尔等。

在英国皇家化学学院,霍夫曼有着良好的实验条件,他的研究兴趣也很广泛。他早期研究苯胺及其化合物,发现苯胺、甲苯胺与氨有许多相似的地方。1850 年,他把这一类有机化合物统统称为"氨型有机物"。在当时的化学界,人们习惯把复杂的有机物与简单的无机物相类比,从而把有机物分为多种类型,化学史上把这种分类法叫做类型论,如把有机物分为氨型、水型、氢型等等。这种分类方法现在看来虽然不够科学,但可以把复杂纷繁的有机化合物理出一个头绪来。

霍夫曼十分重视化学的应用研究,他把煤焦油的研究列为重点课题。随着冶金和煤气工业的发展,黑、黏、臭的煤焦油带来了对环境的污染,这在当时工业发达的国家,已成了一个重要的社会问题。在霍夫曼等化学家看来,煤焦油是一种非常理想的化工原料。他和他的同事,从煤焦油中分离出苯、萘、蒽、甲苯、苯酚、苯胺等一系列的芳香族化合物,并研究了它们的应用。

霍夫曼经过研究,发现治疗疟疾的喹宁组成中包含了苯和苯胺,于是他设法与助手帕金合作,用氧化苯胺衍生物的办法制取喹宁,"有心栽花花不发,无意插柳柳成荫"。喹宁没有制成,却制出了一种染料,这种美丽的紫色染料,叫做苯胺紫。后来帕金就辞去了学院的工作,创办了专门生产苯胺紫的染料工厂。

1858年,霍夫曼用四氯化碳处理粗苯胺,成功地制取了碱性品红的红色染料。1860年又制成了苯胺蓝。他还发现,用乙基碘能合成三乙基碱性品红,用甲基碘可以合成三甲基碱性品红。霍夫曼合成的紫色染料在当时被称为"霍夫曼紫"。此外,他还研究了苯胺绿等其他染料。

除了苯胺染料之外,霍夫曼还对碱性藏红和吲哚做过认真研究,制成了具有美丽蓝色和黄色的喹啉染料,经过几年努力,霍夫曼和其他化学家合成了多种美丽的染料。1860年,在伦敦国际博览会上,这些彩色的染料受到了广泛的称赞,霍夫曼也因此获得了极高的荣誉。

霍夫曼还发现了二苯肼(1863年)、二苯胺(1864年)、异腈(1866年)、甲醛(1867年);研究了芥子油和芥子素,并发现了苯基芥子油;发现了用苛性钠、卤素与羧酸酰胺作用来制取胺的方法,这种方法被称为"霍夫曼反应"。

霍夫曼知识渊博、思维敏捷、待人热情、为人正派,有许多朋友。他不仅是科学家,同时也是很有名望的社会活动家。由于他在工作上认真负责,1867年,巴黎国际博览会特别授予他10万法郎的大奖。从1867年起,霍夫曼连续被选为伦敦化学会的外籍会员。

霍夫曼在英国度过了20个春秋,1865年回到德国,在柏林大学化学教授米希尔里希逝世后,霍夫曼接替了这个职位。任职后,他改建了柏林大学的化学实验室,并在实验室中为德国培养了一大批化学新秀。

1868 年,在霍夫曼的倡导下,德国创办了化学学会,他被推举为第一任会长。此后,他的许多精力都奉献给了这个学会的组织工作,成功地组织了各种会议和学术活动。他还创办和主编化学学会的刊物《化学年报》,该刊物很快成了欧洲最有影响的化学刊物之一;在这个刊物上,霍夫曼领导的研究室共发表了 889 篇论文,其中 150 篇是他亲自撰写的。霍夫曼一生著述极多,除 250 篇论文以外,他还著有《现代化学概论》(1877 年),此书被多次再版和重印,并被译成多种外国文字。霍夫曼很重视学术交流,特别是国际学术交流,除了创办刊物进行资料交流以外,还经常组织学术会议,邀请外国学者参加,聘请外国著名专家担任德国化学会会员,从而使德国化学会成了欧洲化学活动的中心之一。他的杰出工作,为德国化学研究、化工生产、化学人才培养做出了很大贡献,促使德国在 1870 年以后约半个世纪的时间内,在化学化工方面一直走在世界的前列。

霍夫曼于 1892 年 5 月 5 日逝世,临终前还在工作。那天的上午他作了学术报告,下午在学院审查了两个学生的学术论文,晚上在家中招待了几位来访的客人。临睡前,他突然觉得不适,当医生赶来时,他呼吸急促,面色苍白。也许知道自己不行了,他艰难地向助手述说了应撰写的最后一篇论文。当晚,他就停止了呼吸。

霍夫曼去世时,享年 74 岁。他的逝世给科学界带来了巨大的悲哀。德国化学会为了纪念霍夫曼,把他们的会址命名为"霍夫曼之家"。

5. 有机结构理论的奠基人——凯库勒

弗里德里希·奥古斯特·凯库勒(F. A. Kekule)是近代化学史上一位著名有机化学家。他 1829 年 9 月 7 日出生于德国达姆施塔特。中学时代的凯库勒已才华初露,他能流利地讲法语、拉丁语、意大利语和英语四门外语。他非常喜欢钻研问题,思想深刻而新颖,经常受到老师们的表扬,同学们总爱同他一起讨论问题,觉得他对别人的思想有启发。他几乎对一切科学现象都很感兴趣,在各方面都表现出独特的才能。在写作方面他与众不同,经常独出心裁。他喜欢学自然科学,但当时对化学并无什么偏爱。考虑到将来会有更多的收入,父母都主张他将来学建筑。然而不幸的是,在他中学毕业以前,父亲就去世了,他只好边工作边读书。

1847年,他考入吉森大学学建筑学,在大学里,所学的课程有几何学、数学、制图和绘画。他口齿清楚,具有非凡的演说才能,他谈吐风趣,很善于策略地提出重要建议。所以,入学不久他就成了人们普遍喜欢的活跃人物。

李比希是当时吉森大学里颇受人敬佩的化学家,凯库勒决定亲自去听听这位声望很高的科学家讲课。他听了课之后,感到果然名不虚传。他很快就被这门奇妙的、具有强大生命力的学科所吸引。于是,他立志转学化学。此举遭到了亲人们的坚决反对,为此,他曾一度被迫转入达姆施塔特市的高等工艺学校求学。但他仍坚信,自己未来的前途是从事化学,别无他路。进入工艺学校不久,他就同因发明磷火柴而闻名的化学教师弗里德里希·莫登豪尔接近起来。凯库勒在这位老师的指导下,进行分析化学实验,熟练地掌握了多种分析方法。当亲人们了解到凯库勒决心不放弃化学时,只好同意他重返吉森大学继续学习。1849年秋天,他回到了李比希实验室,继续进行分析化学实验。李比希被这位学生的坚强意志深深地感动了。在他的指引下,凯库勒从此走上了研究化学的道路。

为了在化学方面继续深造,1851年,凯库勒在叔父的资助下,自费去法国巴黎留学。由于经济上紧张,他在巴黎只能维持很低的生活水平。但精力充沛的凯库勒全然不顾这些困难,硬是顽强地刻苦学习着。他要利用一切机会与每一分钟时间,充分吸收法国新的学术思想和学术风格。有一天,他从校园里的布告牌上得知,法国著名有机化学家查理·日拉尔正在讲授化学哲学课。他随即跑去听课,课后他向日拉尔提出了一些相当重要的问题,立刻引起了这位学者的注视。他被日拉尔请到自己的书房里一起讨论。他们谈得很投机,竟忘记了吃饭。当他告别日拉尔慢慢走回家时,已经是深夜了。在巴黎,凯库勒过着清苦的生活,每天从早到晚,奔跑在教室与图书馆和宿舍之间。他收获很大,掌握了不少新的实验事实和研究方法。他抓紧每一分钟时间,因为他深知,离1852年春天回国的日子越来越近了。

凯库勒所写的第一篇化学论文,是他研究硫酸氢戊酯的成果。这篇学术论文得到了威尔教授等专家的很高评价。论文发表后,1852年6月,大学的学术委员会决定授予凯库勒化学博士学位。

回国后不久,经李比希介绍,凯库勒到阿道夫·冯·普兰特的私人实验室工作过一段时间,后来到伦敦的约翰·斯坦豪斯的实验室工作。斯坦豪斯实验室的主要任务是分析各种药物制剂,并研究从天然物(主要是植物)中制取各种新药的方法。这些工作单调乏味,每天累得精疲力竭,但凯库勒却毫无怨言,不知疲倦地研究着。晚上闲下来,就和同事们讨论有机化学中的理论问题和哲学问题。他们围坐在一起,进行着激烈的争论,像"化合价"、"原子量"、"分子"等概念,都是多次引起争论的话题。

凯库勒对原子价问题特别关注。他反复设想着,二价的硫和氧是一样的,因此,如果具备适当的条件,某些含氧有机化合物中的氧应该能被硫原子所取代。不久,他的想法果然得到了实验证明,由此,凯库勒认为原子的"化合价"概念,可以作为新理论的基础。原子之间是按照某种简单的规律化合的。他把元素的原子设想为一个个极小的小球,它们之间的差别只是大小不同而已。每当他闭上眼睛时,就仿佛清晰地看到了这些小球,在不停地运动着。当它们相互接近时,就彼此化合在一起。在斯坦豪斯的实验室里,紧张而单调的工作几乎占去了凯库勒的全部时间,他的许多科学思想、新的假说都无暇去深入思考和进行实验验证。因此,他渴望能回到德国去,即使在某大学当个讲师,也可以有进行自己科研工作的时间。在 1855 年春天,凯库勒离英回国。他先后访问了柏林、吉森、哥廷根和海德堡等城市的一些大学,但令他失望的是,在这么多地方他都未能找到一份合适的工作。于是,他决定在海德堡以副教授的身份私人开课。他的这个想法得到了海德堡大学的化学教授罗伯特·本生的支持。凯库勒租了一套房子,把其中的一间作为教室,将一间改装成实验室。经济上完全由叔父资助。

到他这里来听课的人,最初只有六人;但没过多久,教室里就座无虚席了。这使凯库勒获得一笔可观的收入。而预约登记到他的实验室来工作的实习生还在与日俱增。他一边讲课,一边带实习生做实验,并用所有的空闲时间继续自己的研究。主要课题还是在伦敦时开始的有机物的"类型论"和原子的"化合价"。资金虽不充足,但尚可维持研究能不断进行下去。凯库勒用弄到的各种化学试剂合成了许多新物质,研究了它们的性质。他特别集中精力研究了雷酸及其盐类,期望搞清它们的结构。

　　凯库勒的研究,使原有的几种基本类型的有机化合物中,又补充了一种新的类型——甲烷类型。例如,把甲烷的四个氢原子由一价的基团所取代,则可以得到甲烷类型的化合物。在《论雷酸汞的结构》一文中,他阐述了上述结论。在当时的德国,能理解和赞同日拉尔和欧德林等人的科学思想的化学家甚少,而凯库勒却补充和发展了他的类型论。

　　关于原子价理论,凯库勒曾发表了《关于多原子基团的理论》一文,他提出了一些基本原理,并对弗兰克兰、威廉逊、欧德林等人的某些结论加以概括总结,深入地研究了原子间的化合能力问题。他认为,一种元素究竟以几个原子与另一种元素的一个原子相结合。这个数目取决于化合价,即取决于各组分之间亲合力的大小。他把元素分为三类:**一价元素**——氢、氯、溴、钾和钠;**二价元素**——氧和硫;**三价元素**——氮、磷和砷。

　　这样,凯库勒就阐明了他对化合价的观点。在该文中,他还指出在所有的化学元素中,碳是占有特殊地位的。在有机化合物中碳是四价,因为它与四个一价的氢或氯相结合而形成 CH_4、CCl_4。但是,碳还能生成别的碳氢化合物。因此,对于含碳的化合物需要特别加以研究。凯库勒还用他崭新的思想考察了有机基团的组成。他认为碳原子之间也相互化合,这时,一个碳原子的部分亲合力(化合价)被另一个碳原子的等量亲合力(化合价)所饱和。这在当时大多数化学家还不理解化合价的本质时,凯库勒的上述思想,也就是关于碳链的新思想的出现是有机化合物理论的一次革命。

　　凯库勒不仅表述了关于碳链的见解,还陆续地提出了有机化合物的结构理论,指出饱和碳氢化合物的组成通式为 C_nH_{2n+2}。他还指出,如果用简单转化的方法从一种物质中制取另一种物质,那么,可以认为在这类化合物中,碳原子的排列是不变的。发生转化时,所改变的仅仅是除碳原子外的别种原子的位置和它们的类型。

　　凯库勒关于苯环结构的假说,在有机化学发展史上做出了卓越贡献。他善于运用模型方法,把化合物的性能与结构联系起来。他的苦心研究终于有了结果,1864 年冬天,他的科学灵感导致他获得了重大的突破。他曾记载道:"我坐下来写我的教科书,但工作没有进展;我的思想开小差了。我把椅子转向炉火,打起瞌睡来了。原子又在我眼前跳跃起来,这时较小的基团谦逊地退到后面。我的思想因这类幻觉的不断出现变得更敏锐了,现在能分辨出多种形状的大结构,也能分辨出有时紧密地靠近在一起的长行分子,它们缠绕、旋转,像蛇一样地动着。看!那是什么?有一条蛇咬住了自己的尾巴,这个形状虚幻地在我的眼前旋转着。像是电光一闪,我醒了。我花了这一夜的剩余时间,做出了这个假想。”于是,凯库勒首次满意地写出了苯的结构式。指出芳香族化合物的结构含有封闭的碳原子环。它不同于具有开链结构的脂肪族化合物。

苯环结构的诞生是有机化学发展史上的一座里程碑,凯库勒认为苯环中六个碳原子是由单键与双键交替相连的,以保持碳原子为四价。1866年,他画出一个单、双键的空间模型,与现代结构式完全等价。1896年春天,在柏林发生了严重的流行性感冒,早已患慢性气管炎的凯库勒被感染后,病情日益恶化。同年6月13日他与世长辞了。

6. 诺贝尔——历史永远不会忘却的科学家

世界科学史上,有这样一位伟大的科学家:他不仅把自己的毕生精力全部贡献给了科学事业,而且还在身后留下遗嘱,把自己的遗产全部捐献给科学事业,用以奖励后人,向科学的高峰努力攀登。

今天,以他的名字命名的科学奖,已经成为举世瞩目的最高科学大奖。他的名字和人类在科学探索中取得的成就一道,永远地留在了人类社会发展的文明史册上。这位伟大的科学家,就是世人皆知的瑞典化学家阿尔弗雷德·伯恩哈德·诺贝尔(A. B. Nobel)。

诺贝尔1833年出生于瑞典首都斯德哥尔摩。他的父亲是一位颇有才干的机械师、发明家,但由于经营不佳,屡受挫折。后来,一场大火又烧毁了全部家当,生活完全陷入穷困潦倒的境地,要靠借债度日。父亲为躲避债主离家出走,到俄国谋生。

诺贝尔的父亲倾心于化学研究,尤其喜欢研究炸药。受父亲的影响,诺贝尔从小就表现出顽强勇敢的性格。他经常和父亲一起去实验炸药,几乎是在轰隆轰隆的爆炸声中度过了童年。

诺贝尔到了8岁才上学,但只读了一年书,这也是他所受过的唯一的正规学校教育。到他10岁时,全家迁居到俄国的彼得堡。在俄国由于语言不通,诺贝尔和两个哥哥都进不了当地的学校,只好在当地请了一个瑞典的家庭教师,指导他们学习俄、英、法、德等语言。

诺贝尔学习特别勤奋,他好学的态度,不仅得到了教师的赞扬,也赢得了父兄的喜爱。然而到了他15岁时,因家庭经济困难,交不起学费,兄弟三人只好停止学业。诺贝尔来到了父亲开办的工厂当助手,他细心地观察和认真地思索,凡是他耳闻目睹的那些重要学问,都被他敏锐地吸收进去。

为了使他学到更多的东西,1850年,父亲让他出国考察学习。两年的时间里,他先后去过德国、法国、意大利和美国。由于他善于观察、认真学习,知识迅速积累,很快成为一名精通多种语言的学者和有着科学训练的科学家。回国后,在工厂的实践训练中,他考察了许多生产流程,不仅增添了许多的实用技术,还熟悉了工厂的生产和管理。

就这样,在历经了坎坷磨难之后,没有正式学历的诺贝尔,终于靠刻苦、持久的自学,逐步成长为一个科学家和发明家。

1856年,诺贝尔的父亲把他和两个哥哥留在俄国管理工厂,自己带上其他家人回国了。诺贝尔的两个哥哥致力于企业的复兴,而诺贝尔则全力以赴地投入了他所心爱的发明创造。仅仅两年多的时间里,他就完成了三项发明:气体计量仪、液体计量仪和改良型的液体压力计,这三项发明都取得了专利。尽管这些发明不太重要,但是它鼓舞了诺贝尔的信心,他决心以更大的热情投入新的发明创造。多年随父亲研究炸药的经历,也使他的兴趣很快从机械方面转到应用化学方面。

早在1847年,意大利的索伯莱格就发明了一种烈性炸药,叫硝化甘油。它的爆炸力是历史上任何炸药所不能比拟的。但是这种炸药极不安全,稍不留神,就会使操作人员粉身碎骨。许多人因为意外的爆炸事件而血肉横飞,连尸体也找不到。诺贝尔决心把这种烈性炸药改造成安全炸药。

1862年夏天,他开始了对硝化甘油的研究。这是一个充满危险和牺牲的艰苦历程,死亡时刻都在陪伴着他。在一次进行炸药实验时发生了爆炸事件,实验室被炸得无影无踪,五个助手全部牺牲,连他最小的弟弟也未能幸免。这次惊人的爆炸事故,使诺贝尔的父亲受到了十分沉重的打击,没有多久就去世了。他的邻居们出于恐惧,也纷纷向政府控告诺贝尔,此后,政府不准诺贝尔在市内进行实验。但是,诺贝尔百折不挠,他把实验室搬到市郊湖中的一艘船上继续实验。经过长期的研究,他终于发现了一种非常容易引起爆炸的物质——雷酸汞,他用雷酸汞做成炸药的引爆物,成功地解决了炸药的引爆问题,这就是雷管的发明。它是诺贝尔科学道路上的一次重大突破。

诺贝尔发明雷管的时候,正是欧洲工业革命的高潮期。矿山开发、河道挖掘、铁路修建及隧道的开凿,都需要大量的烈性炸药,硝化甘油炸药的问世受到了普遍的欢迎。诺贝尔在瑞典建成了世界上第一座硝化甘油工厂,随后又在国外建立了生产炸药的合资公司。但是,这种炸药本身仍有许多不完善之处。存放时间一长就会分解,强烈的振动也会引起爆炸。在运输和贮藏的过程中曾经发生了许多事故。

针对这些情况,瑞典和其他国家的政府发布了许多禁令,禁止任何人运输诺贝尔发明的炸药,并明确提出要追究诺贝尔的法律责任。面对这些考验,诺贝尔没有被吓倒,他又在反复研究的基础上,发明了以硅藻土为吸收剂的安全炸药,这种被称为黄色炸药的安全炸药,在火烧和锤击下都表现出极大的安全性。这使人们对诺贝尔的炸药完全解除了疑虑,诺贝尔再度获得了信誉,炸药工业也很快地获得了发展。

在安全炸药研制成功的基础上,诺贝尔在法国又开始了对旧炸药的改良和新炸药的生产研究。两年以后,一种以火药棉和硝化甘油混合的新型胶质炸药研制成功。这种新型炸药不仅有高度的爆炸力,而且更加安全,既可以在热辊子间碾压,也可以在热气下压制成条绳状。胶质炸药的发明在科学技术界受到了普遍的重视。诺贝尔在已经取得的成绩面前没有停步,当他获知无烟火药的优越性后,又投入了混合无烟火药的研制,并在不长的时间里研制出了新型的无烟火药。

诺贝尔一生的发明极多,获得的专利就有255种,其中仅炸药就达129种。他的发明兴趣不仅限于炸药,作为发明家、科学家,他有着丰富的想像力和不屈不挠的毅力。他曾经研究过合成橡胶、人造丝,做过改进唱片、电话、电池、电灯零部件等方面的实验,还试图合成宝石。尽管与炸药的研究相比,这些研究的成果不是很大,但是他那勇于探索的精神却为后人留下了深刻的印象。

诺贝尔把他的毕生心血都献给了科学事业,他一生过着独身生活,大部分时间是在实验室中度过的。他谦虚谨慎,对别人亲切而忠诚。他拒绝别人吹捧他,不让报纸刊登他的照片和画像。长期紧张的工作使他积劳成疾,但在生命的垂危之际,他仍念念不忘对新型炸药的研究。

1896 年 12 月 10 日,这位大科学家、大发明家和实验家,由于心脏病突然发作而逝世。

诺贝尔是一位名副其实的亿万富翁,他的财产累计达 30 亿瑞典币。但是他与许多富豪截然不同。他一贯轻视金钱和财产,当他母亲去世时,他将母亲留给他的遗产全部捐献给了慈善机构,只留下了母亲的照片,以作为永久的纪念。

他说:"金钱这东西,只要能够解决个人的生活就够用了,若是多了,它会成为遏制人才的祸害。有儿女的人,父母只要留给他们教育费用就行了,如果给予除教育费用以外的多余的财产,那就是错误的,那就是鼓励懒惰,那会使下一代不能发展个人的独立生活能力和聪明才干。"

基于这样的思想,诺贝尔不顾其他人的劝阻和反对,在遗嘱中指定把他的全部财产作为一笔基金,每年以其利息作为奖金,分配给那些在前一年中对人类做出贡献的人。奖金分成物理学、化学、生物学或医学、文学及支持和平事业等五份。为了纪念这位伟大的发明家,从 1901 年开始,每年在他去世的日子里,即 12 月 10 日颁发诺贝尔奖。

诺贝尔奖不仅仅表明了这位科学家的伟大人格,而且,随着世界科学技术的飞跃发展,越来越成为世界科学技术冠军的标志。激励着越来越多的精英豪杰,献身于科学事业,去攻克一道道科学难关。同时,它也极大地促进了世界科学技术的发展和世界科学文化的交流。

二、诺贝尔奖与化学实验

1. 第一个诺贝尔奖获得者——范特霍夫

1901 年,荷兰化学家范特霍夫(J. H. Van't Hoff)得到了第一个诺贝尔化学奖。这位一生痴迷实验的化学巨匠,不仅在化学反应速度、化学平衡和渗透压方面取得了骄人的研究成果,而且开创了以有机化合物为研究对象的立体化学。

　　在成功的范特霍夫身上，自然有许多成功的启示。走进这位大师的世界，聆听他生命的节律，或许会有不小的收获。

　　1852年8月30日，范特霍夫出生于荷兰的鹿特丹市，父亲是当地的名医。

　　上中学时，范特霍夫的实验兴趣就表现出来了。看到老师在实验室中做的各种变幻无穷的化学实验，他的探索欲望被激发起来，他想探究这些实验背后的奥秘。

　　可光是看着老师做实验太不过瘾了，范特霍夫很想亲自动手做化学实验，这成了他做梦都想做的事情。

　　一天，范特霍夫从化学实验室的窗户前走过，忍不住往里看了一眼。那排列得整整齐齐的实验器皿、一瓶瓶的化学试剂，多么诱人啊！这些器材无异于整装列队的士兵，正等着总指挥范特霍夫的检阅。他的双脚不由自主地停了下来，他在心里对自己拼命大喊："没有人看见，进去做个实验吧！""进去做个实验"的声音越来越响地在范特霍夫脑海里回荡，让他忘掉了学校的禁令，忘掉了犯禁后的严厉惩罚，他只想着一件事：进去做个实验。

　　上帝大概也想帮助范特霍夫，实验室正好有一扇窗开着。小范特霍夫犹豫了片刻，纵身跳上窗台，钻进了实验室。看到那些仪器就摆在面前，他的每一根神经都兴奋起来了，支起铁架台，架起玻璃器皿，寻找试剂，范特霍夫像一位在实验室里呆了多年的老教授，对一切都很熟悉。他全神贯注地看着那些药品所引起的反应，发自内心的喜悦使他的脸上露出了笑容。"我成功了，成功了！"他在心里默默地说。

　　范特霍夫正专心致志地做实验时，管理实验室的老师来了，他被当场抓住。根据校规，他要受到严厉的处罚。幸好这位老师知道范特霍夫平时是一个勤奋好学又尊敬老师的学生，因此并没有向校长报告此事。同时，老师心里更清楚，是对化学实验的浓厚兴趣驱使这样一个好学生违反了校规。范特霍夫因为自己的兴趣换来了老师的一次"包庇"。实验室的那扇窗，应该是上帝为范特霍夫打开的，一个天才的化学家从那扇窗户里诞生了。

范特霍夫对化学实验的狂热保持了一辈子。有这样一件事,最能证明他的实验热情。

深冬的清晨,德国柏林郊区的斯提立兹大街上,一辆马车疾驶而过。赶马车的人50来岁,多年来,他一直为这一带的居民送鲜牛奶,无论春夏秋冬,无论刮风下雪,都准时不误。人们早已熟悉了这位送奶人,他再平凡不过了,他在自己的牧场养了许多的奶牛,他每天早上的任务就是把牛奶送给居民喝。

碰巧的是,德国著名女画家芙丽莎·班诺也住在这条大街上,她却知道这位送奶人不一般!好几个早晨,她都等在客厅里,只要听见送奶马车的声音,就急忙打开房门,请送奶人来家里坐一小会儿,但是送奶人总是以不能耽误送奶时间为由而拒绝邀请。

又是一天清晨,班诺一听见马蹄声便冲了出去,上前一把拉住送奶人的衣袖,一定要为送奶人画一张素描像。送奶人仍婉言谢绝。班诺大声说:"您不要再'骗'我了,我知道您是个实验迷,一送完奶就一头钻进化学实验室,谁也甭想把您拉出来。这次您一定得让我画一张像。亲爱的教授,请把您宝贵的时间分给我几分钟吧!"

送奶人?教授?范特霍夫?事情清楚了。但有一点人们怎么也没有想到,有一天早上打开报纸的时候,一行引人注目的文字映入眼帘:"范特霍夫荣获首届诺贝尔化学奖!"整个版面都刊登了女画家画的素描像。

就这样,送鲜奶的范特霍夫和化学家范特霍夫在人们心中合二为一,人们亲切地称范特霍夫为"牧场化学家"。

而范特霍夫心里惦记着的,永远是他的实验!

范特霍夫是一个有着坚韧不拔之志,能沿着自己选定的道路坚持不懈地走下去的人。

1869年,范特霍夫从鹿特丹五年制中学毕业了。摆在他面前的一个很现实的问题就是,选择什么样的职业。范特霍夫深爱着化学,很想把化学研究作为自己的终身职业。可父亲是为了让他多增加一些知识,才支持他做化学实验的,如果要把化学研究作为一种职业,父亲就难以接受了。因为当时选择化学研究作为职业是要冒风险的,从事化学研究的人,还要兼做其他工作才能够维持生活。毕竟,活下去在哪个时代都是一条铁的定律啊!围绕这个问题,父子俩争辩了多次,但都没有结果。

最后一次,父亲心平气和地问范特霍夫:"中学毕业了,你打算上哪个学校?"很明显,选择学校也就是选择职业。"学习化学对我比较合适,爸爸,您说对吗?"儿子说出了心里话。

父亲最终还是没有让范特霍夫选择化学,而是让他进入了荷兰的台夫特工业专科学校学习。这个学校虽然是专门学习工艺技术的,但讲授化学课的奥德曼却是一位很有水平的教授。他推理清晰,论述有序,很能激发起学生们对化学的兴趣。范特霍夫在奥德曼教授的指导下,坚持学习化学,一点也没有放松。由于范特霍夫的努力,他仅用了两年时间就学完了一般人三年才能学完的课程。1871 年,范特霍夫毕业了,由于具备了谋生的必备本领,到这个时候,他才说服了父母,开始全力进行化学研究。

对半路出家的范特霍夫来说,要打好基础,找准研究方向,就必须找到好的老师,拜师学艺。于是,他怀揣着自己的梦想,离开家乡,只身来到德国的波恩,拜当时世界著名的有机化学家佛莱德·凯库勒为师。佛莱德·凯库勒是个传奇的化学家,他梦见蛇狂舞,首尾相接,灵感涌来,于是,根据梦境解决了苯环的结构问题。范特霍夫跟随着佛莱德·凯库勒,在有机化学方面受到了良好的训练,打下了扎实的基础。随后,他又前往法国巴黎向医学化学家武兹请教,在武兹的指导下,范特霍夫与好友勒·贝尔一起学习,互相探讨。后来,他们都成为新的立体化学学科的创立者。

科学研究的铁律就是尊重事实,但并不是所有的科学研究者都能恪守这一规则。范特霍夫却能将尊重事实融化在自己的实验生命里,事实是他心中的神,只有这尊神才能解开一切谜团。他能成功,是因为他尊重事实!

过去的有机结构理论认为有机分子中的原子都处在同一个平面内。这一理论与很多现象是矛盾的,使很多现象都无法得到合理的解释。范特霍夫通过多次精心的实验,首先提出了碳的四面体结构学说,与旧的有机结构理论相抗衡。

以后的事实证明,范特霍夫的理论是正确的,他的分子立体结构理论纠正了过去的错误,使人类对物质结构的认识向前跨了一大步。

但是,这一新的理论遭到了当时一些权威人士的反对,德国的有机化学家哈曼·柯尔比就是其中一个。这位老科学家有点倚老卖老,对新的理论很排斥。他根本没有认真研究范特霍夫的四面体理论,就毫无根据地撰文把范特霍夫斥责了一顿。不仅如此,他还不远千里,从德国来到荷兰,要和范特霍夫一见高下。

当柯尔比气势汹汹地冲进范特霍夫的办公室时,范特霍夫已经恭恭敬敬地在等候他了,范特霍夫相信自己有足够的事实证据使这位老先生信服他的理论。待柯尔比的火气稍稍减退之后,范特霍夫平心静气地向他陈述了自己的观点,条理清楚,论证有力。范特霍夫讲完后,非常诚恳地请柯尔比用事实来批评自己的理论。

这位老权威暗暗吃了一惊,眼前这个年轻人不可小视,讲述观点时有条有理,论证时周密严谨,大家风范也就是如此啊! 至此,柯尔比完全折服了,刚来时的火气完全消失了,他还力邀范特霍夫去普鲁士科学院工作。

范特霍夫就是凭着实事求是的态度,让人们心悦诚服地接受他的理论。他永远都注视着事实,他的视野里只有这一样东西。

1911 年 3 月 1 日,年仅 59 岁的范特霍夫由于长期超负荷工作,不幸逝世。一颗科学巨星陨落了,化学界为之震惊。为了永远纪念他,范特霍夫的遗体火化后,人们将他的骨灰安放在柏林达莱姆公墓,供后人瞻仰。

2. 电离学说的创立者阿累尼乌斯

斯范特·奥古斯特·阿累尼乌斯(S. A. Arrhenius)是近代化学史上的一位著名的化学家,又是一位物理学家和天文学家。阿累尼乌斯 1859 年 2 月 19 日出生在瑞典乌普萨拉附近的维克。他的父亲名叫斯范特·古斯塔夫,母亲名叫卡罗利娜·克利斯蒂娜·通贝格。父亲早年毕业于乌普萨拉大学,曾在维克经营过地产。1860 年,举家迁往乌普萨拉城,古斯塔夫出任乌普萨拉大学的总务长。

阿累尼乌斯从小聪明出众,3 岁的时候就能认字。哥哥约翰写作业时,他经常在旁边仔细地看着。他凭着个人特有的天赋,从算术书上看懂了一些简单的算法。6 岁那年他竟然能够坐在父亲的身边,协助父亲算起账来。小学里的课程远远满足不了他的求知欲望,他要求父亲早日把他送进中学。在乌普萨拉城一所教会办的中学里,阿累尼乌斯对数学、物理、生物和化学产生了特殊的兴趣,成绩优异。

　　1876年,17岁的阿累尼乌斯中学毕业,考取了乌普萨拉大学。他最喜欢选读数学、物理、化学等理科课程,只用两年他就通过了学士学位的考试。1878年开始专门攻读物理学的博士学位。他的导师塔伦教授(T. R. Thalen)是一位光谱分析专家。在导师的指导下,阿累尼乌斯学习了光谱分析。但他认为,作为一个物理学家还应该掌握与物理有关的其他各科知识。因此,他常常去听一些教授们讲授的数学与化学课程。渐渐地,他对电学产生的浓厚兴趣远远超过了对光谱分析的研究,他确信"电的能量是无穷无尽的",他热衷于研究电流现象和导电性。这引起了导师塔伦教授的不满,他要求阿累尼乌斯要务正业,多研究一些与光谱分析有关的课题。俗话说,"人各有志,不可强留"。由于目标不同,阿累尼乌斯只好告别这位导师。

　　1881年,他来到了首都斯德哥尔摩以求深造。在瑞典科学院物理学家埃德伦德(E. Edlund)教授的指导下,进行电学方面的研究。不久,阿累尼乌斯就成了埃德伦德教授的得力助手。每当教授讲课时,他就协助导师进行复杂的实验,在从事科学研究时,他就配合教授进行某些测量工作。他的才干很得教授的赏识。几乎所有的空闲时间,他都在埋头从事自己的独立研究,在电学领域中,他对把化学能转变为电能的电池很有研究兴趣。

　　年轻的阿累尼乌斯刻苦钻研,具有很强的实验能力,长期的实验室工作,养成了他对任何问题都一丝不苟、追根究底的钻研习惯。因而他对所研究的课题,往往都能提出一些具有重大意义的假说,创立新颖独特的理论。他发现在电池中,除了由化学反应产生的化学能转化为电能外,还存在一些引起电极极化的因素,而这会降低电流回路的电压。于是,他着手研究能够减少甚至防止发生极化作用的添加物。他坚持反复实验,终于明白极化效应取决于添加物——去极剂的数量。电离理论的创建,是阿累尼乌斯在化学领域最重要的贡献。

　　在19世纪上半叶,已经有人提出了电解质在溶液中产生离子的观点,但在较长时期内,科学界普遍赞同法拉第的观点,认为溶液中"离子是在电流的作用下产生的"。阿累尼乌斯在研究电解质溶液的导电性时发现,浓度影响着许多稀溶液的导电性。阿累尼乌斯对这一发现非常感兴趣,特地向导师请教,埃德伦德教授很欣赏他的敏锐的观察能力,为他指出了进一步做好实验、深入探索是关键所在。阿累尼乌斯在实验中对教授设计的仪器做了大胆的改进,几个月的时间过去了,他得到了一大堆实验测量的结果。处理、计算这些结果又用去了好长时间。此间他又发现了一些更有趣的事实。例如,气态的氨是根本不导电的,但氨的水溶液能导电,而且溶液越稀导电性越好。大量的实验事实表明,氢卤酸溶液也有类似的情况。多少个不眠之夜过去了,阿累尼乌斯紧紧地抓住稀溶液的导电问题不放。他的独到之处就是,把电导率这一电学属性始终同溶液的化学性质联系起来,力图以化学观点来说明溶液的电学性质。

1883 年 5 月,他终于形成了电离理论的基本观点。他认为,当溶液稀释时,由于水的作用,它的导电性增加,为什么呢? 他指出:"要解释电解质水溶液在稀释时导电性的增强,必须假定电解质在溶液中具有两种不同的形态,非活性的——分子形态,活性的——离子形态。实际上,稀释时电解质的部分分子就分解为离子,这是活性的形态;而另一部分则不变,这是非活性的形态……"他又说:"当溶液稀释时,活性形态的数量增加,所以溶液导电性增强。"多么伟大的发现! 阿累尼乌斯的这些想法,终于突破了法拉第的传统观念,提出了电解质自动电离的新观点。为了从理论上概括和阐明自己的研究成果和新的创见,他写成了两篇论文。第一篇是叙述和总结实验测量和计算的结果,题为《电解质的电导率研究》;第二篇是在实验结果的基础上,对于水溶液中物质形态的理论总结,题名为《电解质的化学理论》,专门阐述电离理论的基本思想。阿累尼乌斯把这两篇论文送到瑞典科学院请求专家们审议。1883 年 6 月 6 日经过斯德哥尔摩的瑞典科学院讨论后,被推荐予以发表,刊登在 1884 年初出版的《皇家科学院论著》杂志的第 11 期上。

1883 年底,当阿累尼乌斯收到上述杂志关于这两篇论文的校样后,他又产生了一个想法。他把其中的主要内容集中起来,写成《电解质的导电性研究》作为学位论文送交乌普萨拉大学。该校学术委员会接受了他的申请,决定在 1884 年 5 月进行公开的论文答辩。答辩会争论得非常激烈。阿累尼乌斯以大量无可辩驳的实验事实,说明电解质在水中的离解,精辟地阐述了自己的新见解,受到多数委员和与会者的赞许。但是,阿累尼乌斯的导师塔伦教授表示,他对实验事实无任何异议,只是对电解质在水溶液中自动电离的观点不能理解。

另一位导师克莱夫教授则提出，他对阿累尼乌斯的实验事实持怀疑态度，认为电解质在水溶液中自动电离的观点是十分荒唐的。阿累尼乌斯反复列举出大量实验事实来支持自己的观点，他引证了早在 1857 年德国科学家鲁道夫·克劳晋斯提出的电解质在水溶液中不用通过电流就会产生离子的假设，也引用了德国化学家奥斯特瓦尔德的研究成果来为自己的观点辩解。但最后，由于委员会支持教授们的意见，阿累尼乌斯的答辩成绩只得了 3 分。

一场激烈的辩论过去了，阿累尼乌斯并未因成绩不佳而灰心。相反，他坚信自己的观点是正确的。为了寻求更加广泛而公正的评价，答辩后第二天，他就把自己的论文分别寄给了欧洲的一些著名科学家。不久，他收到了来自波恩的克劳普斯的复信。住在杜宾根的 L·迈尔、长居俄国里加的 W·奥斯特瓦尔德，以及荷兰的青年化学家范特霍夫也都先后给他写来了评价很高的支持信件。其中，奥斯特瓦尔德对阿累尼乌斯的工作表现出特殊的兴趣。他不仅充分肯定了这位青年人的实验成果，而且信中还提出了许多有关研究酸的催化作用的问题，建议同他一起研讨共同感兴趣的课题。这封信成了他们后来长期合作的开端。

1884 年 8 月，奥斯特瓦尔德专程来到乌普萨拉会见这位青年学者。共同的志趣、相同的学术观点使他们结下了深厚的友谊。奥斯特瓦尔德肯定阿累尼乌斯的电离学说新观点从理论上说明了酸起催化作用的根本原因。一位欧洲著名学者的来访，轰动了暑假中宁静的乌普萨拉大学的校园。克莱夫等教授对阿累尼乌斯受到如此特别器重，都感到十分惊奇。在国内，斯德哥尔摩的埃德伦德教授、彼得松教授等少数知名科学家也表示支持阿累尼乌斯的新见解。大学当局决定，再次为阿累尼乌斯举行论文答辩。当年冬天的这次答辩进行得异常顺利，论文被通过。不久，阿累尼乌斯被任命为物理化学副教授。只有固执的克莱夫教授及其支持者们，仍然拼命地反对新生的电离理论。因此，阿累尼乌斯只好离开乌普萨拉城，重新回到斯德哥尔摩在埃德伦德教授的领导下工作。在那里，他继续深入研究电解质的导电性。

埃德伦德非常器重阿累尼乌斯的知识和敏锐的观察能力，特别赞赏他那敢于冲破传统观念、追求真理的精神，对他的工作予以全面支持和热心指导。在教授的帮助下，他的科学成果受到了普遍重视。1885 年底，阿累尼乌斯获得了瑞典科学院的一笔奖金,从而使他有了出国深造的条件。

1886 年,他首先来到俄国,在里加工学院奥斯特瓦尔德的实验室里,完成了他们早已确定的合作计划。接着他去沃尔茨堡,在电学家科尔劳什教授的实验室里,研究气体的导电性,还研究了作为溶剂的水在电离过程中所起的作用。随着研究工作的进展,阿累尼乌斯的学术水平提高很快。但他同时越发感到自己的知识不足,他需要学习更多、更广泛的知识。为了不断扩大自己的知识面,他必须向更多的具有不同学术风格和特长的专家去求教。于是,在 1887 年他又去了格拉茨,在玻尔兹曼的实验室里工作。1888 年初,他到了荷兰的阿姆斯特丹。他同范特霍夫合作,进行了一系列与电解质溶液冰点降低有关的测定。他们根据实验结果,计算了范特霍夫关于稀溶液渗透压公式中的等渗系数的值以及电离度等数据,并以电离理论来加以解释。这种合作使双方都得到启迪,感到收益巨大。此后,阿累尼乌斯赶到莱比锡,在奥斯特瓦尔德领导的物理化学研究所从事新的实验研究,进一步丰富与完善了电离理论。

1888 年夏天,阿累尼乌斯结束了对欧洲各国的周游,兴冲冲地返回自己的祖国。他热爱瑞典,渴望长期工作在家乡的土地上。然而现实又令他失望了,在国内,他的科学成就仍然得不到科学界的普遍承认。就连一贯支持他的埃德伦德老教授,不久也与世长辞。他想回乌普萨拉,但由于克莱夫教授的反对,乌普萨拉大学连一个化学助教的职位也不能给他安排,他只好去给生理学家汉马尔斯滕教授当助手。直到 1891 年,在奥斯特瓦尔德的推荐下,阿累尼乌斯收到了德国吉森大学聘他为物理化学教授的邀请。这件事引起了国内学术界对他的关注,人们前来挽留他。出于对祖国的热爱,阿累尼乌斯毅然谢绝了这一聘任,宁愿留在斯德哥尔摩工学院任物理学副教授。从此,他在国内的学术地位受到了普遍的确认,国际上的威望也越来越高。1895 年他成为德国电化学学会会员,次年他出任斯德哥尔摩大学校长。

阿累尼乌斯在物理化学方面造诣很深,他所创立的电离理论留芳于世,直到今天仍常青不衰。他是一位多才多艺的学者,除了化学外,在物理学方面他致力于电学研究,在天文学方面,他从事天体物理学和气象学研究。他在 1896 年发表了《大气中的二氧化碳对地球温度的影响》的论文,还著有《天体物理学教科书》,在生物学研究中他写做出版了《免疫化学》及《生物化学中的定量定律》等书。作为物理学家,他对祖国的经济发展也做出了重要贡献。他亲自参与了对国内水利资源和瀑布水能的研究与开发,使水力发电网遍布于瑞典。他的智慧和丰硕成果得到了国内广泛的认可与赞扬,就连一贯反对他的克莱夫教授,自 1898 年以后也转变成为电离理论的支持者和阿累尼乌斯的拥护者。那年,在纪念瑞典著名化学家贝采里乌斯逝世 50 周年集会上,克莱夫教授在其长篇演说中提到:"贝采里乌斯逝世后,从他手中落下的旗帜,今天又被另一位卓越的科学家阿累尼乌斯举起。"他还提议选举阿累尼乌斯为瑞典科学院院士。由于阿累尼乌斯在化学领域的卓越成就,1903 年他荣获了诺贝尔化学奖,成为瑞典第一位获此科学大奖的科学家。1905 年以后,他一直担任瑞典诺贝尔研究所所长,直到生命的最后一刻。他还多次荣获国外的其他科学奖章和荣誉称号。

晚年的阿累尼乌斯体弱多病,但他仍不肯放下自己的研究。他抱病坚持修改完成了《世界起源》一书的第二卷。1927 年 10 月 2 日,这位 68 岁的科学巨匠与世长辞。阿累尼乌斯科学的一生给后人以很大的思想启迪。首先,在哲学上他是一位坚定的自然科学唯物主义者。他终生不信宗教,坚信科学。当 19 世纪的自然科学家们还在深受形而上学束缚的时候,他却能打破学科的局限,从物理与化学的联系上去研究电解质溶液的导电性,因而能冲破传统观念,独创电离学说。其次,他知识渊博,对自然科学的各个领域都学有所长,早在学生时代就已精通英、德、法和瑞典语等四五种语言,这对他周游各国,广泛求师进行学术交流起了重大作用。另外,他对祖国的热爱,为报效祖国而放弃国外的荣誉和优越条件,在当今仍不失为科学工作者的楷模。

3. 为测定元素原子量而立功的里查兹

里查兹(Richards)是美国著名的化学家。他一生在化学发展中的主要贡献是重新精确地测定了元素原子量。由于这项工作,他荣获了 1914 年诺贝尔化学奖。他是获得这种荣誉的第一位美国化学家,因而在美国享有很高的声望。

道尔顿在他的原子论中明确指出:每一种元素以其原子的质量为其最基本的特征。在 19 世纪上半叶,许多化学家都投入原子量的测定工作,他们把它当作化学发展中的一项重点"基本建设"。

　　在从事测定原子量工作的化学家中,瑞典化学家贝采里乌斯的工作是最突出的。在 1810～1830 年的 20 年间,在简陋的实验室中,他对 2000 多种单质和化合物进行了准确的分析,为计算原子量提供了丰富的实验资料。鉴于氧化物的广泛存在,贝采里乌斯决定把氧的原子量作为基准,规定它的原子量为 100。1814 年他发表了列出 41 种元素的原子量表,1818 年被列入的元素增加到 47 种。由于贝采里乌斯没有理解和接受阿伏伽德罗的分子理论,致使他假设的一些氧化物的化学式出现错误,因此很多元素的原子量都有误差,有的甚至高出一倍或几倍。1819 年法国科学家杜隆和培蒂发现的原子热容定律、1819 年贝采里乌斯的德国学生米希尔里希发现的同晶定律,都曾被用来修正贝采里乌斯的原子量表。尽管贝采里乌斯等这样一些有丰富经验的化学家作了很大的努力,但由于不承认分子的存在所造成的原子量的测定上和化学式的表示上不同的混乱仍然无法消除,贝采里乌斯的原子量系统在 1830～1840 年间还遭到了怀疑原子学说的科学家的多方攻击。

　　1860 年在德国卡尔斯鲁厄的国际化学家会议上,康尼查罗的工作终于使原子—分子论得以确立。消除了化学理论上的许多疑问和争论,混乱的局面得以改善,原子量的测定工作也取得了较大的发展。不仅绝大多数元素的原子量能准确地测定出来,而且精确度也有较大提高。其中以比利时化学家斯塔的工作最为出色。他首先想方设法制备出最纯状态的化合物,通过分析和合成,确定元素的化合比,然后再推算出原子量。他确定了测定原子量的非常准确的方法,大量的实验资料使他确定的原子量在精确性上远远超过了前辈和当时的其他化学家,他的原子量测定值一直被人们认为是最准确的,以至于直到 1903 年没有一个化学家对这些原子量提出过怀疑,更没有人试图用新的实验方法去检验它。在 20 世纪,第一个敢于对斯塔的原子量系统进行验定和修正的是美国年轻的化学家里查兹。

　　伟大的物理学家爱因斯坦曾明确地说:"提出一个问题往往比解决一个问题更重要,因为解决问题也许仅是一个数学上或实验上的技能而已,而提出新的问题、新的可能性,从新的角度去看旧的问题,却需要有创造性的想像力,而且标志着科学的真正进步。"发现问题、提出问题在学习和科学研究中是很重要的。

1887 年,不满 20 岁的里查兹从哈佛大学毕业。他来到他家的老朋友——哈佛大学化学教授库克所领导的实验室从事化学研究。他选择的第一个课题是验证普劳特假说。所谓普劳特假说即是 1815 年由英国医生普劳特提出来的,认为所有元素的原子量均为氢原子量的整数倍,氢是原始物质。众多的实验事实表明许多元素的原子量并非氢原子量的整数倍,因而化学家们都没有接受这一假说。当门捷列夫发现了元素周期律后,它所揭示的元素之间存在的内在联系又使化学家们感到各种不同元素的原子可能存在某种共同的东西,它们可能来自同一根源或者由同一基本物质单位所组成。这一思潮再次使普劳特假说受到重视。斯塔最初几乎完全相信普劳特假说是正确的,但是通过精确测定却表明原子量实际上并非整数,其中有些偏差相当大,例如 Cl = 35.46。于是斯塔得出结论:普劳特假说只不过是一种假想,是一种肯定与实验相矛盾的纯粹假想。

19 世纪末,X 射线、放射性和电子的发现,揭开了物理学革命的序幕,也使许多科学家开始悟到原子是可分的,原子存在着复杂的内部结构。在这种情况下,里查兹检验普劳特假说是有特殊意义的。为了测得氢和氧的相对重量,首先要精确地测定水的成分。经反复实验,他得到的氢和氧的原子量比例为 1∶15.96,再次证明普劳特假说不能成立。

在精确地测定氢和氧的原子量比值之后,里查兹致力于几种金属元素原子量的测定。在这些实验中,他有三点收获。他从不同的地方得到铜,测得它们具有完全相同的原子量,说明各地的铜都具有相同的性质。他测定了镭和镍的原子量,虽然在周期表中钴排在镍的前面,但钴的原子量确实大于镍。再次证实周期表中确实存在这一个疑问。第二点收获是他大大地改进了重量法测定原子量的技术。具体地说,就是他发展了两种重要的实验方法,一是设计了一种装置,可以用它变换所称量的样品而又避免样品与潮湿的空气接触;另一方法是研制出散射浊度计,用这种仪器可以测量或比较悬浮体的散射光,由此计算出试样溶液的沉淀量。里查兹的第三个收获,也是他最大的收获是根据他的测量,1903 年已察觉到斯塔的原子量数值并非像以前设想的那么精确。里查兹的大部分化学分析都是利用了卤化银将某一金属元素变成卤盐沉淀下来而进行的。1904 年,通过他和他的学生对卤化银的反复测定,证明银的原子量是

107.87，而不是斯塔的107.93。至1905年，他进而发现了斯塔的经典研究中的一系列错误，同时也找到了斯塔研究中的错误根源。

斯塔的错误在于两个方面。斯塔名义上取氧的原子量＝16.00为标准，实际上他的测定值大多数是基于银的原子量，所以银的原子量的微小偏差也必然对其他元素原子量数值产生影响。另一方面，斯塔在测定中，还忽略了一些微小却又重要的因素，例如氯化银的溶解性，这又影响了原子量数值的精确度。在找到斯塔测定工作的错误后，里查兹领导着一个小组开始重新测定一些主要元素的原子量，例如氮、氯、钠、钾等25种元素。里查兹的工作使那些已公认的原子量得到了有意义的修正，虽然这些修正在数值上并不大，但是在化学研究中却是不可忽视的。里查兹的学生也修正了其他30多种元素的原子量。

里查兹在化学研究中的第二个重要贡献是，他第一个用化学实验的事实验证了英国化学家索迪提出来的同位素概念。自从1896年法国物理学家贝克勒尔发现放射性后，放射性物质成为许多物理学家和化学家的研究对象。1907年有人在研究中发现，存在着化学性质完全相同而原子量不同的元素。这类事实积累得越来越多，到1910年英国化学家索迪根据这些事实提出了同位素假说，即存在有原子量和放射性不同但其物理化学性质完全一样的化学元素变种。接着索迪又提出了放射性元素蜕变的位移法则。当时唯一能验证这些假说的方法是化学分析。精于原子量测定技术的里查兹决定从事这项研究。根据位移规则推论，三个放射系列的最终产物都是铅，各系列的铅的原子量究竟相同与否？为了验证同位素假说和位移规则的正确性，就应该精密测定不同来源铅的原子量。1914年里查兹仔细测定了不同来源的放射性矿中铅的原子量。他测得普通铅的原子量为207.21；由最纯的镭蜕变最后生成的铅，其原子量为206.08；钍矿中的铅，其原子量为208；澳大利亚混合铅的原子量为206.34。这些数值与蜕变假说的计算值极为符合，这就证实了蜕变假说，同时也确证了同位素的存在。所以在同位素理论的确立中，里查兹的功绩是永载史册的。

除了在原子量测定工作中取得突出成绩外，里查兹还在热化学和电化学两个领域做了重要研究。他充分地发挥了他那高超的实验技术，测定了许多元素和化合物的物理常数。这些物理常数至今在一些物理手册中被公认为标准值。里查兹的科研成果既不是发现实验定律，也不是提出科学理论，而是扎扎实实地从事基础性的研究工作,这同样赢得了科学界的尊重和极高的荣誉。除了诺贝尔奖外,他还被授予英国皇家学会的戴维奖章、英国化学会的法拉第奖章、美国化学会的吉布斯奖章。

许多人都没有料到,这样一个杰出的化学家主要是通过自学和家庭教育而成才的。里查兹的父亲是位画家,母亲是位作家兼诗人。由于他母亲的主张,他是在家中完成的小学和中学教育的。他14岁上大学后,对化学这门课程产生偏爱。1886年毕业于哈佛大学,1888年获得博士学位。在长期的自学中,他体会到:认真、精确和有耐心是他取得成功的重要因素。

大学毕业后,他一直在大学任教。由于他的才干,他提升得很快,1901年就被聘为哈佛大学的化学教授。他一方面教学,另一方面从事研究。可能由于数学没学好,他在讲课中尽量回避数学问题。他还有个补救办法,那就是利用他那丰富的历史知识,他经常从科学史的角度给学生授课,从而使他开的课内容丰富,生动活泼,非常吸引人。他的学生科南特就是根据他讲课所记下的笔记,经整理写出了一本很有名气的著作《科学史导言》。

由于他的渊博知识,也因为他出众的实验技巧,他在哈佛大学组织的一个科研组织,被外人尊称为物理和分析化学的"麦加"。在这里,他培养了一大批后来在美国化学界崭露头角的著名化学家。因此在美国的化学史上,他是继普利斯特列之后,最出色的化学家。

4. 施陶丁格——创立高分子化学的化学家

棉、麻、丝、木材、淀粉等都是天然高分子化合物,从某种意义上来说,甚至连人本身也是一个复杂的高分子体系。在过去漫长的岁月中,人们虽然天天与天然高分子物质打交道,对它们的本性却一无所知。现在我们已认识什么是高分子,并建立了颇具规模的高分子合成工业,生产出五光十色的塑料、美观耐用的合成纤维、性能优异的合成橡胶,高分子合成材料与金属材料、无机非金属材料并列构成了材料世界的三大支柱。面对这一辉煌成就,我们不能不缅怀高分子科学的奠基人、德国化学家施陶丁格(H. Staudinger)。

什么是高分子呢?它是由许多结构相同的单体聚合而成的,分子量往往是几万、几十万,甚至更大。结构的形状也很特别,如果说普通分子像个小球,那么高分子由于单体彼此连接成长链,就像一根50 m长的麻绳。有些高分子长链之间又有短链相结而成网状。又由于大分子与大分子之间存在引力,这些长链不但各自卷曲而且相互缠绕,形成了既有一定强度,又有不同程度弹性的固体。因为分子大,长链一头受热时,另一头还不热,故熔化前有个软化过程,这就使它具有良好的可塑性,正是这种内在结构,使它具有包括电绝缘在内的许多特性,成为新型的优质材料。人们对它们的组成、结构的认识和合成方法的掌握经历了一个实践—认识—实践的曲折过程。

1812 年,化学家在用酸水解木屑、树皮、淀粉等植物的实验中得到了葡萄糖,证明淀粉、纤维素都由葡萄糖组成。1826 年,法拉第通过元素分析发现橡胶的单体分子是 C_5H_8,后来人们测出 C_5H_8 的结构是异戊二烯。就这样,人们逐步了解了构成某些天然高分子化合物的单体。

1839 年,有个名叫古德意尔的美国人,偶然发现天然橡胶与硫磺共热后明显地改变了性能,使它从硬度较低、遇热发黏软化、遇冷发脆断裂的不实用的性质,变为富有弹性、可塑性的材料。这一发现的推广应用促进了天然橡胶工业的建立。天然橡胶这一处理方法,在化学上叫作高分子的化学改性,在工业上叫作天然橡胶的硫化处理。

通过进一步试验,化学家们将纤维素进行化学改性而获得了第一种人造塑料——赛璐珞和人造丝。1889 年法国建成了最早的人造丝工厂,1900 年英国建成了以木浆为原料的黏胶纤维工厂,天然高分子的化学改性,大大开阔了人们的视野。1907 年,美国化学家在研究苯酚和甲醛的反应中制得了最早的合成塑料——酚醛树脂,俗名电木。1909 年德国化学家以热引发聚合异戊二烯获得成功。在这一实验启发下,德国化学家采用与异戊二烯结构相近的二甲基丁二烯为原料,在金属钠的催化下,合成了甲基橡胶,开创了合成橡胶的工业生产。

上述对高分子化合物的单体分析,天然高分子的化学改性的实践和在合成塑料、合成橡胶方面的探索,使人们深切地感到必须弄清高分子化合物的组成、结构及合成方法。对于这个基础理论问题人们所知甚少,这一理论发展的缓慢与高分子本身的复杂特性有关。化学家们一直搞不清它们的分子量究竟是多少,它们为什么难于透过半透膜而有点像胶体,它们为什么没有固定的熔点和沸点,不易形成结晶? 这些独特的性质以当时流行的化学观点来看是很难理解的。

　　早在 1861 年,胶体化学的奠基人、英国化学家格雷厄姆曾将高分子与胶体进行比较,认为高分子是由一些小的结晶分子所形成的。并从高分子溶液具有胶体性质着眼,提出了高分子的胶体理论。此理论在一定程度上解释了某些高分子的特性,得到了许多化学家的支持。尽管也有化学家提出了不同看法,但均未引起注意。支持格雷厄姆高分子胶体理论的胶体论者们拿胶体化学的理论来套高分子物质,认为纤维素是葡萄糖的缔合体。所谓缔合即小分子的物理集合。他们还因当时无法测出高分子的末端基团,而提出它们是环状化合物。在 20 世纪初期,只有德国有机化学家施陶丁格等少数几个人不同意胶体论者的上述看法。施陶丁格发表了《关于聚合反应》的论文,他从研究甲醛和丙二烯的聚合反应出发,认为聚合不同于缔合,它是分子靠正常的化学键结合起来的。天然橡胶应该具有线性直链的价键结构式。这篇论文的发表就像在一潭平静的湖水中扔进一块石头,引起了一场激烈的论战。

　　1922 年,施陶丁格进而提出了高分子是由长链大分子构成的观点,动摇了传统的胶体理论的基础。胶体论者坚持认为,天然橡胶是通过部分价键缔合起来的,这种缔合归结于异戊二烯的不饱和状态。他们自信地预言:橡胶加氢将会破坏这种缔合,得到的产物将是一种低沸点的低分子烷烃。针对这一点,施陶丁格研究了天然橡胶的加氢过程,结果得到的是加氢橡胶而不是低分子烷烃,而且加氢橡胶在性质上与天然橡胶几乎没有什么区别。结论增强了他关于天然橡胶是由长链大分子构成的信念。随后他又将研究成果推广到多聚甲醛和聚苯乙烯,指出它们的结构同样是由共价键结合形成的长链大分子。

　　施陶丁格的观点继续遭到胶体论者的激烈反对,有的学者曾劝告说:“离开大分子这个概念吧! 根本不可能有大分子那样的东西。”但是施陶丁格没有退却,他更认真地开展有关课题的深入研究,坚信自己的理论是正确的。为此他先后在 1924 年及 1926 年召开的德国博物学及医学会议上、1925 年召开的德国化学会的会议上详细地介绍了自己的大分子理论,与胶体论者展开了面对面的辩论。

　　辩论主要围绕着两个问题:一是施陶丁格认为测定高分子溶液的黏度可以换算出其分子量,分子量的多少就可以确定它是大分子还是小分子。胶体论者则认为黏度和分子量没有直接的联系,当时由于缺乏必要的实验证明,施陶丁格显得较被动,处于劣势。施陶丁格没有却步,而是通过反复的研究,终于在黏度和分子量之间建立了定量关系式,这就是著名的施陶丁格方程。辩论的另一个问题是高分子结构中晶胞与其分子的关系。双方都使用 X 射线衍射法来观测纤维素,都发现单体(小分子)与晶胞大小很接近。对此双方的看法截然不同。胶体论者认为一个晶胞就是一个分子,晶胞通过晶格力相互缔合,形成高分子。施陶丁格认为晶胞大小与高分子本身大小无关,一个高分子可以穿过许多晶胞。对同一实验事实有不同解释,可见正确的解释与正确的实验同样是重要的。

　　科学的裁判是实验事实。正当双方观点争执不下时,1926 年瑞典化学家斯维德贝格等人设计出一种超离心机,用它测量出蛋白质的分子量:证明高分子的分子量的确是从几万到几百万。这一事实成为大分子理论的直接证据。

　　事实上,参加这场论战的科学家都是严肃认真和热烈友好的,他们为了追求科学的真理,都投入了缜密的实验研究,都尊重客观的实验事实。当许多实验逐渐证明施陶丁格的理论更符合事实时,支持施陶丁格的队伍也随之壮大,到 1926 年的化学会上除一人持保留态度外,大分子的概念已得到与会者的一致公认。

　　在大分子理论被接受的过程中,最使人感动的是原先大分子理论的两位主要反对者、晶胞学说的权威马克和迈耶在 1928 年公开地承认了自己的错误,同时高度评价了施陶丁格的出色工作和坚韧不拔的精神,并且还具体地帮助施陶丁格完善和发展了大分子理论。这就是真正的科学精神。

　　1932 年,施陶丁格总结了自己的大分子理论,出版了划时代的巨著《高分子有机化合物》,成为高分子科学诞生的标志。认清了高分子的面目,合成高分子的研究就有了明确的方向,从此新的高分子被大量合成,高分子合成工业获得了迅速的发展。为了表彰施陶丁格在建立高分子科学上的伟大贡献,1953年他被授予诺贝尔化学奖。

　　1881 年 3 月 23 日,海尔曼·施陶丁格出生在德国的弗尔姆斯。他父亲是新康德派的哲学家,所以他从小就受到各种新的哲学思想的熏陶,对新事物比较敏锐,在科学推理、思维中,能够不受传统观念的束缚,善于从复杂的事物中理出头绪,发现关键之处,提出新的观点。在中学时,他曾对植物学发生浓厚的兴趣,所以中学毕业后,他考入哈勒大学学习植物学。这时有一位对科学发展颇有见地的朋友向他父母进言,最好先让施陶丁格打下雄厚的化学基础后,再让他进入植物学的领域。这一中肯的建议被采纳了。借他父亲转到达姆一所大学任教的机会,施陶丁格也来到该城的工业大学改读化学。从此施陶丁格与化学结下不解之缘。1903 年,他完成了《关于不饱和化合物丙二酸酯》的毕业论文,从大学毕业。接着又来到施特拉斯堡,拜著名的有机化学家梯尔为师继续深造。1907 年,以他在实验中发现的高活性烯酮为题完成了博士论文,获得了博士学位。同年他被聘为卡尔斯鲁厄工业大学的副教授。5 年后他被楚利希联邦工业大学聘任为化学教授。在这里他执教了 14 年,这期间的教学和研究使他熟悉了化学,特别是有机化学的各个领域和一些新的理论,为他顺利开展科学研究奠定了扎实的基础。也在这期间,他投入了上述关于高分子组成、结构的学术论战。1926 年,他为了有更充裕的时间进行更多的实验来验证他的大分子理论,他应聘来到布莱斯高的弗莱堡专心从事科学研究。在弗莱堡他度过了他的后半生,许多重要的科研成果都是在这里完成的。

施陶丁格在高分子科学研究中取得成功之后,他开始按照早年的设想,将研究的重点逐步转入植物学领域。事实上,他选择高分子课题时,就曾考虑到它与植物学的密切关系。在 1926 年他就预言大分子化合物在有生命的有机体中,特别是蛋白质之类化合物中起重要的作用。他顺理成章地将大分子的概念引入生物化学,和他的妻子、植物生理学家玛格达·福特合作研究大分子与植物生理。

要证明大分子同样存在于动物和植物等有生命的生物体内,他们认为最好能找到除了黏度法之外的其他方法,证明大分子的存在和存在的形式。经过两年多的努力,他们利用电子显微镜等现代实验观测手段,终于用事实证明了生物体内存在着大分子。可惜的是这一项有重要意义的工作,因希特勒的上台和第二次世界大战而被迫中断,施陶丁格所在的研究所毁于战火。第二次世界大战一结束,施陶丁格立即总结了他前一段关于生物有机物中大分子的研究。1947 年出版了著作《大分子化学及生物学》。在这一著作中,他描绘了分子生物学的概貌,为分子生物学这一前沿学科的建立和发展奠定了基础。为了配合高分子科学的发展，1947年起他主持编辑了《高分子化学》这一专业杂志。他晚年的兴趣主要在分子生物学的研究，由于年事已高，成果不多，但是培养了许多高分子研究方面的人才。1965年9月8日，施陶丁格安然去世，享年84岁。

5. 美国著名的化学大师鲍林

莱纳斯·卡尔·鲍林（L. Pauling）是美国著名的量子化学家，他在化学的多个领域都有过重大贡献。曾两次荣获诺贝尔奖（1954年化学奖，1962年和平奖），有很高的国际声誉。

1901年2月28日，鲍林出生在美国俄勒冈州波特兰市。幼年聪明好学，11岁认识了心理学教授捷夫列斯，捷夫列斯有一所私人实验室，他曾给幼小的鲍林做过许多有意思的化学演示实验，这使鲍林从小萌生了对化学的热爱，这种热爱使他走上了研究化学的道路。

鲍林在读中学时，各科成绩都很好，尤其是化学成绩，一直名列全班第一名。他经常埋头在实验室里做化学实验，立志当一名化学家。1917年，鲍林以优异的成绩考入俄勒冈州农学院化学工程系，他希望通过学习大学化学最终实现自己的理想。鲍林的家境很不好，父亲只是一位一般的药剂师，母亲多病。家中经济收入微薄，居住条件也很差。由于经济困难，鲍林在大学曾停学一年，自己去挣学费，复学以后，他靠勤工俭学来维持学习和生活，曾兼任分析化学教师的实验员，在四年级时还兼任过一年级的实验课。

鲍林在艰难的条件下，刻苦攻读。他对化学键的理论很感兴趣，同时，认真学习了原子物理、数学、生物学等多门学科。这些知识为鲍林以后的研究工作打下了坚实的基础。1922年，鲍林以优异的成绩大学毕业，同时，考取了加州理工学院的研究生，导师是著名化学家诺伊斯。诺伊斯擅长物理化学和分析化学，知识非常渊博，对学生循循善诱，为人和蔼可亲，学生们评价他"极善于鼓动学生热爱化学"。

诺伊斯告诉鲍林，不要只停留在书本知识上，应当注重独立思考，同时要研究与化学有关的物理知识。1923年，诺伊斯写了一部新书，名为《化学原理》，此书在正式出版之前,他要求鲍林在一个假期中,把书上的习题全部做一遍。鲍林用了一个假期的时间,把所有的习题都准确地做完了,诺伊斯看了鲍林的作业,十分满意。诺伊斯十分赏识鲍林,并把鲍林介绍给许多知名化学家,使他很快地进入了学术界的社会环境中,这对鲍林以后的发展十分有用。鲍林在诺伊斯的指导下,完成的第一个科研课题是测定辉铝矿(mosz)的晶体结构,鲍林用 X 射线衍射法,测定了大量的数据,最后确定了辉铝矿的结构,这一工作完成得很出色,不仅使他在化学界初露锋芒,同时也增强了他进行科学研究的信心。

鲍林在加州理工学院,经导师介绍,还得到了迪肯森、托尔曼的精心指导,迪肯森精通放射化学和结晶化学,托尔曼精通物理化学。这些导师的精心指导,使鲍林进一步拓宽了知识面,建立了合理的知识结构。1925 年,鲍林以出色的成绩获得化学哲学博士。他系统地研究了化学物质的组成、结构、性质三者的联系,同时还从方法论上探讨了决定论和随机性的关系。他最感兴趣的问题是物质结构,他认为,人们对物质结构的深入了解,将有助于人们对化学运动的全面认识。

鲍林获博士学位以后,于 1926 年 2 月去欧洲,在索末菲实验室里工作一年。然后又到玻尔实验室工作了半年,还到过薛定谔和德拜实验室。这些学术研究使鲍林对量子力学有了极为深刻的了解,坚定了他用量子力学方法解决化学键问题的信心。鲍林从读研究生到去欧洲游学,所接触的都是世界第一流的专家,直接面对科学前沿问题,这对他后来取得学术成就是十分重要的。

1927 年,鲍林结束了两年的欧洲游学回到了美国,在帕莎迪那担任了理论化学的助理教授,除讲授量子力学及其在化学中的应用外,还讲授晶体化学并开设有关化学键本质的学术讲座。1930 年,鲍林再一次去欧洲,到布拉格实验室学习有关 X 射线的技术,后来又到慕尼黑学习电子衍射方面的技术,回国后,被加州理工学院聘为教授。

鲍林在探索化学键理论时,遇到了甲烷的正四面体结构的解释问题。传统理论认为,原子在未化合前外层有未成对的电子,这些未成对电子如果自旋反平行,则可两两结成电子对,在原子间形成共价键。一个电子与另一电子配对以后,就不能再与第三个电子配对。在原子相互结合成分子时,靠的是原子外层轨道重叠,重叠得越多,形成的共价键就越稳定。这种理论无法解释甲烷的正四面体结构。

为了解释甲烷的正四面体结构,说明碳原子四个键的等价性,鲍林在1928～1931年提出了杂化轨道的理论。该理论的根据是电子运动不仅具有粒子性,同时还有波动性,而波是可以叠加的。所以鲍林认为,碳原子和周围四个氢原子成键时,所使用的轨道不是原来的s轨道或p轨道,而是二者经混杂、叠加而成的"杂化轨道",这种杂化轨道在能量和方向上的分配是对称均衡的。杂化轨道理论很好地解释了甲烷的正四面体结构。

在有机化学结构理论中,鲍林还提出过有名的"共振论"。共振论直观易懂,在化学教学中易被接受,所以受到欢迎。在20世纪40年代以前,这种理论产生了重要影响。但到20世纪60年代,在以苏联为代表的包括中国在内的国家中,化学家的心理发生了扭曲和畸变,他们不知道科学自由为何物,对共振论采取了急风暴雨般的大批判,给鲍林扣上了"唯心主义"的帽子。

鲍林在研究量子化学和其他化学理论时,创造性地提出了许多新的概念。例如共价半径、金属半径、电负性标度等,这些概念的应用对现代化学、凝聚态物理的发展都有巨大意义。1932年,鲍林预言,惰性气体可以与其他元素化合生成化合物。惰性气体原子最外层都被8个电子所填满,形成稳定的电子层,按传统理论不能再与其他原子化合。但鲍林的量子化学观点认为,较重的惰性气体原子,可能会与那些特别易接受电子的元素形成化合物。这一预言在1962年被证实。

鲍林还把化学研究推向生物学,他实际上是分子生物学的奠基人之一。他花了很多时间研究生物大分子,特别是蛋白质的分子结构。20世纪40年代初,他开始研究氨基酸和多肽链,发现多肽链分子内可能形成两种螺旋体,一种是α-螺旋体,一种是β-螺旋体。经过研究,他进而指出:一个螺旋是依靠氢键连接而保持其形状的,也就是长的肽键螺旋缠绕,是因为在氨基酸长链中某些氢原子形成氢键的结果。作为蛋白质二级结构的一种重要形式,α-螺旋体已在晶体衍射图上得到证实,这一发现为蛋白质空间构象打下了理论基础。这些研究成果是鲍林1954年荣获诺贝尔化学奖的项目。

20世纪30年代中期,随着加州理工学院加强其在生物学领域的发展,鲍林得以接触一批生物学大师,期间鲍林对他原本没有兴趣的生物大分子结构的研究产生了兴趣。鲍林在生物大分子领域最初的工作是对血红蛋白结构的确定,并且通过实验首先证实,在得氧和失氧状态下,血红蛋白的结构是不同的,为了进一步精确测定蛋白质结构,鲍林首先想到他早期从事的 X 射线衍射晶体结构测试的方法,他将这种方法引入到蛋白质结构测定中来,并且推导了经衍射图谱计算蛋白质中重原子坐标的公式。至今,对蛋白质结晶进行 X 射线衍射仍然是测定蛋白质三级结构的主要方法,人类已知结构的绝大部分蛋白质都是经由这种方法测定获得的。结合血红蛋白的晶体衍射图谱,鲍林提出蛋白质中的肽链在空间中是呈螺旋形排列的,这就是最早的 α-螺旋结构模型。有科学史学者认为沃森和克里克提出的 DNA 双螺旋结构模型就是受到了鲍林的影响,而鲍林之所以没有提出双螺旋,是因为他在 20 世纪 50 年代受到美国麦卡锡主义的影响,错过了一次在英国举行的学术会议,没有能够看到一幅重要的 DNA 晶体衍射图谱。1951 年鲍林结合他在血红蛋白进行的实验研究,以及对肽链和肽平面化学结构的理论研究,提出了 α-螺旋和 β-折叠是蛋白质二级结构的基本构建单元的理论。这一理论成为 20 世纪生物化学若干基本理论之一,影响深远。此外,鲍林还提出了酶催化反应的机理、抗原与抗体结构互补性原理以及 DNA 复制过程中的互补性原理,这些理论在 20 世纪的生物化学和医学领域都扮演了非常重要的角色。

1954 年以后,鲍林开始转向大脑的结构与功能的研究,提出了有关麻醉和精神病的分子学基础。他认为,对精神病分子基础的了解,有助于对精神病的治疗,从而为精神病患者带来福音。鲍林是第一个提出"分子病"概念的人,他通过研究发现,镰刀形细胞贫血症就是一种分子病,包括了由突变基因决定的血红蛋白分子的变性。即在血红蛋白的众多氨基酸分子中,如果将其中的一个谷氨酸分子用缬氨酸替换,就会导致血红蛋白分子变形,造成镰刀形贫血病。鲍林通过研究,得出了镰刀形红细胞贫血症是分子病的结论。他还研究了分子医学,写了《矫形分子的精神病学》的论文,指出:分子医学的研究,对解开记忆和意识之谜有着决定性的意义。鲍林学识渊博,兴趣广泛,他曾广泛研究自然科学的前沿课题。他从事古生物和遗传学的研究,希望这种研究能揭开生命起源的奥秘。他还于 1965 年提出原子核模型的设想,他提出的模型有许多独到之处。

　　鲍林坚决反对把科技成果用于战争,特别反对核战争。他指出:"科学与和平是有联系的,世界已被科学的发明大大改变了,特别是在最近一个世纪。现在,我们增进了知识,提供了消除贫困和饥饿的可能性,提供了显著减少疾病造成的痛苦的可能性,提供了为人类利益有效地使用资源的可能性。"他认为,核战争可能毁灭地球和人类,他号召科学家们致力于和平运动,鲍林倾注了很多时间和精力研究防止战争、保卫和平的问题。他为和平事业所做的努力,遭到美国保守势力的打击。20世纪50年代初,美国奉行麦卡锡主义,曾对他进行过严格的审查,怀疑他是美共分子,限制他出国讲学,干涉他的人身自由。1954年,鲍林荣获诺贝尔化学奖以后,美国政府才被迫取消了对他的出国禁令。

　　1955年,鲍林和世界知名的大科学家爱因斯坦、罗素、约里奥·居里、玻恩等,签署了一个宣言:呼吁科学家应共同反对发展毁灭性武器,反对战争,保卫和平。1957年5月,鲍林起草了《科学家反对核实验宣言》,该宣言在两周内就有2 000多名美国科学家签名,在短短几个月内,就有49个国家的11 000余名科学家签名。1958年,鲍林把《科学家反核实验宣言》交给了联合国秘书长哈马舍尔德,向联合国请愿。同年,他写了《不要再有战争》一书,书中以丰富的资料说明了核武器对人类的重大威胁。

　　1959年,鲍林和罗素等人在美国创办了《一人少数》月刊,反对战争,宣传和平。同年8月,他参加了在日本广岛举行的禁止原子弹、氢弹大会。由于鲍林对和平事业的贡献,他在1962年荣获了诺贝尔和平奖。他以《科学与和平》为题,发表了领奖演说,在演说中指出:"在我们这个世界历史的新时代,世界问题不能用战争和暴力来解决,而是按着对所有人都公平,对一切国家都平等的方式,根据世界法律来解决。"最后他号召:"我们要逐步建立起一个对全人类在经济、政治和社会方面都公正合理的世界,建立起一种和人类智慧相称的世界文化。"鲍林是一位伟大的科学家与和平战士,他的影响遍及全世界。

　　1994年8月19日,美国著名学者莱纳斯·鲍林以93岁高龄在加利福尼亚州的家中逝世。鲍林是唯一一位先后两次单独获得诺贝尔奖的科学家。曾被英国《新科学家》周刊评为人类有史以来20位最杰出的科学家之一,与牛顿、居里夫人及爱因斯坦齐名。然而,路透社在报道鲍林逝世的消息时却说,他是"20

世纪最受尊敬和最受嘲弄的科学家之一"。

6. 伍德沃德——现代有机合成之父

伍德沃德(R. B. Woodward)1917年生于美国马萨路塞州的波士顿。从小喜读书,善思考,学习成绩优异。1933年夏,只有16岁的伍德沃德就以优异的成绩,考入了著名大学麻省理工学院。在全班学生中,他是年龄最小的一个,素有"神童"之称。学校为了培养他,为他一人单独安排了许多课程。他聪颖过人,只用了三年时间就学完了大学的全部课程,并以出色的成绩获得了学士学位。

伍德沃德获学士学位后,直接攻取博士学位,只用了一年的时间就学完了博士生的所有课程,并通过论文答辩获博士学位。从学士到博士,普通人往往需要六年左右的时间,而伍德沃德只用了一年,这在他同龄人中是最快的。获博士学位以后,伍德沃德在哈佛大学执教,1950年被聘为教授。他教学极为严谨,且有很强的吸引力,特别重视化学演示实验,着重训练学生的实验技巧,他培养的学生中,许多人成了化学界的知名人士,其中包括获得1981年诺贝尔化学奖的美国化学家霍夫曼(R. Hoffmann)。伍德沃德在化学上的出色成就使他名扬全球。1963年,瑞士人集资办了一所化学研究所,此研究所就以伍德沃德的名字命名,并聘请他担任了第一任所长。

伍德沃德是20世纪在有机合成化学实验和理论上取得划时代成果的罕见的有机化学家,他以极其精巧的技术,合成了胆固醇、皮质酮、马钱子碱、利血平、叶绿素等多种复杂有机化合物。据不完全统计,他合成的各种极难合成的复杂有机化合物达24种以上,所以他被称为"现代有机合成之父"。

伍德沃德还探明了金霉素、土霉素、河豚素等复杂有机物的结构与功能,探索了核酸与蛋白质的合成问题、发现了以他的名字命名的伍德沃德有机反应和伍德沃德有机试剂。他在有机化学合成、结构分析、理论说明等多个领域都有独到的见解和杰出的贡献,他还独立地提出二茂铁的夹心结构,这一结构与英国化学家威尔金森(G. Wilkinson)、菲舍尔(E. O. Fischer)的研究结果完全一致。

1965年,伍德沃德因在有机合成方面的杰出贡献而荣获诺贝尔化学奖。获奖后,他并没有因为功成名就而停止工作,而是向着更艰巨复杂的化学合成方向前进。他组织了14个国家的110位化学家,协同攻关,探索维生素 B_{12} 的人工合成问题。在他以前,这种极为重要的药物,只能从动物的内脏中经人工提炼,所以价格极为昂贵,且供不应求。

维生素 B_{12} 的结构极为复杂,伍德沃德经研究发现,它有 181 个原子,在空间呈磨盘状分布,性质极为脆弱,受强酸、强碱、高温的作用都会分解,这就给人工合成造成极大的困难。伍德沃德设计了一个拼接式合成方案,即先合成维生素 B_{12} 的各个局部,然后再把它们对接起来。这种方法后来成了合成所有有机大分子普遍采用的方法。

合成维生素 B_{12} 过程中,不仅存在一个创立新的合成技术的问题,还遇到一个传统化学理论不能解释的有机理论问题。为此,伍德沃德参照了日本化学家福井谦一提出的"边界电子论",和他的学生兼助手霍夫曼一起,提出了分子轨道对称守恒原理,这一理论用对称性简单直观地解释了许多有机化学过程,例如电环合反应过程、环加成反应过程等。该原理指出,反应物分子外层轨道对称一致时,反应就易进行,这叫"对称性允许";反应物分子外层轨道对称性不一致时,反应就不易进行,这叫"对称性禁阻"。分子轨道理论的创立,使霍夫曼和福井谦一共同获得了 1981 年诺贝尔化学奖。因为当时伍德沃德已去世 2 年,而诺贝尔奖不授给已去世的科学家,所以学术界认为,如果伍德沃德还健在的话,他必是获奖人之一,那样,他将成为少数两次获得诺贝尔奖的科学家之一。

伍德沃德在合成维生素 B_{12} 过程中,共做了近千个复杂的有机合成实验,历时 11 年,终于在他谢世前几年实现了,完成了复杂的维生素 B_{12} 的合成工作。参加维生素 B_{12} 合成的化学家,除了霍夫曼以外,还有瑞士著名化学家埃申莫塞(A. Eschenilloser)等。

在有机合成过程中,伍德沃德以惊人的毅力夜以继日地工作。例如,在合成番木鳖碱、喹宁碱等复杂物质时,需要长时间的守护和观察、记录,那时,伍德沃德每天只睡四个小时,其他时间均在实验室工作。

伍德沃德谦虚和善,不计名利,善于与人合作,一旦出了成果,发表论文时,总喜欢把合作者的名字署在前边,他自己有时干脆不署名,对他的这一高尚品质,学术界和他共过事的人都众口称赞。

伍德沃德对化学教育尽心竭力,他一生共培养研究生、进修生 500 多人,他的学生已遍布世界各地。伍德沃德在总结他的工作时说:"之所以能取得一些成绩,是因为有幸和世界上众多能干又热心的化学家合作。"

1979年6月8日,伍德沃德因积劳成疾,与世长辞,终年62岁。他在辞世前还面对他的学生和助手,念念不忘许多需要进一步研究的复杂有机物的合成工作。他逝世以后,人们经常以各种方式悼念这位有机化学巨星。

三、中国化学家与化学实验

1. 中国化学的先驱和启蒙者——徐寿

在我国,系统地介绍近代化学的基础知识大约始于19世纪60年代。在这一方面,徐寿做了重要的工作,许多科学史专家都公推徐寿为我国近代化学的启蒙者。

徐寿,1818年出生在江苏省无锡市郊外一个没落的地主家庭。5岁时父亲病故,靠母亲抚养长大。在他17岁时,母亲又去世。幼年失父、家境清贫的生活使他养成了吃苦耐劳、诚实朴素的品质,正如后人介绍的那样:"赋性狷朴,耐勤苦,室仅蔽风雨,悠然野外,辄怡怡自乐,徒行数十里,无倦色,至不老倦。"

青少年时,徐寿学过经史,研究过诸子百家,常常表达出自己的一些独到见解,因而受到许多人的称赞。然而他参加取得秀才资格的童生考试时,并没有成功。经过反思,他感到学习八股文实在没有什么用处,毅然放弃了通过科举做官的打算。此后,他开始涉猎天文、历法、算学等书籍,准备学习点科学技术为国为民效劳。这种志向促使他的学习更为主动和努力。他学习近代科学知识,涉及面很广,凡科学、律吕(指音乐)、几何、重学(即力学)、矿产、汽机、医学、光学、电学的书籍,他都看。这些书籍成为他生活中的伴侣,读书成为他一天之中最重要的活动。就这样,他逐渐掌握了许多科学知识。

在徐寿的青年时代,我国尚无进行科学教育的学校,也无专门从事科学研究的机构。徐寿学习近代科学知识的唯一方法是自学。坚持自学需要坚韧不拔的毅力,徐寿有这种毅力,因为他对知识和科学有着真挚的追求。在自学中,他的同乡华蘅芳(近代著名的科学家,擅长数学,比徐寿小15岁)是他的学友,他们常在一起,共同研讨遇到的疑难问题,相互启发。

在学习方法上,徐寿很注意理论与实践相结合。他常说:"格致之理纤且微,非藉制器(即不靠试验)不克显其用。"1853年,徐寿、华蘅芳结伴同往上海探求新的知识。他们专门拜访了当时在西学和数学上已颇有名气的李善兰。李善兰正在上海墨海书馆从事西方近代物理、动植物、矿物学等书籍的翻译。他们虚心求教、认真钻研的态度给李善兰留下了很好的印象。这次从上海回乡,他们不仅购买了许多书籍,还采购了不少有关物理实验的仪器。

回家后,徐寿根据书本上的提示进行了一系列的物理实验。为了攻读光学,买不到三棱玻璃,他就把自己的水晶图章磨成三角形,用它来观察光的七彩色谱,结合实验攻读物理,使他较快地掌握了近代的许多物理知识。有一次,他给包括华蘅芳的弟弟华世芳在内的几个孩子做物理实验演示。先叠一个小纸人,然后用摩擦过的圆玻璃棒指挥纸人舞动。孩子们看了感到很惊奇和有趣。通过这样的演示,他就把他学到的摩擦生电的知识传授给了他人。

1856年,徐寿再次到上海,读到了墨海书馆刚出版的、英国医生合信编著的《博物新编》的中译本,这本书的第一集介绍了诸如氧气、氮气和其他一些化学物质的近代化学知识,还介绍了一些化学实验。这些知识和实验引起了他的极大兴趣,他依照学习物理的方法,购买了一些实验器具和药品,根据书中记载,边实验边读书,加深了对化学知识的理解,同时还提高了化学实验的技巧。徐寿甚至独自设计了一些实验,表现出他的创造能力。通过坚持不懈地自学、实验与理论相结合地学习,他终于成为远近闻名的掌握近代科学知识的学者。

鸦片战争失败的耻辱促使清朝统治集团内部兴起一阵办洋务的热潮。所谓洋务即应付西方国家的活动,例如购买洋枪洋炮、兵船战舰,还学习西方的办法兴建工厂、开发矿山、修筑铁路、办学堂。但是,作为封建官僚权贵,洋务派大都不懂这些洋学问,兴办洋务,除了聘请一些洋教习外,还必须招聘和培养一些懂得西学的中国人才。洋务派的首领李鸿章就上书要求,除八股文考试之外,还应培养工艺技术人才,专设一科取士。在这种情况下,博学多才的徐寿引起了洋务派的重视,曾国藩、左宗棠、张之洞都很赏识他。

1861年,曾国藩在安庆开设了以研制兵器为主的军械所,他以研精器数、博学多通的荐语征聘了徐寿和他的儿子徐建寅,以及包括华蘅芳在内的其他一些学者。

徐寿在学习科学知识的同时,很喜欢自己动手制作各种器具。当年他曾在

《博物新编》一书中得到一些关于蒸汽机和船用汽机方面的知识,所以徐寿等在安庆军械所接受的第一项任务是试制机动轮船。根据书本提供的知识和对外国轮船的实地观察,徐寿等人经过三年多的努力,终于独立设计制造出以蒸汽为动力的木质轮船。这艘轮船命名为"黄鹄号",是我国造船史上第一艘自己设计制造的机动轮船。

为了造船需要,徐寿在此期间亲自翻译了关于蒸汽机的专著《汽机发初》,这是徐寿翻译的第一本科技书籍,它标志着徐寿从事翻译工作的开始。

1866年底,李鸿章、曾国藩要在上海兴建主要从事军工生产的江南机器制造总局。徐寿因其出众的才识被派到上海襄办江南机器制造总局。徐寿到任后不久,根据自己的认识,提出了办好江南机器制造总局的四项建议:"一为译书,二为采煤炼铁,三为自造枪炮,四为操练轮船水师。"把译书放在首位是因为他认为,办好这四件事,首先必须学习西方先进的科学技术,译书不仅使更多的人学习到系统的科学技术知识,还能探求科学技术中的真谛即科学的方法、科学的精神。正因为他热爱科学,相信科学,在当时封建迷信盛行的社会里,他却成为一个无神论者。他反对迷信,从来不相信什么算命、看风水等,家里的婚嫁丧葬不选择日子,有了丧事也不请和尚、道士来念经。他反对封建迷信,但也没有像当时一些研究西学之人,跟着传教士信奉外来的基督教。这种信念在当时的确是难能可贵的。

为了组织好译书工作,1868年,徐寿在江南机器制造总局内专门设立了翻译馆,除了招聘包括傅雅兰、伟烈亚力等几个西方学者外,还召集了华蘅芳、季凤苍、王德钧、赵元益及儿子徐建寅等略懂西学的人才。年复一年,他们共同努力,克服了层层的语言障碍,翻译了数百种科技书籍。这些书籍反映了当时西方科学技术的基本知识、发展水平及发展动向,对于近代科学技术在我国的传播起了很大的作用。

徐寿和他的译书馆,随着一批批介绍国外科学技术书籍的出版发行,声誉大增。在制造局内,徐寿对于船炮枪弹还有多项发明,例如,他能自制镪水棉花药(硝化棉)和汞爆药(即雷汞),这在当时确是很高明的。他还参加过一些厂矿企业的筹建规划,这些工作使他的名气更大了。李鸿章、丁宝侦、丁日昌等官僚都争相以高官厚禄来邀请他去主持他们自己操办的企业,但是徐寿都婉言谢绝了,他决心把自己的全部精力都投入到译书和传播科技知识的工作中去。

直到 1884 年逝世,徐寿共译书 17 部,105 本,168 卷,共 287 万余字。其中译著的化学书籍和工艺书籍有 13 部,反映了他的主要贡献。徐寿所译的《化学鉴原》、《化学鉴原续编》、《化学鉴原补编》、《化学求质》、《化学求数》、《物体遇热改易记》、《中西化学材料名目表》,加上徐建寅译的《化学分原》合称化学大成,将当时西方近代无机化学、有机化学、定性分析、定量分析、物理化学以及化学实验仪器和方法作了比较系统的介绍。这几本书和徐寿译著的《西艺知新初集》、《西艺知新续集》这一套介绍当时欧洲的工业技术的书籍被公认是当时最好的科技书籍。此外,徐寿在长期译书中编制的《化学材料中西名目表》、《西药大成中西名目表》对近代化学在我国的传播发展发挥了重要作用。

在徐寿生活的年代,我国不仅没有外文字典,甚至连阿拉伯数字也没有用上。要把西方的科学技术的术语用中文表达出来是一项开创性的工作,做起来实在是困难重重。徐寿他们译书的过程,开始时大多是根据西文的较新版本,由傅雅兰口述,徐寿笔译。即傅雅兰把书中原意讲出来,继而是徐寿理解口述的内容,用适当的汉语表达出来。西方的拼音文字和我国的方块汉字,在造字原则上有极大不同,几乎全部的化学术语和大部分化学元素的名称,在汉字里没有现成的名称,这可能是徐寿在译书中遇到的最大困难,为此徐寿花费了不少心血,对金、银、铜、铁、锡、硫、碳及氧气、氢气、氯气、氮气等大家已较熟悉的元素,他沿用前制,根据它们的主要性质来命名。对于其他元素,徐寿巧妙地应用了取西文第一音节而造新字的原则来命名,例如钠、钾、钙、镍等。徐寿采用的这种命名方法,后来被我国化学界接受,一直沿用至今。这是徐寿的一大贡献。

为了传授科学技术知识,徐寿和傅雅兰等人于 1875 年在上海创建了格致书院。这是我国第一所教授科学技术知识的场所。它于 1876 年正式开院,1879 年正式招收学生,开设矿物、电务、测绘、工程、汽机、制造等课目。同时定期地举办科学讲座,讲课时配有实验表演,收到较好的教学效果。为我国兴办近代科学教育起了很好的示范作用。在格致书院开办的同年,徐寿等创办发行了我国第一种科学技术期刊——《格致汇编》。刊物始为月刊,后改为季刊,实际出版了七年,介绍了不少西方科学技术知识,对近代科学技术的传播起了重要作用。

在晚年,徐寿仍将自己的全部心血倾注于译书、科学教育及科学宣传普及事业上。1884 年病逝在上海格致书院,享年 67 岁。纵观他的一生,不图科举功名,不求显官厚禄,勤勤恳恳地致力于引进和传播国外先进的科学技术,对近代科学技术在我国的发展做出了不朽的贡献,不愧为科学家的一主、近代化学的启蒙者。

2. 开创制碱工业的新纪元——侯德榜发明联合制碱法

在化学工业中,纯碱是一种重要的化工原料,它的化学名称又叫"碳酸钠",是一种白色的粉末。它的用途很广,制造肥皂、玻璃、纸张时要用它;纺纱织布时要用它;炼铁、炼钢过程中也少不了它;用它还可以制造出好多其他的化工产品。纯碱是用联合制碱法生产出来的。这个方法由中国化学工业的先驱侯德榜首创,所以也叫"侯氏制碱法"。那么侯德榜是在怎样情况下研究制碱法,又是怎样创立侯氏制碱法的呢?

事情得从 17 世纪说起,当时人们在生产玻璃、纸张、肥皂等时已经知道要用纯碱,但那时的碱是从草木灰和盐湖水中提取的,人们还不知道可以从工厂中生产出来。后来法国一位医师路布兰用了四年时间,在 1791 年首创了一种纯碱制造法,从此纯碱能源源不断地从工厂中生产出来,满足了当时工业生产的需要。当时这一方法并不完善,还存在着许多缺点,如生产过程中温度很高、工人劳动强度很大、煤用得很多、产品质量也不高等,因此很多人都想改进它。

1862 年,比利时有一位化学家叫苏尔维,他提出了一种以食盐、石灰石、氨为主要原料的制碱方法,这方法叫"氨碱法"或"苏尔维制碱法"。由于这个方法产量高、质量优、成本低、能连续生产,所以很快就替代了路布兰的方法。但这个方法都被制造商严格控制住,一点也不被泄露出来,以免被他人知道。

20 世纪初,当时的中国工业生产也需要纯碱,但自己不会生产,只能依靠进口。第一次世界大战时,纯碱产量大大减少,加上交通受阻,英国一家制造纯碱的公司乘机抬高碱价,甚至不供货给中国,致使中国以碱为原料的工厂只得倒闭、关门。当时有一位在美国留学的中国学生侯德榜,他学习很刻苦,成绩优异,在美国学习化学工程已有八年,于 1921 年取得了博士学位。当他听说外国资本家如此卡中国人的脖子时,连肺都要气炸了,他发誓学成回国,用自己已学到的知识报效祖国,振兴中国的民族工业。

　　1921 年 10 月侯德榜回国了,他担任永利碱业公司的总工程师,任务是要创建中国第一家制碱工厂。当时只能按苏尔维制碱法生产碱。原理说说很简单,可真正要制造出来可就难了。由于技术封锁,侯德榜只能靠自己不断研究、试验、摸索,经过好长时间的努力,终于设计好了流程,安装好了设备,接着就开始试生产。谁知一开始就碰到困难。一天,刚试车不久,高高的蒸氨塔突然晃动得很厉害,并且发出巨响。大家害怕极了,侯德榜见了马上喊停车。一检查,原来所有的管道都被白色的沉淀物堵住了。怎么办? 开始他拿大铁钎捅,累得满头大汗,但也无济于事。后来,他想出加干碱的办法,才使沉淀物慢慢掉了下来,终于转危为安。类似这样的故障还有很多很多,每次都被他一一排除掉了。

　　经过几年的努力,1924 年 8 月 13 日,中国第一家制碱厂正式投产了。那天工人们早早地来到车间,都想亲眼目睹中国第一批纯碱的诞生。几小时后,不知谁喊了一声:“出来了!”大家一齐朝出碱口望去。咦? 怎么出来的是红白相间的碱? 按理应该是雪白的呀! 大家的心头一凉。这时侯德榜仔细地检查了设备,原来纯碱出来时遇到了铁锈,才使产品变红了。原因查出来了,大家都松了一口气,以后改进了设备,终于制得了纯白色的产品。望着白花花的纯碱,侯德榜笑了,他笑得那么舒心,几年的辛苦没有白费,他终于摸索出苏尔维制碱法的奥秘,实现了自己报效祖国的誓言。

　　1937 年日本帝国主义发动了侵华战争,他们看中了南京的硫酸铵厂,为此想收买侯德榜,但是遭到了侯德榜的严正拒绝。为了不使工厂遭受破坏,他决定把工厂迁到四川,新建一个永利川西化工厂。

　　制碱的主要原料是食盐,也就是氯化钠,而四川的盐都是井盐,要用竹筒从很深很深的井底一桶桶吊出来。由于浓度稀,还要经过浓缩才能成为原料,这样食盐成本就高了。另外,苏尔维制碱法的致命缺点是食盐利用率不高,也就是说有 30% 的食盐要白白地浪费掉,这样成本就更高了,所以侯德榜决定不用苏尔维制碱法,而另辟新路。

　　他首先分析了苏尔维制碱法的缺点,发现主要在于原料中各有一半的比分没有利用上,只用了食盐中的钠和石灰中碳酸根,二者结合才生成了纯碱。食盐中另一半的氯和石灰中的钙结合生成了氯化钙,这个产物没有利用上。那么怎样才能使另一半成分变废为宝呢？他想呀想，设计了好多方案，但是一一都被推翻了。后来他终于想到，能否把苏尔维制碱法和合成氨法结合起来，也就是说，制碱用的氨和二氧化碳直接由氨厂提供，滤液中的氯化铵加入食盐水，让它沉淀出来。这氯化铵既可作为化工原料，又可以作为化肥，这样可以大大地提高食盐的利用率，还可以省去许多设备，例如石灰窑、化灰桶、蒸氨塔等。设想有了，能否成功还要靠实践。于是地又带领技术人员，做起了实验。1次、2次、10次、100次……一直进行了500多次试验，还分析了2 000多个样品，才把试验搞成功，使设想成为了现实。这个制碱新方法被命名为"联合制碱法"，它使盐的利用率从原来的70％一下子提高到96％。此外，污染环境的废物氯化钙成为对农作物有用的化肥——氯化铵，还可以减少1/3设备，所以它的优越性大大超过了苏尔维制碱法，从而开创了世界制碱工业的新纪元。

3. 著名化学家卢嘉锡

卢嘉锡中国物理化学家，原籍台湾省台南县，1915年10月26日生于福建省思明县（今厦门市）。1934年毕业于厦门大学化学系。1937年赴英国留学，在伦敦大学化学系进行人工放射性卤素同位素的化学浓集以及同位素交换反应化学动力学的核化学和放射化学研究。1939年获该校哲学博士学位后，去美国加州理工学院继续深造，在著名化学家L·C·鲍林指导下，从事结构化学的研究；在参加美国国防研究过程中，曾在燃烧与爆炸研究方面取得可喜成果。1945年回国后，历任厦门大学教授、化学系主任、理学院院长、副教务长、研究部副部长、部长和校长助理等职。1955年受聘为中国科学院数学物理学化学部委员。1958年参加了福州大学的创办工作，并于1960年任该校化学系教授、副校长。1958年他筹建了中国科学院华东（后改为福建）物质结构研究所的前身福建化学研究所和技术物理研究所，后任福建物质结构研究所所长。1981年任中国科学院院长。1978年任中国化学会副理事长，1982年当选为理事长。他还是国际纯粹与应用化学联合会物理化学专业委员会增设委员及分子结构和光谱工作委员会国家代表。

卢嘉锡专长物理化学，特别是结构化学。他的主要成就有：通过晶体和分子结构测定，证实了W·G·宾尼和G·B·B·M·萨瑟兰根据量子化学理论分析提出的过氧化氢的分子构型；定出了氮化硫及其同类物雄黄和雌黄等非过渡元素原子簇化合物的结构；根据对双氮分子充分活化作为主要矛盾进行的理论分析，提出了固氮酶中钼铁蛋白非朊辅基固氮活性中心的网兜状原子簇结构"福州模型Ⅰ"，进一步发展成孪合重烷型双立方烷的"福州模型Ⅱ"，得到了中外学者的重视；对 Mo-S、Fe-S、Mo-Fe-S 过渡金属元素簇合物的合成和反应，组织和开展了系统研究，得到了一系列有意义的成果，并在此基础上提出"元件组装设想"，以四元环型过渡金属 M、M′原子"簇元"作为基本"元件"，阐明了单烷型、重烷型过渡金属元素簇合物的"自兜"合成反应的原理。发表学术论文 60余篇。他提倡科技人员学习和运用自然辩证法，所著《结构化学研究中若干辩证法问题》的论文，得到哲学界和科学界的好评。

4. 中国稀土化学之父——徐光宪

邓小平同志曾说过："中东有石油，中国有稀土，中国的稀土资源占世界已知储量的 80%，其地位可与中东的石油相比，具有极其重要的战略意义，一定要把稀土的事情办好，把我国的稀土优势发挥出来"。

著名化学家、北京大学化学学院教授徐光宪院士便是这样一位致力于我国稀土科学研究事业的科学家。采用徐光宪院士科研成果生产的单一高纯稀土大量出口，让那些曾经无视中国"稀土大国"地位的国家们不得不面对这样一个尴尬的现实：中国高纯度稀土使国际单一稀土价格下降了 30%～40%！现在，中国生产的单一高纯度稀土已占世界产量的 80% 以上，一些长期霸占世界市场的稀土"垄断国"不得不减产、转产甚至停产，一股中国旋风在世界稀土市场上雄劲地刮了起来。中国终于实现了稀土资源大国向稀土生产大国、稀土出口大国的转变。徐光宪院士在这个领域取得的辉煌成就被外国同行称为"中国冲击"！

徐光宪 1920 年生于浙江绍兴。1944 年毕业于上海交通大学化学系，1946年，徐光宪考入圣路易斯华盛顿大学，一学期后转至哥伦比亚大学，先后取得硕士、博士学位，导师竭力留他在哥大任讲师。就在这时，抗美援朝开始了，美国即将通过法案，禁止中国留学生回国。1951 年，徐光宪偕夫人高小霞怀着报效祖国的理想，几经艰难终于回国，然后到北大任教。

几十年来，徐光宪始终把国家的需求作为自己的最高目标。1972 年，北大化学系接受了一项紧急任务——分离镨钕，纯度要求很高。徐光宪接下了这份任务。这已是徐光宪第四次改变研究方向了。这是一项"前无古人"的尝试。

镨、钕都属于稀土元素。稀土元素一共有 17 种，包括钪（Sc）、钇（Y）和 15种镧系元素。它们的化学性质极为相似，尤其是 15 种镧系元素，犹如 15 个孪生兄弟一样，化学性质几乎一致，要将它们一一分离十分困难，而镨钕的分离又是难中之难。

徐光宪顶住了各界的质疑，打出了一个接一个的"漂亮仗"——他建立自主创新的串级萃取理论，推导出 100 多个公式，并成功设计出了整套工艺流程，实现了稀土的回流串级萃取。他率先办起"全国串级萃取讲习班"，使新的理论和方法广泛用于实际生产，大大提高了中国稀土工业的竞争力。他还和同行们创建了"稀土萃取分离工艺的一步放大"技术，使原本繁难的稀土生产工艺"傻瓜化"，可以免除费时费力的"摇漏斗"小试、中试等步骤，直接放大到实际生产……世界惊叹了。

在当时，一般萃取体系的镨钕分离系数只能达到 1.4～1.5。徐光宪从改进稀土萃取分离工艺入手，使镨钕分离系数打破了当时的世界纪录，达到了相当高的 4。一排排看似貌不惊人的萃取箱像流水线一样连接起来，你只需要在这边放入原料，在"流水线"的另一端的不同出口就会源源不断地输出各种高纯度的稀土元素。原来那种耗时长、产量低、分离系数低、无法连续生产的生产工艺被彻底抛弃了。

徐光宪和他的课题组因为在稀土化学方面的成就而获得了大量的荣誉。先后获全国科学大会奖、国家自然科学二等奖和三等奖各一次、"何梁何利基金科技进步奖"和"何梁何利基金科学与技术成就奖"等等。

徐光宪院士在 60 多年的科学研究生涯中，已发表期刊论文 560 余篇，论文被他人正面引用 2 200 余次。作为一名化学教育家，他撰写了《物质结构》和《量子化学》等许多重要教材。其中《物质结构》自 1959 年出版以来，已经修订再版印刷了 20 余万册，迄今依然是化学领域重要的教学参考书，教育和培养了我国几代化学工作者。该书 1988 年荣获全国高等学校优秀教材特等奖，是化学领域唯一获此殊荣的教材。几十年来，他不仅培养了近百名博士生和硕士生，还为我国稀土产业界培养了大批工程技术人员。现在北大稀土国家重点实验室工作的学生中就有中国科学院院士三人、长江学者特聘教授三人。谈起自己的学术成就，徐光宪院士总是认真地说："我的工作都是团队集体的工作，我只是其中的一名代表而已。他们早已青出于蓝而胜于蓝，工作能力和成就大大超过我了。这是我最大的安慰和自豪。"

徐光宪十分重视科研创新，他广泛积累资料，去粗取精，逐渐形成了自己一套研究方法和思想体系。他认为创新是科研的灵魂，但又不是高不可攀的东西。各门学科表面上相差很远，但其内在规律和研究方法往往可以相互借鉴。把其他学科中的概念、方法移植到本学科中来，就是创新。当实验事实与现有理论发生矛盾时，经过认真的分析、思考与推导，提出解决问题的新途径，也是创新。徐光宪还身体力行，高度重视理论与实践相结合，重视人才的培养。他说："做基础研究要有应用背景；而做应用研究，一定要深入探讨机理，否则不可能超越前人。"徐光宪院士高尚的个人品德和勤奋严谨的科学作风为化学界所称道。近年来，他不仅亲自指导博士生和博士后开展研究工作，还密切关注新世纪的学科发展和规划，发表了一系列颇有见地和创新思维的论文和报告。他不顾年老体弱，亲自奔赴内蒙古白云鄂博矿和四川攀西冕宁矿区考察，两次向中央提出了有关白云鄂博矿可持续高效洁净利用的建议，为我国稀土资源的优化利用、环境安全和社会可持续发展提供了原则性指导意见。

6. 李远哲——1986 年的诺贝尔化学奖得主

美籍华人李远哲博士荣获 1986 年诺贝尔化学奖，为炎黄子孙增添了光彩和荣誉，全球华人引以自豪。

李远哲是继美国物理学家李政道、杨振宁和丁肇中之后，第四位获得诺贝尔奖金的美籍华人，他是第一位获得诺贝尔化学奖的化学家，也是第一位获得这项奖金的原籍为台湾省的科学家。

1936 年，李远哲出生在台湾新竹县，父亲李泽藩是一位 80 高龄的台湾老画家。李远哲在台湾获得硕士学位后，于 1962 年来美国深造，就读柏克莱加利福尼亚州立大学，1965 年获化学博士学位。

1968 年至 1974 年在芝加哥大学任化学系教授。1974 年起，任柏克莱加州大学化学教授，并任劳伦斯伯克莱实验室的主要研究员。1974 年加入美国籍。

他是美国科学院院士。

这次李远哲获奖,是由于他对交叉分子束方法的研究,对了解化学物相互反应的基本原理,做出了重要突破,为化学动力学开辟了新领域。

分子束是一门新学问,近20年来才试验成功。交叉分子束方法是李远哲攻读博士学位后,与这次同时获诺贝尔化学奖的指导教授赫希巴赫共同研究创造的。过去10多年来,李远哲又不断改进这项创新技术,将这种方法运用于研究较大分子的重要反应。他设计的"分子束碰撞器"和"离子束交叉仪器"能分析各种化学反应的每一阶段过程。

目前,分子束已在工业上发挥巨大作用。例如,开发超大型集成电路时,借用分子束的技术,把极高纯度的半导体性原子积存在电脑板上。

李远哲获诺贝尔奖金的消息传出后,他本人和华人学术界,以及他任教的柏克莱加州大学的师生都很兴奋,纷纷向他表示祝贺,赞扬他刻苦勤奋的钻研精神。李远哲15日下午在旧金山举行的记者招待会上,对他获奖表示"兴奋、惊讶、意外"。

柏克莱加州大学15日宣布,李远哲教授是该校创建以来的第15位诺贝尔奖金获得者。校长海曼发表声明,表彰他为该校增添了荣誉。该校的300名教职员工和学生为他举行了庆祝会。

李远哲对推动海峡两岸的科研工作做出了很大贡献。他除担任台湾中央研究院院士之外,还协助台湾中央研究院原子分子研究所设计、安装一部分子束碰撞仪器,预定当年年底完成。

10多年来,他一直与中国科学技大学开展学术交流,并帮助中科大化学系开展起化学动力学的研究工作。中国科学技术大学和中国科学院化学研究所、上海复旦大学授予他荣誉教授头衔。他还指导大连生物研究所和北京化学研究所建立了三套分子束装置。

第二章　化学实验规则、实验基本操作与仪器

第一节　化学实验常用仪器

　　化学实验常用的仪器以玻璃仪器为主,同时也有一些陶瓷仪器、木质仪器和金属仪器等。化学实验仪器按其用途可分为容器类仪器、量器类仪器和其他类仪器。容器类仪器是指在常温或加热条件下物质的反应容器、贮存容器。这类仪器有试管、烧杯、烧瓶、锥形瓶、滴瓶、细口瓶和广口瓶等,每种仪器又有诸多不同的规格。因此,在使用时要根据具体的用途和用量选择不同种类和不同规格的仪器;在使用前要注意阅读使用说明和注意事项,特别要注意仪器的加热方法,以防损坏仪器。量器类仪器是指用于度量液体体积的仪器。这类仪器不可以作为实验容器,例如用于溶解、稀释等操作;不可以量取热溶液;不可以加热,也不可以长期存放溶液。量器类仪器主要有量筒、移液管、吸量管、容量瓶、滴定管、称量瓶等,每种仪器又有诸多不同的规格。在使用时应遵循保证实验结果精确度的原则选择合适的度量容器。能否正确地选择和使用仪器,反映了学生实验技能水平的高低。

一、基础仪器

1. 容器类仪器

仪器图形与名称	主　要　用　途	使用方法及注意事项
试管	可用作少量试剂的溶解或反应的仪器,也可收集少量气体、装置小型气体发生器。	① 可直接加热,加热时外壁要擦干,用试管夹夹住或用铁夹固定在铁架台上;② 加热固体时,管口略向下倾斜,固体平铺在管底;③ 加热液体时,液体量不超过其试管容积的1/3,管口向上倾斜,与桌面成45°,切忌管口向着人;④ 装溶液时不超过其试管容积的1/2。
离心试管	用于沉淀的分离。	离心试管不可直接加热。
坩埚	用于高温灼烧固定试剂并适于称量,如测定结晶水合物中结晶含水量的实验。	能耐1 200～1 400 ℃的高温,有盖,可防止药品崩溅。坩埚可在泥三角上直接加热,热坩埚及盖要用坩埚钳夹取,热坩埚不能骤冷和溅水,热坩埚冷却时应放在干燥器上。
烧杯	可配制、浓缩、稀释、盛装、加热溶液,也可作较多试剂的反应容器、水浴加热器。	加热时垫石棉网,外壁要擦干,加热液体时液体量不超过其容积的1/2,不可蒸干,反应时液体不超过其容积的2/3,溶解时要用玻璃棒轻轻搅拌。
烧瓶	用作加热或不加热条件下较多液体参加的反应容器。	平底烧瓶一般不作加热仪器。圆底烧瓶加热时要垫石棉网,或水浴加热。液体量不超过其容积的1/2。

续表

仪器图形与名称	主 要 用 途	使用方法及注意事项
蒸馏烧瓶	可作液体混合物的蒸馏或分馏,也可装配气体发生器。	加热时要垫石棉网,要加碎瓷片防止暴沸,分馏时温度计水银球宜在支管口处。
锥形瓶	可作滴定中的反应器,也可收集液体,组装洗气瓶。	同圆底烧瓶。滴定时只振荡,不搅拌,因而瓶内液体不能太多。
集气瓶	收集贮存少量气体,装配洗气瓶、气体反应器、固体在气体中燃烧的容器。	不能加热,作固体在气体中燃烧的容器时,要在平底加少量或一层细沙。瓶口磨砂(与广口瓶瓶颈磨砂相区别),用磨砂玻璃片封口。
试剂瓶 广口瓶 细口瓶	放置试剂用。可分广口瓶和细口瓶,广口瓶用于盛放固体药品(粉末或碎块状);细口瓶用于盛放液体药品。	都是磨口并配有玻璃塞。有无色和棕色两种,见光分解需避光保存的一般使用棕色瓶。盛放强碱固体和溶液时,不能用玻璃塞,需用胶塞或软木塞。试剂瓶不能用于配制溶液,也不能用作反应器,不能加热。瓶塞不可互换。
滴瓶	盛放少量液体试剂的容器。由滴管和滴瓶配套使用,滴管置于滴瓶内。	滴瓶口为磨口,不能盛放碱液。有无色和棕色两种,见光分解需避光保存的(如硝酸银溶液)应盛放在棕色瓶内。酸和其他能腐蚀橡胶制品的液体(如液溴)不宜长期盛放在瓶内。滴管用毕应及时放回原瓶,切记! 不可"串瓶"。

仪器图形与名称	主　要　用　途	使用方法及注意事项
蒸发皿	用于蒸发溶剂，浓缩溶液。	可放在三脚架上直接加热，也可用石棉网、水浴、沙浴等加热。不能骤冷，蒸发溶液时不能超过其容积的 2/3,加热过程中可用玻璃棒搅拌。在蒸发、结晶过程中,不可将水完全蒸干,以免晶体颗粒崩溅。
表面皿	盖在烧杯上,防止液体溅出或者灰尘落入。作容器可暂时盛放固体或液体试剂;作承载器可用来承载 pH 试纸。	不能直接加热,防止破裂。
启普发生器	不溶性块状固体与液体常温下制取不易溶于水的气体。	控制导气管活塞可使反应随时发生或停止,不能加热,不能用于强烈放热或反应剧烈的气体制备,若产生的气体是易燃易爆的,在收集或者在导管口点燃前,必须检验气体的纯度。

2. 量器类仪器

仪器图形与名称	主　要　用　途	使用方法及注意事项
酸式滴定管 碱式滴定管	中和滴定(也可用于其他滴定)的反应,可准确量取液体体积,酸式滴定管盛酸性、氧化性溶液;碱式滴定管盛碱性、非氧化性溶液,二者不能互代。	使用前要洗净并检查是否漏液,先润洗再装溶液,"0"刻度在上方,但不在最上;最大刻度不在最下。精确至 0.1 mL,可估读到 0.01 mL。读数时视线与凹液面相切。

续表

仪器图形与名称	主 要 用 途	使用方法及注意事项
量筒	粗量取液体体积（精确度≥0.1 mL）。	① 不能用量筒配制溶液或进行化学反应；② 不能加热，也不能盛装热溶液，以免炸裂；③ 量取液体时应在室温下进行，否则会因液体热膨胀造成实验误差；④ 读数时，视线应与液体凹液面的最低点水平相切，若仰视，会造成读数偏小，所量液体体积偏大；俯视反之。
容量瓶 刻度	用于准确配制一定物质的量浓度的溶液，常用规格有 50 mL、100 mL、250 mL、500 mL、1 000 mL 等。	使用前检查是否漏水，要在所标温度下使用，加液体用玻璃棒引流，定容时凹液面与刻度线相切，不可直接溶解溶质，不能长期存放溶液，不能加热或配制热溶液。
温度计	测定温度的量具。温度计有水银温度计和酒精温度计两种。常用的是水银温度计。	使用温度计时要注意其量程，注意水银球部位玻璃极薄（传热快），不要碰着器壁，以防碎裂。水银球放置的位置要合适。如测液体温度时，水银球应置于液体中；进行蒸馏或分馏等操作时，水银球应置于分馏烧瓶的支管处。
移液管　吸量管	精确移取一定体积的液体时使用。	不能加热。使用前先用少量的待移取液体润洗三次。一般吸管尖嘴处残留的最后一滴移取液不要吹出（除非标明吹出）。用后洗净，置于吸管架上。

仪器图形与名称	主　要　用　途	使用方法及注意事项
称量瓶	准确称取一定量固体药品时使用。	不能加热。盖子是磨口配套的,不得互换丢失。不用时应洗净,在磨口处垫上纸条。

3. 其他类仪器

仪器图形与名称	主　要　用　途	使用方法及注意事项
酒精灯	作热源。	酒精不能超过其容积的 2/3,不能少于其容积的1/4,加热时用外焰,熄灭时用灯帽盖灭,不能用嘴吹灭。
漏斗	过滤或向小口径容器注入液体;易溶性气体吸收(防倒吸)。	不能用火加热,过滤时应遵循"一贴二低三靠"的原则。
长颈漏斗	装配反应器,便于注入反应液。	下端应插入液面以下,否则气体会从漏斗口跑掉。
分液漏斗	可用于分离密度不同且互不相溶的液体,也可组装反应器,以随时加液体,还可用于萃取分液。	使用前先检查是否漏液。分液时下层液体自下口放出,上层液体从上口倒出,放液时打开上盖或将塞上的凹槽对准上口小孔。
干燥管	常与气体发生器一起配合使用,内装块状固体干燥剂,用于干燥或吸收某些气体。	欲收集干燥的气体,使用时其大口一端与气体输送管相连。球部充满粒状干燥剂,如无水氯化钙和碱石灰等。

仪器图形与名称	主　要　用　途	使用方法及注意事项
U 形管	可用作干燥器、电解实验的容器，也可用作洗气或吸收气体的装置。	可内装粒状干燥剂，两边管口连接导气管，也可用作电解实验的容器，内装电解液，两边管口内插入电极，还可用作洗气或吸收气体的装置。
干燥器	用于存放需要保持干燥的物品的容器。干燥器隔板下面放置干燥剂，需要干燥的物品放在适合的容器内，再将容器放于干燥器的隔板上。	灼烧后的坩埚内药品需要干燥时，须待冷却后再将坩埚放入干燥器中。干燥器盖子与磨口边缘处涂一层凡士林，防止漏气。干燥剂要适时更换。开盖时，要一手扶住干燥器，一手握住盖柄，稳稳平推。
药匙	有牛角、瓷质和塑料质三种，两端各有一勺，一大一小。药匙用于取固体药品。	根据药品的需要量，可选用一端。药匙用毕，需洗净，用滤纸吸干后，再取另一种药品。
坩埚钳	夹持坩埚和坩埚盖的钳子，也可用来夹持蒸发皿。	当夹持热瓷坩埚时，先将钳头预热，避免瓷坩埚骤冷而炸裂；夹持石英坩埚等质脆易破裂的坩埚时，既要轻夹又要夹牢。
试管夹	用于夹持试管进行简单加热的实验。一般为木制品。	夹持试管时，试管夹应从试管底部套入，夹于距试管口 2~3 cm 处。在夹住试管后，右手要握住试管夹的长臂，右手拇指千万不要按住试管夹的短臂（即活动臂），以防拇指稍用力造成试管脱落打碎。
研钵	用于研磨固体物质，使之成为粉末状。有玻璃、白瓷、玛瑙和铁制研钵。与杵配合使用。	不能加热，研磨时不要用力过猛或锤击。如果要制成混合物粉末，应将组分分别研磨后再混合，以防发生反应。

仪器图形与名称	主 要 用 途	使用方法及注意事项
铁架台 铁夹 铁圈 铁架台	用于固定或者放置反应器,铁圈有时还可以代替漏斗架使用。	夹持仪器后,其重心应落在铁架台底盘中部;夹持仪器时,不宜太紧或太松,以仪器不能转动为宜。
三脚架	放置较大或较重的加热器皿。	放置加热容器时,除水浴锅外应先放石棉网;调节酒精灯高度,一般用氧化焰加热。
泥三角	灼烧坩埚时放置坩埚用。	使用前要检查铁丝是否断裂,断裂的不能使用;坩埚底部应横着斜放在三个瓷管中的一个瓷管上;灼烧后应小心取下,不要摔落。
试管架	放试管用。	加热后的试管应用试管夹夹住往后悬放在架上。
石棉网	能使被加热的物体受热均匀。	使用前检查石棉是否脱落,石棉脱落的不能使用;不能与水接触,以防石棉层松动;不可卷折。

二、天平

天平是用来准确称取一定质量的物质的一类仪器。天平是根据杠杆原理制成的,它用已知重量的砝码来衡量被称物体的重量。在分析工作中,通常说称量某物质的重量,实际上称得的都是物质的质量。常用的天平有托盘天平、分析天平和电子天平等。各种天平的精确度不一样,使用的时候应根据称量的要求选取合适的天平。

1. 托盘天平

托盘天平又称台秤,常用于一般的称量。它能迅速地称量物体的质量,但是精确度不高。不同的托盘天平精确度略有不同,例如最大载荷为 100 g 的托盘天平能准确称至 0.1 g,最大载荷为 500 g 的托盘天平能准确称至 0.5 g。

(1) 托盘天平的构造。实验室常用的托盘天平构造如图 2-1 所示。天平的横梁架在底座上。横梁的左右各有一个托盘,横梁的中部有指针与刻度盘相对,根据指针在刻度盘左右摆动的情况,可以判断出天平的两端是否处于平衡状态。

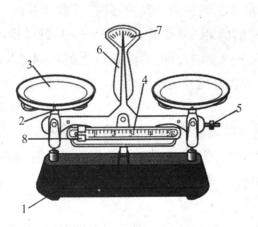

图 2-1　托盘天平

1. 底座　2. 托盘架　3. 托盘　4. 标尺
5. 平衡螺母　6. 指针　7. 分度盘　8. 游码

(2) 称量。在每次称量物体前,要首先检查天平是否平衡。如果天平不平衡,则需首先调整天平的零点,方法如下:首先将游码拨到游码标尺的"0"刻度处,检查天平是否平衡,即观察指针是否停在刻度盘的中间位置或者左右摆动的幅度相等。如果不平衡,则调节横梁两侧的平衡调节螺丝,直至天平平衡为止。

称量时,左盘放被称量的物体,右盘放砝码,切不可颠倒。砝码要用镊子夹取,并按照从大到小的顺序添加。10 g 或 5 g 以下的质量,可通过移动游码标尺上的游码添加。当添加砝码和移动游码使天平平衡时,砝码质量之和加上游码的读数就等于被称量物体的质量。

称量完毕,应及时将砝码放回砝码盒,并将游码拨到"0"刻度处,使天平复原。

(3) 称量时应注意以下几点:

① 不能直接称量热的物体。

② 化学试剂不能直接放在托盘上称量,应根据被称量物的情况决定放在已称量的、洁净的表面皿、烧杯或光洁的称量纸上。吸湿或有腐蚀性的试剂,必须放在特定的容器内。

③ 称量完毕,应将砝码和天平复原,并将托盘放在同一侧,或者用橡皮圈架起托盘,以免天平的横梁随意摆动,造成天平刀口的磨损。

④ 经常保持天平的整洁,及时清除托盘上的试剂以及其他污物。砝码不能放在托盘及砝码盒以外的其他任何地方。

2. 分析天平

托盘天平称量的精确度较低。在化学实验中有时需要准确称至 1 mg 甚至 0.1 mg,这时就需要用到分析天平。分析天平的种类较多,目前分析实验室常用的分析天平有全自动机械加码电光分析天平和半机械加码电光分析天平等。

实验室里最常用的是半自动电光分析天平,这里以 TG-328B 型为例来介绍。这种天平的最大载荷为 200 g,可以精确至 0.1 mg,所以也被称为万分之一天平。不过由于这种天平称量的操作较为繁琐,已经逐渐被电子天平所代替。

（1）分析天平的构造与主要部件（半自动电光分析天平的结构如图 2-2 所示）：

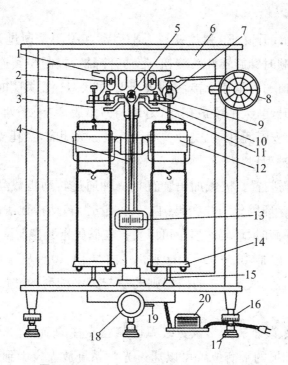

图 2-2 TG-328B 型半自动电光分析天平

1. 横梁 2. 平衡螺丝 3. 吊耳 4. 指针 5. 支点刀 6. 框罩 7. 环码 8. 指数盘
9. 承重刀 10. 支架 11. 托叶 12. 阻尼内筒 13. 投影屏 14. 秤盘 15. 托盘
16. 螺旋脚 17. 垫脚 18. 开关旋钮 19. 微动调节杆

① 天平梁。天平梁是天平的主要部件，在梁的中下方装有细长而垂直的指针，梁的中间和等距离的两端装有三个玛瑙三棱体，中间三棱体的刀口向下，两端三棱体刀口向上，三个刀口的棱边完全平行且位于同一水平面上。玛瑙刀口的角度和锋刃的完整程度直接影响分析天平的灵敏度和精确度，所以应特别注意保护好刀口。绝不允许在启动天平的状态下加减砝码或者物体，一定要将天平横梁托起，使刀口悬空，再加减砝码或物体。梁的两边装有两个平衡螺丝，用来调节天平的零点。

② 吊耳和秤盘。两个承重刀上各挂一吊耳，吊耳的上钩挂着秤盘，在秤盘和吊耳之间装有空气阻尼器。空气阻尼器是两个套在一起的铝制圆筒，内

筒比外筒略小,正好套入外筒,两圆筒间有均匀的空隙,内筒能自由地上下移动。当天平启动时,利用筒内空气的阻力产生阻尼作用,使天平很快达到平衡。

③ 开关旋钮(升降枢)和盘托。天平启动和关闭是通过开关升降枢完成的。需启动时,顺时针旋转开关旋钮,带动升降枢,控制与其连接的托叶下降,天平梁放下,刀口与刀承相承接,天平处于工作状态。需关闭时,逆时针旋转开关旋钮,使托叶升起,天平梁被托起,刀口与刀承脱离,天平处于关闭状态。秤盘下方的底板上安有盘托,也受开关旋钮控制。关闭时,盘托支持着秤盘,防止秤盘摆动,可保护刀口。

④ 机械加码装置。机械加码装置是一种通过转动指数盘加减环形码(亦称环码)的装置。环码分别挂在码钩上。称量时,转动指数盘旋钮将砝码加到承受架上。当平衡时,环码的质量可以直接在砝码指数盘上读出。指数盘转动时可经天平梁上加 $10 \sim 990$ mg 砝码,内层由 $10 \sim 90$ mg 组合,外层由 $100 \sim 900$ mg 组合。大于 1 g 的砝码则要从与天平配套的砝码盒中取用(用镊子夹取)。

⑤ 光学读数装置。光学读数装置固定在支柱的前方。称量时,固定在天平指针上微分标尺的平衡位置可以通过光学系统放大投影到光屏上。标尺上的读数直接表示 10 mg 以下的质量,每一大格代表 1 mg,每一小格代表 0.1 mg。从投影屏上可直接读出 $0.1 \sim 10$ mg 以内的数值。

⑥ 天平箱。为了天平在稳定气流中称量及防尘、防潮,天平安装在一个由木框和玻璃制成的天平箱内,天平箱前边和左右两边有门,前门一般在清理或修理天平时使用,左右两侧的门分别供取放样品和砝码用。天平箱固定在大理石板上,箱座下装有三个支脚,后面的一个支脚固定不动,前面的两个支脚可以上下调节,通过观察天平内的水平仪,使天平调节到水平状态。

(2) 分析天平的使用方法:

分析天平是精密仪器,放在天平室里。天平室要保持干燥清洁。进入天平室后,对照天平号坐在自己需使用的天平前,按下述方法进行操作:

① 称量前检查。掀开防尘罩,检查天平是否正常:天平是否水平,秤盘是否洁净,指数盘是否在"000"位,环码有无脱落,吊耳是否错位等。如天平内或

称盘上不洁净,应用软毛刷小心清扫。

② 调节零点。接通电源,轻轻顺时针旋转升降枢,启动天平,在光屏上即看到标尺,标尺停稳后,光屏中央的黑线应与标尺中的"0"线,即为零点(天平空载时平衡点)重合。如不在零点,差距小时,可调节微动调节杆,移动屏的位置,调至零点;差距大时,关闭天平,调节横梁上的平衡螺丝,再开启天平,反复调节,直至零点。若有困难,应报告指导教师,由教师指导调节。

③ 称量。零点调好后,关闭天平。称量物通常放在左秤盘中央,关闭左门;打开右门,根据估计的称量物的质量,把相应质量的砝码放入右盘中央,然后将天平升降枢半打开,观察标尺移动方向(标尺迅速往哪边跑,哪边就重),以判断所加砝码是否合适并确定如何调整。当调整到两边相关的质量小于 1 g时,应关好右门,再依次调整 100 mg 组和 10 mg 组环码,每次均从中间量开始调节,即使用"减半加减码"的顺序加减砝码,可迅速找到物体的质量范围。调节环码至 10 mg 以后,完全启动天平,准备读数。

④ 读数。砝码与环码调定后,关闭天平门,待标尺在投影屏上停稳后再读数,及时在记录本上记下数据。砝码、环码的质量加标尺读数(均以 g 计)即为被称物质量。读数完毕,应立即关闭天平。

⑤ 复原。称量完毕,取出被称物放到指定位置,砝码放回盒内,指数盘退回到"000"位,关闭两侧门,盖上防尘罩。登记,教师签字,凳子放回原处,然后离开天平室。

称量过程中的注意事项:

(a)称量未知物的质量时,一般要在台秤上粗称。这样不仅可以加快称量速度,同时可保护分析天平的刀口。

(b)加减砝码的顺序是:由大到小,依次调定。在取、放称量物或加减砝码(包括环码)时,必须关闭天平。启动开关旋钮时,一定要缓慢均匀,避免天平剧烈摆动。这样可以保护天平刀口不致受损。

(c)称量物和砝码必须放在秤盘中央,避免秤盘左右摆动。不能称量过冷或过热的物体,以免引起空气对流,使称量的结果不准确。称取具有腐蚀性、易挥发物体时,必须在密闭容器内进行。

(d)同一实验中,所有的称量要使用同一架天平,以减少称量的系统误差。

天平称量不能超过最大载重,以免损坏天平。

(e) 砝码盒中的砝码必须用镊子夹取,不可用手直接拿取,以免沾污砝码。砝码只能放在天平秤盘上或砝码盒内,不得随意乱放。在使用机械加码旋钮时,要轻轻逐格旋转,避免环码脱落。

3. 电子天平

电子天平是一种利用电磁力来衡量被称量物体重量的天平。其特点是称量准确可靠、显示快速清晰并且具有自动检测系统、简便的自动校准装置以及超载保护装置等。其最大称量可达到 500 g,最高读数精确度可达到 0.1 mg,与分析天平相当,但是其操作比分析天平简单得多,称量速度也快得多。

(1) 构造与测量原理。常用的电子天平结构如图 2-3 所示。与托盘天平和分析天平不同的是,电子天平没有采用杠杆原理,而是利用重力与电磁力平衡的原理。秤盘通过支架连杆与一线圈相连,该线圈固定于固定的永久磁铁——磁钢之中。当线圈通电时,其自身产生的电磁力与磁钢磁力作用,产生向上的作用力。该力与秤盘中被称量物体的向下的重力达到平衡时,此线圈通入的电

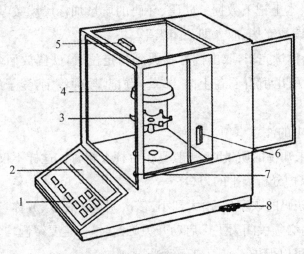

图 2-3　电子天平

1. 键盘　2. 显示窗口　3. 托盘　4. 秤盘
5. 顶盖　6. 左右移门　7. 水平仪　8. 水平调节脚

流与该物质的重力成正比,利用该电流大小可计量被称量物的重量。线圈上电流大小的自动控制与计量是通过天平的位移传感器、调节器和放大器实现的。

当盘内被称量物的重量变化时,与盘连接的支架连杆带动线圈同步下移,位移传感器将此信号检出并传递,经调节器和电流放大器调节线圈电流的大小,使其产生向上的力推动秤盘及被称量物恢复到原位置为止,重新达到线圈电磁力与物体重力的平衡,此时的电流可计量物体的重量。

(2) 使用方法。电子天平是精密仪器,使用时要遵循规范的操作规程,确保称量结果的准确性。下面以 JA2004 型电子天平为例,来介绍电子天平的使用方法。

① 使用前的准备。掀开防尘罩,检查天平是否水平。如果水平仪的水泡不在中心位置,则需调节水平调节脚,使水泡位于水平仪的中心。在使用过程中不要随意移动天平,防止天平的水平仪受到破坏。接通电源,按下 ON 键,打开天平的电源,按说明书的要求进行预热。

② 称量。关好左右移门,按下 TAR 键,使屏幕显示值为 0.0000。打开移门,将被称量物放在秤盘上,关上移门。待屏幕显示的数字稳定后,所显示的数值即为被称量物体的重量。

③ 去皮重。在称量粉末样品或其他不能直接放置秤盘上的物体时,一般需将被称量物放在称量纸或烧杯上称重,这时需要去除称量纸或烧杯的重量(皮重)。电子天平提供了十分简便的去皮重的操作方法,首先将称量纸或烧杯置于秤盘上,此时天平显示的是称量纸或烧杯的重量。按 TAR 键,显示屏上的数值将重新变为 0.0000。再将被称量物放到称量纸上或烧杯里,待读数稳定后,所显示的数值就是被称量物的重量。

④ 累计称重。用去皮称重法,将被称量物逐个置于秤盘上,并相应逐一去皮清零,最后移去所有被称量物,所显示的读数的绝对值就是被称量物的总重量。

⑤ 复原。称量完毕,按 OFF 键关闭天平的电源,此时显示屏熄灭,盖上防尘盖。如果长时间不使用天平的话,则需拔去电源。

(3) 天平的校准。电子天平有时会出现称量误差较大的情况,究其原因,是由于天平在较长的时间间隔内未进行校准。使用者通常认为天平显示零位便可直接称量。其实电子天平开机显示零点,不能说明天平称量的数据准确度符合测试标准,只能说明天平零位稳定性合格。存放时间较长、位置移动、环境变化等因素都会导致电子天平的读数出现偏差,因此电子天平在使用前一般都应进行校准操作。

校准前取下秤盘上所有的被称量物,按 TAR 键使天平读数归零。按 CAL 键,当屏幕出现 CAL-时即松手。此时屏幕上出现 CAL-100 字样,其中"100"为闪烁状态,表示校准砝码需用 100 g 的标准砝码。将"100 g"校准砝码放上秤盘,显示器即出现"----"(等待状态),经较长时间后显示器出现 100.0000,移去校准砝码,显示器应出现 0.0000,若出现不是为零,则再清零,再重复以上校准操作。(注意:为了得到准确的校准结果最好重复以上校准操作步骤两次。)

(4) 维护与保养:

① 将天平置于稳定的工作台上避免振动、气流及阳光照射电子天平。

② 在使用前调整水平仪气泡至中间位置。

③ 电子天平应按说明书的要求进行预热。

④ 称量易挥发和具有腐蚀性的物品时,要盛放在密闭的容器中,以免腐蚀和损坏电子天平。

⑤ 经常对电子天平进行校准,保证其处于最佳状态。

⑥ 如果电子天平出现故障应及时检修,不可带"病"工作。

⑦ 操作天平不可过载使用以免损坏天平。

⑧ 若长期不用电子天平时应暂时收藏为好。

三、其他小型仪器

1. 酸度计

酸度计又称 pH 计,是用来测定溶液 pH 的最常用仪器之一,其优点是使用方便、测量迅速。酸度计主要由参比电极、指示电极和测量系统三部分组成。参比电极的基本功能是维持一个恒定的电位,作为测量各种偏离电位的对照。目前最常用的参比电极是饱和甘汞电极。指示电极则通常是一支对 H^+ 具有特殊选择性的玻璃电极。玻璃电极的功能是建立一个对所测量溶液的氢离子浓度发生变化做出反应的电位差。把对 pH 敏感的电极和参比电极放在同一溶液中,就组成一个原电池,该电池可表示如下:

玻璃电极 | 待测溶液 ‖ 饱和甘汞电极

该电池的电位是玻璃电极和参比电极电位的代数和：$E_{电池} = E_{参比} + E_{玻璃}$，如果温度恒定，这个电池的电位随待测溶液的 pH 变化而变化。由于该电池的电动势非常小，而且电路的阻抗又非常大（$1\sim100\ M\Omega$），因此，必须把信号放大，使其足以推动标准毫伏表或毫安表。测量系统的功能就是将原电池的电位放大若干倍，放大了的信号通过显示屏显示出来。

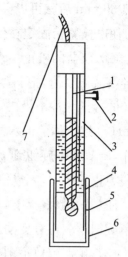

现在使用的酸度计更多地采用复合电极，其结构如图 2-4 所示。复合电极实际上是将玻璃电极和甘汞电极合并制成的。它以单一接头与精密电位计相连接，使得酸度计的结构更简单，稳定性和可靠性也更好。

实验室常用的是 pHS-3C 型酸度计。这种酸度计是一种精密数字显示 pH 计，其测量范围宽，重复性误差小，适用于测量水溶液的 pH 和电极电位，测量范围：pH $0\sim14$；$0\sim\pm1\,999$ mV；测量精度为 0.01 pH 单位，1 mV；温度补偿 $0\sim60\ ℃$，其面板结构如图 2-5 所示。下面以这种酸度计为例介绍其使用方法。

图 2-4　复合电极的结构

1. pH 玻璃电极　2. 胶皮帽
3. Ag-Ag-AgCl 参比电极
4. 参比电极底部陶瓷芯
5. 塑料保护栅
6. 塑料保护帽
7. 电极引出端

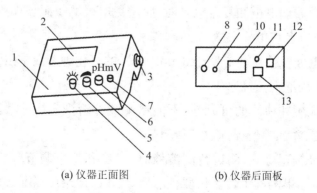

(a) 仪器正面图　　　　(b) 仪器后面板

图 2-5　pHS-3C 型酸度计

1. 前面板　2. 显示屏　3. 电极梗插座　4. 温度补偿调节旋钮　5. 斜率补偿调节旋钮
6. 定位调节旋钮　7. 选择旋钮（pH 或 mV）　8. 复合电极接口　9. 参比电极接口
10. 铭牌　11. 保险丝　12. 电源开关　13. 电源插座

(1) 测量前的准备工作。首先接通电源,按下电源开关 12,仪器开始工作。预热 30 min 后就可以标定。将复合电极插入复合电极接口 8,顺时针方向转动 90°,使电极紧密固定在仪器上。

(2) 仪器的校正。将选择旋钮 7 调到 pH 档;调节温度旋钮 4,使旋钮白线对准溶液温度值,把斜率调节旋钮顺时针旋到底,把清洗过的电极插入 pH = 6.86 的标准缓冲溶液中,调节定位调节旋钮,使仪器显示的读数与该缓冲溶液的 pH 一致。用蒸馏水清洗电极,再用 pH = 4.00 或 9.18 的标准缓冲溶液重复操作,调节斜率旋钮到 pH = 4.00 或 9.18,直至不用再调节定位或斜率两调节旋钮为止。至此,完成仪器的校定。

注意:一般情况下,在 24 h 内仪器不需再标定。经标定的仪器定位及斜率调节旋钮不应再有变动。

(3) 溶液 pH 的测量。用蒸馏水清洗电极头部,用滤纸吸干水滴,将电极浸入被测溶液中,沿台面摇动盛液器皿,使溶液均匀,在显示屏上读出溶液的 pH。若被测溶液与定位溶液的温度不同,则先调节"温度"调节旋钮 4,使白线对准被测溶液的温度值,再将电极插入被测溶液中,读出该溶液的 pH。测量完毕,洗净电极,套上保护套或浸泡在 3 mol·L^{-1} 的氯化钾溶液中,关机。

(4) 注意事项:

① 电极的插头、插座的内芯必须保持清洁、干燥,不得污染。

② 在使用玻璃电极和复合电极时,应避免电极的敏感玻璃膜与硬物接触,以防损坏电极或者使电极失效。

③ 复合电极在使用前应置于 3 mol·L^{-1} 的氯化钾溶液中浸泡 6 h 以活化。电极避免长期浸泡在蒸馏水中。

④ 要保证缓冲溶液的可靠性,不能错配缓冲溶液。缓冲溶液长时间放置后会出现霉变、浑浊等情况,应重新配制。

⑤ 仪器经校正好后,测试待测溶液时,定位和斜率调节旋钮不可再动,否则会影响实验结果的准确性。仪器校准后 24 h 内使用可以不必再校准。

2. 分光光度计

分光光度计是根据物质对光的选择性吸收来测量微量物质的浓度的一种实验装置。分光光度计有多种型号。在这里以 721 型光栅分光光度计为例加以介绍。

721 型分光光度计的外形如图 2-6 所示。

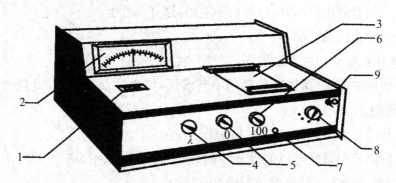

图 2-6　721 型光栅分光光度计

　1. 波长读数盘　2. 电表　3. 比色皿暗盒箱　4. 波长调节　5. "0"透光率调节
　　6. "100%"透光率调节　7. 比色皿架拉杆　8. 灵敏度选择　9. 电源开关

(1) 721 型光栅分光光度计的操作步骤：

① 仪器在接通电源之前,应检查微安表指针是否指透光率"0"位,不在"0"位可调节零点校正螺丝,使指针位于透光率"0"位。

② 接通电源,打开电源开关,打开吸收池暗箱盖,用波长调节旋钮选择需用的单色波长,将灵敏度调至"1"档,调节"0"透光率调节器使电表指针指向透光率"0"位。

③ 盖上吸收池暗箱盖,将盛有参比溶液或蒸馏水的吸收池推入光路,旋转"100%"透光率调节器,使指针指到透光率满刻度位置,在此状态下预热20 min。

④ 预热后,连续几次调整"0"和"100%",当指针稳定后即可进行测定工作。

⑤ 将盛待测溶液的吸收池推入光路,读取吸光度值,重复操作 1～2 次,求读数平均值,作为测定的数据。

(2) 仪器使用注意事项如下：

① 灵敏度应尽可能选择较低档,以使仪器具有较高稳定性。选择灵敏度档的原则是：当参比溶液进入光路时,应能调节至透光率为"100%"。

② 根据溶液含量的不同可以酌情选用不同规格光径长度的比色皿,使吸

光度读数处于 0.2～0.8 间。

③ 仪器连续使用不应超过 2 h,最好间歇 0.5 h 后继续使用。

④ 当仪器停止工作时,必须切断电源,把开关合上。

⑤ 要防止仪器受潮。

(3) 比色皿的使用方法如下:

① 使用时,用手捏住比色皿的毛玻璃面,切勿触及透光面,以免透光面被沾污或磨损。

② 待测液加至比色皿约 3/4 高度处为宜。

③ 在测定一系列溶液的吸光度时,通常都是按由稀到浓的顺序进行。使用的比色皿必须先用待测溶液润洗 2～3 次。

④ 比色皿外壁的液体用吸水纸吸干。

⑤ 清洗比色皿时,一般用蒸馏水冲洗。如比色皿被有机物沾污,可用盐酸-乙醇混合液(1∶2)浸泡片刻,再用蒸馏水冲洗。不能用碱液或强氧化性洗涤剂清洗,也不能用毛刷刷洗,以免损伤比色皿。

第二节　大型实验仪器简介

一、电子显微镜

自从荷兰科学家列文·虎克发明了光学显微镜后,人们从此就有了观察肉眼所无法直接观察到的微观世界的工具。但是光学显微镜的极限分辨率只有 0.2 μm。过去人们用尽了各种方法来提高光学显微镜的分辨率,结果总是徒劳。现在人们知道了显微镜的分辨率主要受其所使用的光的波长的约束,波长越短,分辨率越高。光学显微镜使用可见光来观察物体,可见光的波长为 400～700 nm,这就决定了其极限分辨率只有 0.2 μm。要提高显微镜的分辨率,只能采用波长更短的光来观察。

高速运动的电子的波长远远比可见光的波长短(波粒二象性),约为可见光波长的 1/100 000,因此采用电子束作为光源的显微镜,可以取得更好的分辨率。电子显微镜正是基于这一原理工作的。1933 年,柏林大学的 Knoll 和 Ruska 研制出世界上第一台电子显微镜(点分辨率 50 nm,比光学显微镜高四倍),Ruska 因此获得了 1986 年的诺贝尔奖。目前的高分辨透射电子显微镜已经能够达到 0.02 nm 的超高分辨率。

电子显微镜发展到现在,已经形成了透射电子显微镜、扫描电子显微镜和扫描透射电子显微镜等。以下分别对透射电子显微镜、扫描电子显微镜加以介绍。

1. 透射电子显微镜

透射电子显微镜以电子束为光源,以电磁透镜对电子束进行放大,最后将电子束在荧光屏上成像,就可以看到放大了的图像。透射电子显微镜的主要组成部分是:

(1) 电子源。电子源是一个释放自由电子的阴极,由一个环状的阳极加速电子。阴极和阳极之间的电压差必须非常高,一般在数千伏到 300 百万伏之间。

(2) 电磁透镜。电子透镜用来聚焦电子束。一般使用的是磁透镜,有时也使用静电透镜。电子透镜的作用与光学显微镜中的光学透镜的作用是一样的。光学透镜的焦点是固定的,而电子透镜的焦点可以调节,因此电子显微镜不像光学显微镜那样有可以移动的透镜系统。

(3) 真空装置。真空装置用以保障显微镜内的真空状态,这样电子在其路径上不会被吸收或偏向。

(4) 样品架。样品可以稳定地放在样本架上。此外往往还有可以用来改变样品(如移动、转动、加热、降温、拉长等)的装置。

(5) 探测器。探测器用来收集电子的信号或次级信号。

透射电子显微镜的工作方式与普通的光学显微镜十分相似,电子束穿过被观察的样品,经过电磁透镜放大后在显示屏上显示出放大的图像。图 2-7 中左边显示的是一幅单晶碲的高分辨透射电子显微照片,从照片上可以看到在单晶碲中碲原子十分规则地排在一起；右边显示的是一幅碳纳米管的透射电子显微照片，可以很清楚地看到碳纳米管的空心管状结构。

图 2-7　碲纳米管中的碲原子的高分辨透射电子显微照片(左)
和碳纳米管的透射电子显微照片(右)

　　透射电子显微镜对观察的样品的制备要求较高，要求样品能够被电子束穿过，因此样品的厚度一般要求在 100 nm 以下。在观察粉末样品时，如果粉末的粒径在 100 nm 以下，可将粉末样品加入无水乙醇中，用超声分散的方法将样品尽量分散，然后用支持网捞起，晾干即可。对于其他样品，如金属、陶瓷等，可以先将样品切成薄片，然后对切片进行减薄处理，即可直接观察。

　　透射电子显微镜的出现使人类向微观领域的研究又迈入了一个更高的层次，人们通过透射电子显微镜可以清晰地看见比细胞小得多的物质，包括病毒、纳米材料等，还可以清晰地看到物质中原子的排列状况，目前已是化学、生物等领域进行科学研究的一种重要的工具。

　　2. 扫描电子显微镜

　　与透射电子显微镜不同的是，扫描电子显微镜利用一束极细的电子束扫描样品，在样品表面激发出各种物理信号，其中主要信号是样品的二次电子发射，信号的多少与电子束入射角有关，即与样品的表面结构有关，二次电子由探测体收集，并在那里被闪烁器转变为光信号，再经光电倍增管和放大器转变为电信号在荧光屏上显示出与电子束同步的扫描图像。由于电子束不是穿透样品，而是在样品的表面上扫描，所以扫描电子显微镜观察到的图像反映了样品的表面结构,具有立体感。扫描电子显微镜具有景深大、图像立体感强、放大倍数范围大、连续可调、分辨率高、样品室空间大且样品制备简单等特点,是进行样品表面研究的有效分析工具。

扫描电子显微镜由三大部分组成:真空和电源系统、电子光学系统以及信号收集及显示系统。由于电子枪中的灯丝在普通大气中会迅速氧化而失效,同时空气会对电子束产生阻碍,减小其平均自由程,因此扫描电子显微镜需工作在高真空状态。电源系统为电子显微镜各部分提供所需的电压。电子光学系统由电子枪和电磁透镜两部分组成,主要用于产生一束能量分布极窄的、电子能量确定的电子束用以扫描成像。信号收集及显示系统普遍使用的是电子检测器,它由闪烁体、光导管和光电倍增器所组成。

场发射扫描电子显微镜采用场发射电子枪,利用场致发射效应产生电子束。相对于钨灯丝电子枪和 LaB_6 阴极电子枪,场发射电子枪具有电子束更细、亮度更大等优点,因而场发射扫描电子显微镜具有更优异的性能。图 2-8 是一张红血球细胞的场发射扫描电子显微照片,可以清晰地看出红细胞的扁状结构。

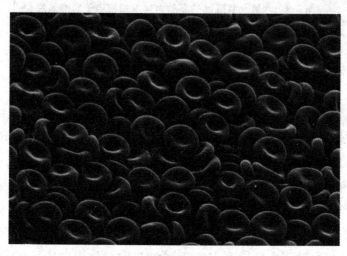

图 2-8　红细胞的扫描电子显微照片

扫描电子显微镜对样品制备的要求不高,干燥的样品可以直接放入样品仓中观察,而且样品的尺寸最大可以达到 4 英寸。水黾被喻为"池塘中的溜冰者",因为它不仅能在水面上行走,而且还能像溜冰运动员一样在水面上优雅地滑翔,却不会划破水面浸湿腿脚(图 2-9)。中国科学院化学研究所研究员江雷及其学生通过使用扫描电子显微镜对水黾进行观察,揭开了水黾这种神奇功能的秘密。原来水黾腿部有数千根按同一方向排列的多层微米尺寸的钢毛,这些钢毛表面形成螺旋状的纳米结构构槽,吸附在构槽中的气泡形成气垫,从而让水黾能够在水面上自由地穿梭飞行,却不会将腿弄湿。这一成果发表在 2004年 11 月 4 日出版的英国《自然》杂志上。

图 2-9　水黾及其腿部的高放大倍率扫描电子显微照片

二、X 射线粉末衍射仪

X 射线粉末衍射仪是利用 X 射线衍射原理研究物质内部微观结构的一种大型分析仪器。X 射线是德国物理学家伦琴(Wilhelm Konrad Röntgen)在1895 年发现的,是一种波长很短(为 20~0.06 Å)的电磁波,能穿透一定厚度的物质,并能使荧光物质发光、照相乳胶感光、气体电离。在用电子束轰击金属"靶"时,会产生与靶中所含元素相对应的具有特定波长的 X 射线,称为特征 X 射线。自 X 射线发现以来,科学家们试图像对普通光那样用狭缝使 X 射线发生衍射,结果都失败了。考虑到 X 射线的波长和晶体内部原子间的距离相近,1912 年德国物理学家劳厄(M. von Laue)提出一个大胆的设想:将晶体作为 X 射线的立体衍射光栅。伦琴实验室的弗里德里赫(W. Friedrich)和尼平(P. Knipping)在劳厄的建议下,用硫酸铜晶体作为光栅衍射 X 射线,得到世界上第一张 X 射线衍射图。

　　X 射线粉末衍射主要用于材料结构相关的多方面分析：多晶材料（金属、陶瓷、矿物及人工制备结晶材料），多晶薄膜，单晶薄膜，各种无机、有机复合材料及非晶态物质，并能够精确测定物质的晶体微观结构、织构及应力，精确地进行物相检索与分析，定性、定量分析，应用谢乐方程分析晶粒大小和晶体生长层数（n 值）等。

　　X 射线粉末衍射对物质的物相和纯度的鉴定的原理是：每种晶体其 X 射线粉末衍射都有一组特定的 d 值（d 为晶面间距），衍射线的分布是一定的，每种晶体内原子排列也是一定的，因此衍射线的相对强度也是一定的，即每一个晶体都有一套特征的粉末衍射数据 d-Ⅰ值（Ⅰ为衍射峰强度），并可把它作为定性鉴定物质和物相的依据。将所得到的 X 射线衍射花样与标准卡片进行对比，即可进行鉴定。图2-10是硒材料的 X 射线粉末衍射花样，在 $23.5°$，$29.7°$，$41.3°$，$43.6°$，$45.4°$，$51.7°$，$56.1°$，$61.7°$ 和 $65.2°$ 等处分别有硒的特征衍射峰，表明该物质为硒。

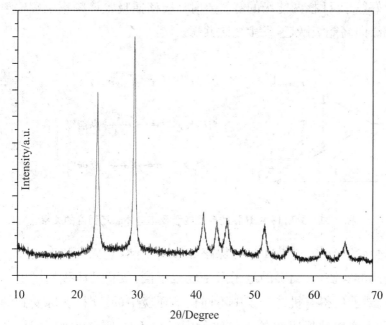

图 2-10　硒材料的 X 射线粉末衍射花样

X射线粉末衍射要求样品为粉末状,在分析样品的过程中,X射线对样品的照射不会产生结构上的破坏,因此X射线粉末衍射是一种无损的分析方式,具有快速、准确的特点,是化学实验中进行成分分析的一种重要的工具。

三、核磁共振仪

核磁共振(Nuclear Magnetic Resonance),简称NMR,是磁矩不为零的原子核在外磁场作用下自旋能级发生蔡曼分裂,共振吸收某一定频率的射频辐射的物理过程。目前研究最多、应用最广的是^{1}H核(质量数为1的氢原子核)的NMR,称之为^{1}H-NMR。

^{1}H核带一个正电荷,它可以像电子那样自旋而产生磁矩(就像极小的磁铁)。在外磁场中,^{1}H核自旋所产生的磁矩有两种取向:与外磁场同向或反向,存在两个不同的能级,两能级的能量差ΔE与外磁场强度成正比,如图2-11所示。当处于外磁场中的^{1}H核受到一定频率的电磁波辐射时,如果辐射所提供的能量恰好等于^{1}H核两能级的能量差时,^{1}H核便吸收该频率电磁辐射的能量而从低能级向高能级跃迁,发生核磁共振。

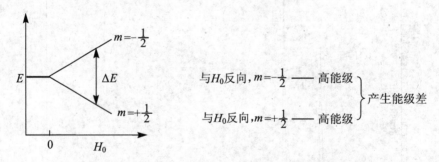

图2-11 外磁场中^{1}H核的自旋能级及其与外磁场强度的关系

有机化合物分子中的^{1}H核与裸露的质子不同,其周围还有电子。各种化学环境不同的氢核,其周围的电子云密度也不同。由于^{1}H核周围电子的运动产生感应磁场,使得有机物分子中不同化学环境中的^{1}H核实际受到的磁场强度不同,导致产生共振吸收的电磁辐射的频率不同,称为化学位移,通常用δ表示:

$$\delta = \frac{\nu_{\text{样品}} - \nu_{\text{标样}}}{\nu_0} \times 10^6$$

式中，$\nu_{\text{样品}}$指被测样品中某^{1}H核的共振频率；$\nu_{\text{标样}}$指标准物质四甲基硅烷中^{1}H核的共振频率；ν_0指核磁共振仪的照射频率。

有机物分子中的^{1}H核的自旋磁矩可以通过化学键的传递相互作用，称为自旋耦合。自旋耦合可引起核磁共振吸收信号的分裂而使谱线增多，叫作自旋-自旋分裂。

图 2-12 所示为水杨醛缩邻苯二胺 Schiff 碱的^{1}H核磁共振谱图，横坐标为化学位移，从图中可以看到不同化学环境中的^{1}H核具有不同的化学位移。另外，处于相同的化学环境中的^{1}H核也有分裂现象。从核磁共振谱图可以了解未知结构的有机物中化学环境不同的氢原子的种类和个数，从而为推断其结构提供有效的参考价值。

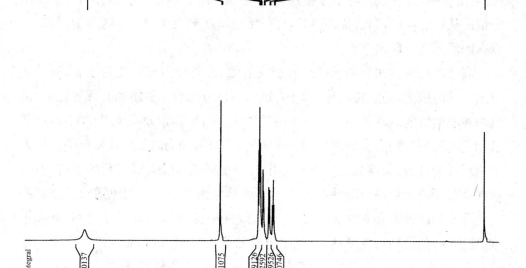

图 2-12　水杨醛缩邻苯二胺 Schiff 碱的^{1}H-NMR

四、液相色谱仪

液相色谱仪是利用混合物在液-固或不互溶的两种液体之间分配比的差异,对混合物进行先分离、后分析鉴定的仪器。

液相色谱仪根据固定相是液体或是固体,又分为液-液色谱及液-固色谱。现代液相色谱仪由高压输液泵、进样系统、温度控制系统、色谱柱、检测器、信号记录系统等部分组成。与经典液相柱色谱装置比较,液相色谱仪具有高效、快速、灵敏等特点。

现代实验室常用的是高效液相色谱仪,它由储液器、泵、进样器、色谱柱、检测器、记录仪等几部分组成。储液器中的流动相被高压泵打入系统,样品溶液经进样器进入流动相,被流动相载入色谱柱(固定相)内,由于样品溶液中的各组分在两相中具有不同的分配系数,在两相中作相对运动时,经过反复多次的吸附-解吸的分配过程,各组分在移动速度上产生较大的差别,被分离成单个组分依次从柱内流出,通过检测器时,样品浓度被转换成电信号传送到记录仪,数据以图谱形式打印出来。

高效液相色谱法只要求样品能制成溶液,不受样品挥发性的限制,流动相可选择的范围宽,固定相的种类繁多,因而可以分离热不稳定和非挥发性的、离解的和非离解的以及各种分子量范围的物质。与试样预处理技术相配合,高效液相色谱法所达到的高分辨率和高灵敏度,使分离和同时测定性质上十分相近的物质成为可能,能够分离复杂相体中的微量成分。随着固定相的发展,有可能在充分保持生化物质活性的条件下完成其分离。高效液相色谱法成为解决生化分析问题最有前途的方法。由于高效液相色谱法具有高分辨率、高灵敏度、速度快、色谱柱可反复利用、流出组分易收集等优点,因而被广泛应用到生物化学、食品分析、医药研究、环境分析、无机分析等各种领域。2008 年发生三鹿奶粉中添加三聚氰胺事件,首先用于检测奶粉中三聚氰胺的手段就是高效液相色谱法。

第三节 化学实验基本技能

一、仪器的洗涤与干燥

1. 仪器的洗涤

化学实验中经常使用玻璃仪器和瓷器,由于仪器上常附着各种污物和杂质,会对实验效果产生影响,严重的甚至导致实验失败。因此仪器在使用前要首先进行清洗。

仪器的洗涤方法有很多,洗涤时应根据污物性质和实验要求选择不同方法。一般而言,附着在仪器上的污物既有可溶性物质,也有尘土、不溶物及有机物等。洗涤干净的玻璃仪器的标志是仪器的内壁应能被水均匀地湿润而不挂水珠,并且无水的条纹。常见洗涤方法有如下几种:

(1) 毛刷刷洗法。用毛刷蘸水刷洗仪器,可以去掉仪器上附着的尘土、可溶性物质及易脱落的不溶性物质。如果仪器上污物很少,而且只是尘土、易溶性物质等,则通过毛刷刷洗后即可使用。如果污物较多或者还有其他通过毛刷刷洗不易去除的杂质,还需结合其他的方法对仪器进行进一步的清洗。在刷洗时要注意选择大小合适的毛刷,不可用力过猛,以免戳破仪器。

(2) 合成洗涤剂法。去污粉是由碳酸钠、白土、细砂等混合而成的。它是综合利用了碱性Na_2CO_3的强去污能力、细砂的磨擦作用以及白土的吸附作用,增加了对仪器的清洗效果。在使用时应先将待洗仪器用少量水润湿后,加入少量去污粉,用毛刷擦洗,再用自来水冲洗干净,最后用蒸馏水清洗数遍。蒸馏水的使用要本着"少量、多次"的原则。

(3) 铬酸洗液法。铬酸洗液的配制方法如下:首先称量 25 g $K_2Cr_2O_7$ 粉末置于烧杯中,加 50 mL 水溶解,然后在不断搅拌下,慢慢加入 450 mL 浓 H_2SO_4,冷却,即得到铬酸洗液。铬酸洗液呈深褐色,具有强酸性、强氧化性,对有机物、油污等去污能力特别强。铬酸洗液适合用来洗涤移液管、容量瓶和滴定管等具有精确刻度的玻璃器皿。使用时先用洗液将仪器内壁充分浸润,然后将洗液倒掉,残留的洗液用少量水冲洗到废液缸里,再将仪器用自来水冲洗干净,最后用蒸馏水清洗数遍即可。洗液可反复使用,用后倒回原瓶并密闭,以防吸水。当洗液由棕红色变为绿色时即失效,可再加入适量 $K_2Cr_2O_7$ 加热溶解后继续使用。铬酸洗液具有很强腐蚀性和毒性,而且会污染环境,因此铬酸洗液已逐渐被其他洗液,例如 NaOH、乙醇溶液代替。

(4) 特殊物质的洗涤方法。针对附着在玻璃器皿上不同物质性质,采用特殊的洗涤法,如硫磺用煮沸的石灰水;难溶硫化物用 HNO_3、HCl;铜或银用 HNO_3;AgCl 用氨水;煤焦油用浓碱;黏稠焦油状有机物用回收的溶剂浸泡;MnO_2 用热浓盐酸等。光度分析中使用的比色皿等,系光学玻璃制成,不能用毛刷刷洗,可用 HCl - 乙醇浸泡、润洗。

2. 仪器的干燥

洗净的仪器可用如下方法干燥:

(1) 晾干。晾干又叫风干,是最简单易行的一种干燥方法。对于不急于使用的仪器,在洗净后,将其倒置于干净的实验柜内或仪器架上,放置一段时间即可自然干燥。

(2) 烤干。该法适用于试管、烧杯、蒸发皿等仪器的干燥。干燥前先将仪器外壁的水擦干,然后放置于石棉网上,用小火烘烤,直至烤干。

(3) 烘干。将仪器里的水尽量倒出后,置于金属托盘上,仪器口朝下,放入烘箱中,控制温度在 105 ℃左右烘干。此法不能用于精密度高的容量仪器。

(4) 吹干。用电吹风吹出的热风可将仪器快速吹干。

(5) 有机溶剂干燥法。用一些与水互溶的且易挥发的有机溶剂,例如乙醇和丙酮等可以加速仪器的干燥。使用时先向仪器内加入少量的丙酮或乙醇等有机溶剂,倾斜并转动仪器,使仪器内的水与有机溶剂互相混合、溶解,然后将有机溶剂倒出,少量残留在容器内的混合物会很快地挥发而干燥。如果用电吹风吹仪器内话,则会干得更快,此种方法又称为快干法。

二、试剂及其取用方法

化学试剂按照其纯度分为若干个等级。目前我国生产的化学试剂一般分为四个等级，见表 2-1。

选用化学试剂的时候，应根据实验要求选择不同等级的试剂。不要认为试剂越纯实验结果越好。级别不同的试剂价格相差很大，在要求不高的实验中使用纯度较高的试剂，就会造成很大的浪费。另外，试剂的用量也要注意。实验中不指明用量或者"少量"一般指固体试剂为黄豆粒至绿豆粒大小的量，液体试剂为 0.5～1 mL 的量。

表 2-1　我们现行的化学试剂等级

	级别	一级品	二级品	三级品	四级品	五级品
我国化学试剂等级标志	中文标志	保证试剂	分析试剂	化学纯	化学用	生物试剂
		优级纯	分析纯	纯	实验试剂	
	符号	G.R.	A.R.	C.P.	L.R.	B.R.，C.R.
	标签符号	绿	绿	蓝	棕色等	黄色等
德、美、英等国通用等级		G.R.	A.R.	C.P.		

1. 固体试剂的取用

对于块状固体，取用时可用镊子夹住，伸入倾斜的试管口内，然后缓缓将试管竖立，使固体试剂滑入试管底。

对于粉末状固体，可以用洁净、干燥的药匙取试剂，也可将药品放在纸槽上。将试管平放，药匙或纸槽伸入试管约 2/3 处，然后将试管竖立，使粉末全部滑入试管底部。

取用固体试剂的注意事项如下：

（1）试剂瓶瓶塞取下后应倒放在桌面上或者用食指和中指夹住，不同的试剂瓶的塞子不得互换。用后应该立即盖上塞子。

（2）要用清洁、干燥的药匙取用试剂，根据用量选择药匙的大头和小头，不能用手触及化学试剂。用过的药匙必须清洗干燥后才可以再次使用。药匙应专用。

(3) 多余的试剂不能倒回原瓶,可放在指定的容器中供他人使用。

2. 液体试剂的取用

(1) 从滴瓶中取用液体试剂时,要用滴瓶中的滴管。滴管不能伸入所用的容器中,以免接触器壁造成污染。滴管不得横放或者滴管口向上斜放,以免液体流入滴管的胶头中。

(2) 从细口瓶中取液体试剂时,用倾注法。先将瓶塞取下,倒放在桌面上,手握住试剂瓶上贴标签的一面,逐渐倾斜瓶子,让试剂沿着洁净的管壁或者玻璃棒注入烧杯中。注入所需的量后,将试剂瓶口在容器上靠一下,将瓶口剩余的一滴试剂"碰"到容器口内或用玻璃棒引入烧杯中。再逐渐竖起瓶子,以免遗留在瓶口的液滴流到瓶的外壁。

三、加热方法

1. 直接加热

(1) 直接加热液体。少量的液体可直接放在试管中加热。加热操作如图2-13所示。用试管夹夹住试管的中上部(不能用手拿,以免烫伤),试管口向上,微微倾斜,管口不能对着自己或者别人,以免液体沸腾时溅出而造成烫伤。管内所装的液体的量不能超过试管容积的1/3,以防止沸腾时液体外溢。加热前,试管外壁应该擦干,保持干燥。用试管夹夹住,夹在离试管口约1/3处。加热时,试管与桌面成45°。加热时,先使试管均匀受热,后加热液体的中上部再慢慢向下移,不时地移动试管,以免局部过热而暴沸。用酒精灯加热时,要用外焰加热,试管底部不能与灯芯接触。热的试管不能立即用水冲洗或放在桌面上,防止骤冷炸裂。

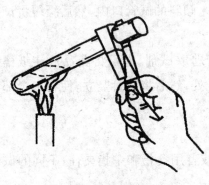

图 2-13 加热试管内液体

如需加热较多的液体,则可放在烧杯或

者其他容器中。将烧杯放在石棉网上,用煤气灯或电炉加热。待溶液沸腾后,再将火焰调小,使溶液保持微沸,以免溅出。

如需把溶液浓缩,则把溶液放入蒸发皿内加热,待溶液沸腾后,改用小火慢慢地蒸发、浓缩。

(2) 直接加热固体。少量固体药品可以装在试管中加热,其加热方法与直接加热液体的方法稍有不同,此时试管的管口应略向下倾斜,如图 2-14 所示。这样冷凝在管口的水滴不至于倒流到试管的灼热处,从而导致试管炸裂。

较多的固体的加热应在蒸发皿中进行,先用小火预热,再慢慢加大火焰,但火也不可太大,以免固体受热飞溅,造成损失。加热过程中要注意随时搅拌,使固体受热均匀。

需高温灼烧时,则将固体放在坩埚中,用煤气灯的氧化焰灼烧(图 2-15)。加热时先用小火预热,再逐渐加大火焰,直至坩埚红热,持续一段时间后停止加热。稍冷,用预热过的坩埚钳将坩埚夹持到干燥器中冷却。

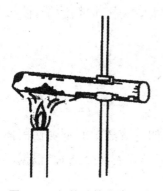

图 2-14 加热试管内的固体

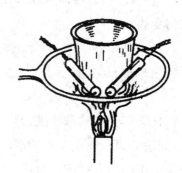

图 2-15 加热坩埚

2. 水浴加热

当被加热的物质要求受热均匀,或者需要严格的温度控制,就要用到水浴加热。水浴加热是把需要加热的物质放在水中,通过对水进行加热,间接地加热需要加热的物质。由于水的比热大,因此水浴的温度变化小,容易控制,可以使被加热的物质平稳地、均匀地受热。水浴加热的优点是避免了直接加热造成的过度剧烈与温度的不可控性,缺点是加热温度最高只能达到 100 ℃。

水浴加热常用水浴锅来进行操作。水浴锅的质地一般为铜质或铝质

（图 2-16），其盖子是由一组大小不等的同心圆环组成，以承受各种器皿。根据器皿的大小选择合适的盖子，尽可能使器皿底部的受热面积最大。水浴锅内盛放水量不超过其总容量的 2/3，在加热过程中要随时补充水以保持原体积，切不可烧干。被加热的物质不要直接碰到水浴锅的底部，因为水浴锅的底部直接受热，温度较高，从而使被加热物质受热不均匀，严重的还会使玻璃仪器破碎。

图 2-16　水浴锅

在平时实验中，也可以用大小合适的烧杯来代替水浴锅。

3. 沙浴和油浴加热

当加热温度高于 100 ℃ 而又要求受热均匀时，可以用油浴或者沙浴。油浴是用油代替水浴中的水，常用的油是甲基硅油。沙浴是将细沙均匀地铺在一只铁盘内，将被加热的器皿放在沙上，底部部分插入沙中，加热沙子，使被加热器皿均匀受热。

四、物质的分离

在化学实验中常常要进行物质的分离，例如将溶液中的不溶性固体和溶液分离（固液分离），或将互不相溶的两种液体相分离（液液分离）。根据不同的情况可采取不同的方法进行分离。

1. 固液分离

固液分离一般有三种方法：倾析法、过滤法和离心分离法。

（1）倾析法。当沉淀物质的相对密度较大或晶体的颗粒较大，静止后能很快沉降至容器的底部时，常用倾析法进行分离和洗涤。倾析法操作如图 2-17 所示，把沉淀上部的溶液倾入另一容器中而使沉淀与溶液分离。如需洗涤沉淀时，可向盛沉淀的容器内加入少量洗涤液，将沉淀和洗涤液充分搅匀，待沉淀沉降到容器的底部后，再用倾析法倾去溶液。如此反复操作两三遍，能将沉淀洗净。

（2）过滤法。常用的过滤方法有常压过滤（普通过滤）和减压过滤（吸滤）。

① 常压过滤。此法最为简单、常用，使用玻璃漏斗和滤纸进行。过滤装置如图 2-18 所示。

图 2-17　倾析法

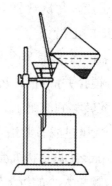

图 2-18　常压过滤装置

进行常压过滤前，首先要准备好滤纸。滤纸一般按四折法折叠，如图 2-19 所示。折叠前，应先将手洗干净，并擦干。滤纸的折叠方法是先将滤纸整齐地对折，然后再对折，将其打开后成为顶角约为 60° 的圆锥体。为保证滤纸和漏斗密合，第二次对折时不要折死，先把圆锥体打开，放入洁净而干燥的漏斗中，如果上边边缘不十分密合，可以稍稍改变滤纸折叠的角度，直到与漏斗密合为止。用手轻按滤纸，将第二次的折边折死，所得圆锥体的半边为三层，另半边为一层。然后取出滤纸，将三层厚的紧贴漏斗的外层撕下一角。

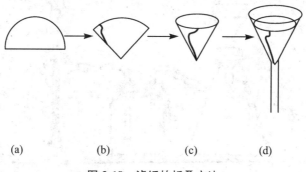

(a)　　　　　(b)　　　　　(c)　　　　　(d)

图 2-19　滤纸的折叠方法

将折叠好的滤纸放入漏斗中，且三层的一边应放在漏斗出口短的一边。用食指按紧三层的一边，用少量水将滤纸润湿，然后，轻按滤纸，赶走滤纸和漏斗间的气泡,使两者紧密贴合(注意三层与一层之间处应与漏斗密合)。

　　过滤时,漏斗要放在漏斗架或者铁架台的铁圈上,漏斗颈要靠在接收容器的壁上。先转移溶液,再转移沉淀。转移溶液时,应把它滴在三层滤纸处并用玻璃棒引流。每次转移量不能超过滤纸高度的2/3,以免少量沉淀因毛细作用越过滤纸的上沿。

　　如需洗涤沉淀,则等溶液转移完毕后,往盛着沉淀的容器中加入少量洗涤液,充分搅拌并静置,待沉淀下沉后,将洗涤液转移入漏斗,如此重复操作三遍,再把沉淀转移到滤纸上。洗涤应采取少量多次的原则,洗涤效率才高。

　　② 减压过滤。此法可大大加快过滤的速度,并能把沉淀抽吸得比较干燥,但不宜用于过滤胶状沉淀和颗粒太小的沉淀,因为胶状沉淀在快速过滤时易穿透滤纸,颗粒太小的沉淀物易在滤纸上形成密实的薄层,使溶液不易透过。其实验装置如图2-20所示。吸滤瓶用来承接滤液,其支管与抽气系统相连。布氏漏斗上面有很多小孔,漏斗颈插入单孔橡胶塞,与吸滤瓶相连。当抽气泵抽气时,与之相连的吸滤瓶内压力减小,在大气压的作用下,布氏漏斗内的液体就会被吸入吸滤瓶内,从而加快过滤的速度。在吸滤瓶和抽气管之间有一个安全瓶,可以防止关闭抽气泵时,由于吸滤瓶内压力低于外界大气压而使自来水反吸入吸滤瓶内,把滤液弄脏。

图 2-20　减压过滤装置
1. 抽气管　2. 吸滤瓶　3. 布氏漏斗
4. 安全瓶　5. 自来水龙头

减压过滤操作步骤及注意事项:

(a) 按图装好仪器后,把滤纸平放入布氏漏斗内,滤纸应略小于漏斗的内径又能把全部瓷孔盖没。用少量蒸馏水润湿滤纸后,慢慢打开水龙头,抽气;使滤纸紧贴在漏斗瓷板上。

(b) 用倾析法先转移溶液,溶液量不得超过漏斗容量的 2/3。待溶液快流尽时再转移沉淀至滤纸的中间部分。洗涤沉淀时,应关小水龙头,使洗涤剂缓缓通过沉淀,这样容易洗净。

(c) 抽滤完毕或中间需停止抽滤时,应特别注意需先拔掉连接吸滤瓶和抽气管的橡胶管,然后关闭水龙头,以防倒吸。

(d) 用手指或玻璃棒轻轻揭起滤纸边缘,取出滤纸和沉淀。滤液从吸滤瓶上口倒出。瓶的支管口只作连接调压装置用,不可从中倒出溶液。

(3) 离心分离法。当被分离的沉淀量很少时,应采用离心分离法。离心机的结构如图 2-21 所示。操作时,把盛有混合物的离心管(或小试管)放入离心机的套管内,在这套管的相对位置上放一同样大小的试管,内装与混合物等体积的水,以保持转动平衡。然后使离心机由低向高逐渐加速,1~2 min后,关闭开关,使离心机自然停下。注意起动离心机和加速都不能太快,也不能用外力强制停止,否则会使离心机损坏而且很危险。

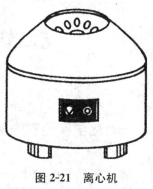

图 2-21 离心机

由于离心作用,沉淀紧密地聚集于离心管的尖端,上方的溶液是澄清的。可用滴管小心地吸出上方清液,也可将其倾出。如果沉淀需要洗涤,可加入少量的洗涤液,用玻璃棒充分搅动,再进行离心分离,如此重复操作两三遍即可。

2. 液液分离

将两种互不相溶的液体进行分离可采用分液漏斗进行。

分液的操作步骤是:先用普通漏斗把要分离的液体注入分液漏斗内,加塞。然后将分液漏斗静置在漏斗架上或铁架台的铁环中。待液体分成两层后,旋开旋塞,使下层液体从漏斗管流下。在旋开旋塞之前,应该使分液漏斗顶部活塞上的凹槽或小孔对准漏斗上口颈部的小孔,使其与大气相通,否则,液体就不能通过旋塞从下口流出。当下层液体流尽时，立即关闭旋塞，然后再从漏斗上口把上层液体倾倒出来。

分液注意事项：

(1) 使用前玻璃活塞应涂薄层凡士林，但不可太多，以免阻塞流液孔。使用时，左手虎口顶住漏斗球，用拇指食指转动活塞控制加液。此时玻璃塞的小槽要与漏斗口侧面小孔对齐相通，方便于加液顺利进行。

(2) 做加液器时，漏斗下端不能浸入液面下。

(3) 分液时，下层液体从漏斗颈流出，上层液体要从漏斗口倾出。

(4) 长期不用分液漏斗时，应在活塞面加夹一纸条防止粘连。并用一橡皮筋套住活塞，以免遗失。

第四节　化学实验室规则与安全

一、化学实验室守则

实验室是开展教学、科研活动的重要场所，应当具有文明、整洁、安全的环境。所有进入实验室工作的人员均应遵守本守则。

1. 实验室内要保持整洁、卫生，实验物品、仪器设备要摆放有序。实验室必须有安全卫生制度，明确工作责任人。

2. 实验室要有防火、防爆炸、防盗的基本设施和措施，实验室内禁止存放私人生活物品。

3. 进入实验室，应注意维持室内安静、整洁，不随地吐痰，不乱丢果皮纸屑等杂物，严禁抽烟、打闹、大声喧哗。

4. 严格遵守操作规程，为防止仪器设备的损坏，未经指导老师同意，不得连接电源。使用仪器设备前，应先了解其性能和操作方法，对精密、贵重仪器设备的使用，应在指导教师的指导下进行。

5. 自觉爱护室内的仪器设备、实验工具,节约使用实验材料,凡损坏仪器、工具者均应检查原因,填写报损单,并视具体情节进行处理或赔偿。

6. 对违反操作规程或擅自使用其他仪器致使损坏者,事故人应做出书面检讨,视认识程度和情节轻重赔偿设备价值或修理费的一部分或全部。

7. 有毒、易燃、易爆物品,强腐蚀试剂,放射性同位素,有害人体射线源,动物,各类病菌要严格管理、专门存放。明确各类危险品的管理责任人。使用时要严格按使用操作规程操作使用。

8. 实验完毕,按要求做好仪器设备、实验物品等的擦洗、校验、归位、清理工作,大型精密贵重仪器设备的使用,应认真填写使用记录,在经指导老师检查同意后方可离开实验室。

9. 强化环境保护意识,对实验室的"三废"要有妥善的存放及处理办法,不可随便倾倒或倒入水池中。

10. 实验结束后,实验室工作人员要认真检查门、窗、水、电等,杜绝不安全隐患存在,确保实验室安全。

二、学生实验守则

1. 实验前要认真预习,了解本次实验的目的和要求、基本原理、操作要领及注意事项。

2. 实验时要正确操作、细致观察、认真记录、分析思考、保持安静。

3. 尊重科学、实事求是,原始记录应真实,不得随意涂改、拼凑数据。

4. 取用药品后,及时盖好瓶盖,放回原处,所配试剂要贴上标签,注明名称、浓度、配制日期及配制人。

5. 实验中要规范操作、注意安全,听从实验教师指导,爱护实验室中的一切设施及仪器设备,损失物品及时报告,并按规定赔偿。

6. 实验中的火柴头、废纸片、碎玻璃等应丢入废物箱,禁止将其丢入水池,废酸和废碱经处理后方能倒入废液缸。

7. 实验后要及时洗净玻璃器皿,所用仪器、试剂瓶等要恢复原位。

8. 实验结束后,要科学处理数据、如实报告结果、认真总结经验、按规定格式认真完成实验报告。

9. 每次实验的值日生,根据实验需要提供纯水等,实验结束负责打扫卫生,整理实验室,使之整洁卫生,关好水、电、门、窗,经检查合格方可离开实验室。

三、实验室安全守则

1. 不得在实验室内吸烟、进食或喝饮料,实验完毕洗净双手。

2. 浓酸、浓碱具有腐蚀性,勿使其溅在皮肤或衣服上,更不要溅到眼睛上;配制溶液时,应将浓酸注入水中,切勿反之。

3. 自瓶中取用试剂后,应立即盖好试剂瓶盖;绝不能将取出的试剂或溶液倒回原试剂瓶内;要妥善处理无用或沾污的试剂,固体弃于废物缸内,一般水溶性溶液使用大量水冲入下水道。

4. 有毒药品(如重铬酸钾、钡盐、砷化物、汞盐、氧化物等)使用时应特别小心,剩余的废液也不能随便倒入下水道。

5. 金属汞易挥发,保存常水封,使用时不能将汞洒落在桌上或地上,一旦洒落,须尽可能收集起来,并用硫磺粉盖住洒落的地方。

6. 能产生有刺激性和有毒气体的实验必须在通风橱内进行;闻气味时应用手小心地把气体扇向鼻子。

7. 开启原装瓶盖时,绝不能将瓶口对着自己或他人的面部,夏季开启操作前最好先用冷水冷却;万一溅至皮肤或眼睛,应立即用大量水冲洗,最后再用水冲洗。

8. 将玻璃管、温度计或漏斗插入塞子前,先用水润湿,用毛巾包好再插入,不要用力过猛,以免折断划伤手。

9. 使用有机溶剂(如乙醇、乙醚、苯、丙酮等)时,一定要远离火焰或热源,用后将瓶塞塞紧,放在阴凉处保存。加热蒸馏可燃性物质时,应注意将水充入冷凝管或有合适的尾气排放装置;以加热方式蒸发易挥发及易燃性的有机溶剂时,应在水浴锅或自封闭的电热套中进行,严禁用电炉或火焰直接加热。

10. 加热或进行激烈发应时,人不得离开。

11. 实验室所有药品不得带出实验室。

12. 水、电、气一经使用完毕就立即关闭。

13. 剧毒品的领用需经中心和分管院长签字后,按实验需要适时领取,剧毒品使用要特别小心,用完后要全部收拾起来,并把落过毒物的桌子和地板擦干净。

14. 严禁将不同药品胡乱掺和,严禁使用不知其成分的试剂。废溶剂严禁倒入废物缸,量少时可用水冲入下水道,量大时应倒入回收瓶内再集中处理。燃着的或阴燃的火柴梗不得乱丢,应放在表面皿中,实验结束后一并投入废物缸。

15. 整个实验都应认真、细心,严防事故发生。若发生事故,应保持冷静,采取应急措施,并报告老师,如烫伤,可在烫伤处抹上黄色的苦味酸溶液或烫伤软膏,严重者应立即送医院治疗;如起火,首先防止火势扩展(如切断电源、移走易燃药品等),再用灭火器灭。电器设备所引起的火灾,只能用二氧化碳或四氯化碳灭火器。

第五节　误差及实验数据处理

化学实验中经常需要进行多种计量和测定,需要正确记录和处理所得到的实验数据,并对计量及测定的结果进行正确的表示,这样才能从中找出规律,正确地说明及分析实验结果。因此,有必要搞清楚实验数据采集及处理过程中的误差与有效数字的概念,以及实验数据的处理和表示结果的基本方法。

一、误差

1. 误差与偏差

从实验的要求来说,人们总希望实验的结果能很好地符合客观实际。但在实际的实验过程中,由于所用的仪器、实验方法、实验条件和实验人员的水平以及种种其他因素的局限,不可能使实验结果与客观存在的真实结果完全相同,我们将这种实验结果与真实结果之间的差异称为误差,误差的大小反映了实验结果的准确程度。

通常用准确度和精密度来评价测量误差的大小。准确度是实验分析结果与真实值相接近的程度,一般用误差来衡量。精密度是指各次测量结果相互接近的程度,一般用偏差来衡量。由于误差是不可避免的,故真值往往是得不到的。因此在实际的实验中通常用偏差来表示实验结果的准确度。

2. 误差的分类

误差按照其来源和性质可分为以下几类:系统误差、偶然误差和过失误差。

(1) 系统误差。构成测量系统诸要素,包括人、物和方法产生的误差,叫做系统误差。系统误差在相同条件下多次测量时,误差的大小和符号不变;改变测量条件时又按某一确定规律变化;系统误差不能通过重复测量来减免;系统误差决定测量的准确度,因此,发现和减免系统误差是十分重要的。

系统误差按照其来源可分为仪器误差、方法误差、试剂误差、操作误差和主观误差等。

(2) 偶然误差。偶然误差又称随机误差。在实验过程中,一些随机的、偶然的因素也会造成实验误差,这样的误差称为偶然误差。如观察温度或电流时有微小的起伏、估计仪器最小分度时偏大或偏小、控制滴定终点的指示剂颜色稍有深浅的差别、几次读数不一致、外界条件的微小波动以及一些不能预料的影响因素等等。偶然误差的大小、方向都不固定,在操作中难以完全避免。这种误差既然是"偶然的",但通常遵守统计和概率理论,因此能用数理统计与概率论来处理。偶然误差从多次测量的整体看,具有下列特征:

① 对称性。绝对值相等的正、负误差出现的概率相等。这说明重复多次测量,取其算术平均值,正、负误差可相互抵消。

② 单峰性。就绝对值而言,小误差出现的概率大,大误差出现的概率小,很大误差出现的概率近于零。

③ 有界性。一定测量条件下的有限次测量中,误差的绝对值按照一定的

概率落在一定的区域范围内。

由上可见,在实验中可以通过增加平行测定次数和采用求算术平均值的方法来减小随机误差。

(3) 过失误差。除系统误差和偶然误差外,在测量过程中还可能出现读数错误、记录错误、计算错误以及不小心出现了操作错误等原因引起的误差,这类误差称为过失误差。如发现了过失误差,就应及时纠正或弃去所得数据。

3. 误差的表示方法

化学实验误差通常用以下两种方法表示:

(1) 绝对误差。绝对误差是指测定值与真实值之间的差。例如,二氧化碳分子量的真实值为44.0,测定值为 45.5,则二氧化碳式量测定的绝对误差为: $45.5 - 44.0 = 1.5$。

(2) 相对误差。相对误差是绝对误差与真实值之商。相对误差用百分数来表示,称为百分误差。例如,上例中的二氧化碳分子量测定的百分误差为: $1.5/44.0 \times 100\% = 3.4\%$。

二、有效数字

在化学实验中应在记录数据和进行计算时注意有效数字的取舍。

有效数字应是实际可能测量到的数字。应该取几位有效数字,取决于实验方法与所用的仪器的精确度。所谓有效数字,即在一个数值中,除最后一位是可疑数外,其他各数都是确定的。

数字1~9都可作为有效数字,而"0"特殊,它在数值中间或后面是一般有效数字,但在数字前面时,它只是定位数字,用以表示小数点的位置。例如,1.260 14有六位有效数字;12.001 有五位有效数字;21.00 有四位有效数字;0.021 2有三位有效数字;0.001 0 有两位有效数字。

在加减乘除等运算中,要特别注意有效数字的取舍,否则会使计算结果不准确。运算规则大致可归结如下:

(1) 加减法。几个数值相加之和或者相减之差,只保留一位可疑数。在弃去过多的可疑数时,按四舍五入的规则取舍。因此,几个数相加或相减时,有效数字的保留应以小数点少的数字为准。

(2) 乘除法。几个数值相乘除时，其积或商的相对误差接近于这几个数之中相对误差最大值。因此积或商保留有效数位数与各运算数字中有效数位最少的相同。还应指出，有效数字最后一位是可疑数，若一个数值没有可疑数，则可视为无限有效。例如，将 7.12 g 样品二等分，则有 $7.12/2 = 3.56g$。这里的除数 2 不是测量所得，故可视为无限多位有效数字；切不可把它当作一位有效数字，得出 3 g 的结果。另外，一些常数如 π，e 等也都是无限多位有效数字。

三、数据处理

对实验中所取得的一系列数值，采取适当的处理方法进行整理、分析，才能准确地反映出被研究对象的数量关系。在化学实验中通常采用列表法或者作图法表示实验结果，可使结果表达得清晰、明了，而且还可以减少和弥补某些测定的误差。根据对标准样品的一系列测定，也可以列出表格或绘制标准曲线，然后由测定数值直接查出结果。

(1) 列表法。将实验所得的各数据用适当的表格列出，并表示出它们之间的关系。通常数据的名称与单位写在标题栏中，表内只填写数字。数据应正确反映测定的有效数字，必要时应计算出误差值。

(2) 作图法。实验所得的一系列数据之间关系及其变化情况，可用图线直观地表现出来。

作图时通常先在坐标纸上确定坐标轴，标明轴的名称和单位，然后将各数值点用"＋"或"×"等标记标注在图纸上，再用直线或曲线把各点连接起来。图形必须平滑，可不通过所有的点，但要求线两旁偏离的点分布较均匀。画线时，个别偏离较大的点应当舍去，或重复实验校正。采用作图法时至少要有五个以上的点，否则就没有意义。

第三章　化学实验与生活

化学是一门满足社会需要的中心科学,对人类有重大意义,它存在于人们生活的各种活动中。如洗涤剂是含磷的化合物,广泛应用于人们清洗器具、纺织、造纸、农药等部门。用二氧化碳加压溶解制爽口的汽水,用小苏打做可口的饼干,用泡沫灭火器灭火,用腐蚀性药品清除管道阻塞。生活中,化学的频繁使用已与生活紧密联系在一起。化学能帮人们做有用的事。衣、食、住、行、用,化学无所不在。

第一节　生活日用品与化学

我们每天使用的生活必需品绝大部分是化学合成品。生活日用品从最初的取之于自然,到被化学合成品所取代,是近几十年化学工业发展的巨大成就之一。

一、洗涤用品

1. 肥皂

我们每天用来洗衣服去污的肥皂,其主要成分是硬脂酸钠 $C_{17}H_{35}COONa$。它一端是亲脂的脂肪链,易于吸附油脂;另一端是亲水端,易于吸附水分子。其去污的基本原理是肥皂的亲脂端吸附衣服上的油污,在水的冲刷下将油污带走,从而达到去污的效果。

肥皂的制作

(1) 原理:油脂和氢氧化钠共煮,水解为高级脂肪酸钠和甘油,前者经加工成型后就是肥皂。

$$
\begin{array}{l}
C_{17}H_{35}COO—CH_2 \\
C_{17}H_{35}COO—CH \quad +2NaOH \xrightarrow{\triangle} 3C_{17}H_{35}COONa + \\
C_{17}H_{35}COO—CH_2
\end{array}
\qquad
\begin{array}{l}
CH_2OH \\
CHOH_2 \\
CH_2OH
\end{array}
$$

(2) 用品:150 mL 及 300 mL 烧杯各一个,玻棒、酒精灯、石棉网,三脚架,猪油(或其他动植物脂或油),NaOH,95%酒精,饱和食盐水。

(3) 操作:

(a) 在 150 mL 烧杯里,盛 6 g 猪油和 5 mL 95%的酒精,然后加 10 mL 40%的 NaOH 溶液,用玻棒搅拌,使其溶解(必要时可用微火加热)。

(b) 把烧杯放在石棉网上(或水浴中),用小火加热,并不断用玻璃棒搅拌。在加热过程中,倘若酒精和水被蒸发而减少应随时补充,以保持原有体积。为此可预先配制酒精和水的混合液(1∶1)20 mL,以备添加。

(c) 加热约 20 min 后,皂化反应基本完全。若须检验,可用玻璃棒取出几滴试样放入试管,在试管中加入蒸馏水 5~6 mL,加热振荡。静置时,有油脂分出,说明皂化不完全,可滴加碱液继续皂化。

(d) 将 20 mL 热的蒸馏水慢慢加到皂化完全的黏稠液中,搅拌使它们互溶。然后将该黏稠液慢慢倒入盛有 150 mL 热的饱和食盐溶液中,边加边搅拌。静置后,肥皂便盐析上浮,待肥皂全部析出、凝固后可用玻棒取出,肥皂即制成。

(4) 说明如下:

(a) 油脂不易溶于碱水,加入酒精为的是增加油脂在碱液中的溶解度,加快皂化反应速度。

(b) 加热若不用水浴,则须用小火。

(c) 皂化反应时,要保持混合液的原有体积,不能让烧杯里的混合液煮干或溅溢到烧杯外面。注意:皂化反应即油脂在碱性条件下的水解反应。

2. 合成洗衣粉

合成洗衣粉是用合成表面活性剂与助剂配成黏稠的料浆,然后用喷雾干燥方法制成成品,它的主要成分是表面活性剂和各种辅助剂。自从 1958 年我国合成洗衣粉问世以来,1990 年年产量已达 130 万吨。在组成方面从单一活性物到多种活性物的复配,从单一高泡型发展到低泡粉、加酶粉、浓缩粉、消毒杀菌粉、彩漂粉、柔软抗静电粉等。长期以来,人们认为表面活性剂含量越高,去污力越强,甚至误以为洗衣粉泡沫越丰富,洗涤效果越好。实际上,在不同的温度和浓度下,对不同污垢和斑渍类型,不同的洗衣粉有不同的洗涤效果。我国目前生产的普通合成洗衣粉适用于洗涤棉、麻、人造棉、聚酯、尼龙、丙烯腈等纤维织物。这类洗衣粉的 pH 在 9.5～10 之间,碱性较强。它的主要成分是烷基苯磺酸钠 25%,甲苯磺酸钠 2.5%,月桂酸单乙醇酸胺 3%,三聚磷酸钠 30%,无水硅酸钠 10%,CMC 2%,荧光增白剂 0.2%,硫酸钠 27.3%。

(1) 复合洗衣粉是用多种表面活性剂配制成的复合洗衣粉。这类产品去污力强、泡沫少、易漂洗、洗涤效果好。它的表面活性剂一般由少量中性离子表面活性剂(如脂肪醇聚氧乙烯醚、烷基酚聚氧乙烯醚)和烷基苯磺酸钠复配而成。大家熟识的上海“白猫牌”洗衣粉和北京的“北京牌”洗衣粉都属于这类产品。

(2) 漂白型洗衣粉由洗衣粉中添加漂白剂而制成,如加过硼酸钠、过碳酸钠等过氧化物。我国目前的添加物是过碳酸钠。这类洗衣粉在 60 ℃ 以上的热水中洗涤时能放出活泼氧,对织物上的污迹产生漂白作用,但不宜在高温下用来洗涤有色衣物。

(3) 加酶洗衣粉除了含有洗衣粉中的化学成分外,还含碱性蛋白酶。在人体分泌的皮脂中,蛋白质含量高达 30%,这些蛋白质比较牢固地附着在衣物上,普通的洗衣粉不容易洗掉。碱性蛋白酶能水解蛋白质的肽键,生成水溶性的氨基酸,氨基酸容易被水洗掉。加酶洗衣粉不宜久存,一年左右就失效。

(4) 增白洗衣粉里添加了荧光增白剂。当这种洗衣粉溶解于水时,荧光增白剂被吸附在衣物的纤维上,使光线中肉眼看不见的紫外线部分变成可见光。紫外线的波长是 300～400 nm,一般可见光的波长是 400～800 nm。当荧光增白剂吸收紫外线后,就使它转变成波长是 400～500 nm 的紫、蓝、青可见光,能增加洗涤织物的白度和亮度

3. 液体洗涤剂

洗衣用的液体洗涤剂可分两类：一类是弱碱性液体洗涤剂，它与弱碱性洗衣粉一样可洗涤棉、麻、合成纤维等织物；另一类是中性液体洗涤剂，它可洗涤毛、丝等精细织物。液体洗涤剂既要有较好的去污力，又要在寒冷的冬季和酷热的夏天能始终保持透明、不分层、不混浊、不沉淀，并具有一定的黏度。

（1）弱碱性液体洗涤剂 pH 一般控制在 9～10.5，有的产品是用烷基苯磺酸钠和脂肪醇聚氧乙烯醚复配而成的，并加无机盐助剂制成高泡沫的液体洗涤剂。弱碱性衣用液体洗涤剂常用的表面活性剂是烷基苯磺酸钠，它具有去污效果好和较强的耐硬水性，在水中极易溶解。这种表面活性剂在硬水中去污力随硬度的提高而减弱，因此需加入螯合剂除去钙、镁离子。在液体洗涤剂使用磷酸盐作螯合剂时，多采用焦磷酸钾，它对钙、镁离子的螯合能力不如三聚磷酸钠，但它在水中溶解度较大。此外，液体洗涤剂一般要求具有一定的黏度和pH，所以还要加入无机和有机的增黏剂及增溶剂。

（2）pH 7～8 可用来洗涤丝、毛等精细织物。这类产品主要用表面活性剂和增溶剂组成。由于不含助剂，去污力主要靠表面活性剂，因此表面活性剂的含量较高，一般为 40%～50%。活性物含量中一般非离子表面活性剂高于阴离子表面活性剂。由于非离子表面活性剂含量高，易引起细菌的繁殖，致使产品变色发臭，为了防止细菌繁殖，可适量加入一些苯甲酸钠和对羟基甲酯等作防腐剂。

4. 亮光剂

亮光剂的功能是吸收紫外光，放出可见光（通常是蓝色），让你觉得水汪汪。用亮光剂洗过的衣服在紫外灯下还会有些发光。不过亮光剂是地道的表面工夫，它可能把污垢盖在下面，还让你觉得省力又干净。

其他常用的清洁剂还有漂白剂（次氯酸钠）、过氧化氢、苛性钠、氨水、小苏打、工业醋酸、去渍油、松香水等。但是没有一种清洁洗涤用品是万能的，我们在使用时应该知道这些洗涤用品的特点和功效，尽可能减少对人体的伤害。

二、化妆品

化妆品的历史和人类一样久，埃及人曾用锑粉和绿铜矿的粉当眼影，法老王会用香水，18 世纪欧洲妇人敷在脸上的白粉其实是碳酸铅，许多人至死不知道是铅中毒。每年花费在护发、洗口水、指甲油、蔻丹、香水……上的钱都以亿计，但这些东西多半是化学产品。

下面简单介绍几类常用的化妆品所蕴涵的化学知识。

1. 洗发精

洗发精的主要成分大致和肥皂相同，有时用十二烷基硫酸钠（$ROSO_3Na$）代替羧酸钠，也有用末端具有极性羧基的月桂酰胺（通常的中性洗发精）。带有顺滑作用的洗发精主要是含有一些高黏度的硅油，它们吸附在头发的表面，形成很顺滑的薄膜，令头发柔顺。

2. 牙膏

我们每天都要用到的牙膏，其成分有很多种，包括摩擦剂、洗涤泡沫剂、黏合剂、保湿剂、甜味剂、芳香剂和水分，其中最主要成分是摩擦剂，常用的摩擦剂有碳酸钙（$CaCO_3$）、磷酸氢钙（$CaHPO_4$），占 $30\% \sim 50\%$。洗涤泡沫剂主要是十二烷基硫酸钠（$ROSO_3Na$），占 $2\% \sim 3\%$。另外为了增加口感，还添加了一些香料，如薄荷、留兰香、甘油醇。

龋齿是由于发生在牙釉质上，也可能是由局部发生在牙釉下面的牙本质的去矿化作用引起。去矿化作用就是有机酸穿透牙釉质表面使牙齿的矿物质——羟基磷灰石溶解

$$Ca_{10}(PO_4)_6(OH)_2 + 8K^+ \longrightarrow 10Ca^{2+} + 6HPO_4^{2-} + 2H_2O$$

为了防止蛀牙，一些防龋型药物牙膏应运而生。这些牙膏一般含有氟化钠（NaF）、氟化锶（SrF）、单氟磷钠等含氟化合物。氟离子会和羟磷灰石反应生成氟磷灰石。溶解度研究证实氟磷灰石比羟磷灰石更抗酸的侵蚀。因此含氟牙膏有防止龋齿的作用。

$$Ca_{10}(PO_4)_6(OH)_2 + 2F^- \longrightarrow Ca_{10}(PO_4)_6F_2 + 2OH^-$$

在刷牙过程中，氟离子还能与牙釉质浅层的钙质结合生成难溶的氟化钙，其对

乳酸杆菌有很强的抑制能力,对龋齿有一定的预防和治疗效果。

3. 乳液与护肤膏

皮肤的表皮层是死细胞,含有强韧纤维质的角蛋白,只含 10% 的水分,太干了易碎,太湿了易滋生微生物,皮脂组织可分泌油脂维持水分。皮肤当然不会溶于水,但是可容许少量光线或水分透过。乳液和护肤膏都是擦在表皮层上,但前者是乳化的油脂散存于水中,后者是细水珠散布于油中,两者的目的都是在表皮加上一层油质保护层,保持水分。油脂的成分多为从石油中提炼出来的矿物油或半固态的石油膏,但也有从羊毛中提炼出来的绵羊油或天然橄榄油。

为什么石油中提炼出的低分子量油剂会使皮肤干燥,高分子量油脂却可软肤保湿呢? 其实道理很简单:油类可互溶。低分子量的油是液体,把体脂连本带利都流走了;高分子量的油脂黏度大就留在皮肤上了。乳化也是重要的化工程序。油脂和水均匀打散就成乳状,但需加乳化剂,油和水才不会很快分开。

4. 唇膏和眼影

唇膏的主要成分是蜡。常用的蜡有蜂蜡、巴西棕榈蜡、木蜡等,用以定型为柱状物。另外,为了保护嘴唇和增加舒适感,唇膏里还加了很多油分,包括一些天然油份如棕榈油、大豆油,以及一些动物油如深海鲨鱼肝油、羊毛脂等。含天然油脂的唇膏不太稳定,通常要混合一些矿物油,如凡士林、液体石蜡等。另外,为了防止一些动植物油脂氧化,唇膏中还加了一些抗氧化剂,如维生素 E 等。

眼影的基本成分有滑石粉、蜂蜡、硅油(石蜡油及少许绵羊油),色素原料有氧化铁 Fe_2O_3(棕色)、氧化铬 Cr_2O_3(绿色)、群青(蓝色)等,不过使用人应注意清洁,免得眼睛被细菌感染。

5. 爽身粉

爽身粉的主要成分通常是天然滑石粉(含硅酸镁盐 $Mg_3(OH)_2Si_4O_{10}$),其硅酸中的氧可借氢键吸附水和油,但滑石粉可能含有石棉,应注意。

6. 香水

香水通常是由含 10%～25% 有气味的化合物(香精)和酒精混合调制而成。香精是香水的核心成分,其余是酒精溶剂。香水根据所含香精的比例,可分为五种：

香精：含 20%以上的香精，其余为酒精，其香味持久性可达 6 h 以上。

香水：含 15%～20%的香精，14%～15%的蒸馏水，其余为酒精，香味可持续 4 h。

淡香水：含 8%～15%的香精，17%～18%的蒸馏水，其余为酒精，香味可保持 1～2 h。

古龙香水：香精含量为 4%～8%。

香水剂：含 1%～3%的香精。

7. 染发剂、护发剂

随着人们生活水平的提高，越来越多的人追求时尚、美丽。染发剂、护发素等美发用品也得到了越来越多的使用。

人的头发是由含双硫键的半胱氨酸的量较高的角蛋白组成。角蛋白的分子链间可以靠双硫键、氢键、离子性盐桥或范德华力吸引纠结成束。组成角蛋白的氨基酸分子能和含有极性基团的酸性或碱性染料形成离子键、氢键等。头发染色是染发剂渗透到头发的髓质，在某些情况下发生氧化聚合或者络合反应，来增加染色的稳定性。

染发剂根据物质来源不同，可以分为天然植物类染发剂和人工合成类染发剂。天然植物类染发剂是一种安全性较高的染发剂，原来多为天然植物染料。常见的用于制作染发剂的植物有何首乌、指甲花等。这类染发剂采用有效沉积在头发表面且不会渗入头发内部的染料，染发剂与头发表面外层接触，利用界面的物理吸附作用，染料黏附或沉淀在头发表面。人工合成类染发剂现在用得最多的是氧化性的有机合成类染发剂。这类染发剂常采用苯系染料中间体（如对苯二胺）和显色剂（即氧化剂）混合涂于头发上，让它们在头发内部发生一系列反应，产生所需色泽。通常，将白色头发染成黑色的染料中间体是对苯二胺类化合物，氧化剂为过氧化氢、过硼酸钠等，反应生成的亚胺类化合物与对苯二胺缩合成大分子。缩合产物为高度共轭体系，吸收可见光，因而具有颜色。

　　在染发剂中添加少量的间苯二酚、邻苯二酚等增色剂,可使染色光亮、着色牢固。其机理是对苯二胺的氧化产物亚胺与增色剂发生另一缩合反应,生成带有羟基的缩合物,也产生可见区强吸收,使颜色加深。

　　护发素的护发原理:头发是一种角质化的蛋白质,正常情况下呈微酸性,pH 值约为 4。我们平时使用的洗发水和护发素就是根据头发的 pH 采用不同的 pH 配方,以维持头发的酸碱平衡。洗发水的 pH 值约为 5,护发素的 pH 约为 3。用洗发水洗过头发时,由于洗发水的 pH 大于头发的 pH,头发的 pH 升高,表皮鳞片会张开,这样藏在鳞片内的污垢得以清除。由于头发 pH 升高鳞片呈打开的状态,此时的头发比较脆弱,也容易受损伤,因此需要使用护发素,使头发升高的 pH 恢复平衡,这样头发的表皮鳞片就会闭合起来,令头发光滑柔顺。

第二节　服饰与化学

在服饰方面,化学可谓给生活增添温暖。尼龙,分子中含有酰铵键的树脂,自然界中没有,需要靠化学方法得到;涤纶,用乙二醇、对苯二甲酸二甲酯等合成的纤维。还有类似的许多衣料,丰富了人们的衣橱。

人类物质文明的标志之一是人们的衣着。随着社会的进步,生活水平在不断提高,人们已不满足于吃饱穿暖,而是追求更高层次的享受。穿着的形式和品种,在人类的历史发展过程中千变万化,但是着装的材料总是离不开纤维和皮革两大类。

一、纤维

纤维一般是指细而长的材料。纤维具有弹性模量大、塑性形变小、强度高等特点,有很高的结晶能力,分子量小,一般为几万。

1. 纤维的分类

(1) 天然纤维是自然界存在的,可以直接取得纤维,根据其来源分成植物纤维、动物纤维和矿物纤维三类:

(a) 植物纤维是由植物的种子、果实、茎、叶等处得到的纤维,是天然纤维素纤维。从植物韧皮得到的纤维如亚麻、黄麻、罗布麻等;从植物叶上得到的纤维如剑麻、蕉麻等。植物纤维的主要化学成分是纤维素,故也称纤维素纤维。

(b) 动物纤维是由动物的毛或昆虫的腺分泌物中得到的纤维。动物纤维包括:毛发纤维和腺体纤维。从动物毛发得到的纤维有羊毛、兔毛、骆驼毛、山羊毛、牦牛绒等;从动物腺分泌物得到的纤维有蚕丝等。动物纤维的主要化学成分是蛋白质,故也称蛋白质纤维。

(c) 矿物纤维是从纤维状结构的矿物岩石中获得的纤维,主要组成物质为各种氧化物,如二氧化硅、氧化铝、氧化镁等,其主要来源为各类石棉,如温石棉、青石棉等。

(2) 化学纤维是经过化学处理加工而制成的纤维,可分为人造纤维和合成纤维两类:

(a) 人造纤维是用含有天然纤维或蛋白纤维的物质,如木材、甘蔗、芦苇、大豆蛋白质纤维等及其他失去纺织加工价值的纤维原料,经过化学加工后制成的纺织纤维。人造纤维也称再生纤维。主要的用于纺织的人造纤维有:黏胶纤维、醋酸纤维、铜氨纤维。

(b) 合成纤维的化学组成和天然纤维完全不同,它是从一些本身并不含有纤维素或蛋白质的物质如石油、煤、天然气、石灰石或农副产品,先合成单位,再用化学合成与机械加工的方法制成纤维。如聚酯纤维、聚酰胺纤维、聚乙烯醇纤维、聚丙烯腈纤维、聚丙烯纤维、聚氯乙烯纤维、涤纶、锦纶、腈纶、丙纶、氯纶等。

2. 纤维的鉴别

各种纤维织品的燃烧特性:

(1) 棉、麻、竹等植物纤维和黏胶纤维(主要成分是纤维素)容易燃烧,产生黄色及蓝色火焰,有烧纸或草的气味。灰烬呈灰色,易飞扬。

(2) 羊毛、蚕丝(蛋白质)燃烧缓慢,徐徐冒烟;燃烧时缩成一团,有特殊的焦臭味;灰烬呈小球状,一压即碎。

(3) 合成纤维的燃烧特性如下:

(a) 尼龙:边燃烧边熔化,无烟或略有白烟。火焰小,呈蓝色。有烧焦的芹菜味,灰烬为浅褐色小硬珠,不易捻碎。

(b) 涤纶:燃烧时边卷缩边熔化边冒烟,火焰为黄白色,有芳香味,灰烬为褐色小珠,可以用手捻碎。

(c) 腈纶:一边缓慢燃烧,一边熔化,火焰为亮白色,有时略有黑烟,有鱼腥味,灰烬为黑色小珠,脆而易碎。

(d) 维尼纶:缓慢燃烧并迅速收缩,火焰小,呈红色,有黑烟和特殊气味,灰烬为褐色小珠,可用手捻碎。

(e) 氯纶:难于燃烧,当接近火焰时边收缩边燃烧,离火即灭,有氯气的气味,灰烬为黑色硬块。

(f)丙纶:燃烧时边卷缩边熔化,火焰明亮,呈蓝色,有燃烧蜡质的气味,灰烬为硬块,但可以捻碎。

(g)玻璃纤维:不燃烧,熔融不变色,灰烬为本色,小玻璃珠状。

3.纤维的洗涤方法

在我们的衣服上,难免沾上墨迹、果汁、机器油、圆珠笔油……如果不管是什么污迹,统统放进洗衣盆里去洗,有时非但洗不干净,反而会使污迹扩大。污迹的化学成分不同,性质也就千差万别。汗水湿透的背心,不能用热水洗。弄上了碘酒的衣服,要先在热水里浸泡后再洗。沾上机器油的纺织品,在用汽油擦拭的同时,还要用熨斗熨烫,趁热把油污赶出去。

汗水里含有少量蛋白质。鸡蛋清就是一种蛋白质。鸡蛋清在热水里很容易凝固。汗水里的蛋白质也和鸡蛋清一样,在沸水里很快凝固,和纤维纠缠在一起。本来可以用凉水漂洗干净的汗衫,如果用热水洗,反而会泛起黄色,洗不干净。洗衣服先在冷水里浸泡,好处就在这里。

碘酒、机油和蛋白质不同,没有遇热凝固的问题,倒是热可以帮助它们脱离纤维。如果是纯蓝墨水、红墨水以及水彩颜料染污了衣服,立刻先用洗涤剂洗,然后多用清水漂洗几次,往往可以洗干净。这是因为它们都是用在水里溶解的染料做成的。如果还留下一点残迹的话,那是染料和纤维结合在一起了,得用漂白粉才能除去。漂白粉的主要成分是次氯酸钙,它在水里分解出次氯酸,这是一种很强的氧化剂。它能氧化染料分子,使染料变成没有颜色的化合物,这就是漂白作用。

蓝黑墨水、血迹、果汁、铁锈等的污迹却不同。它们在空气中逐渐氧化,颜色越来越深,再用漂白粉来氧化就不行了。比如蓝黑墨水是鞣酸亚铁和蓝色染料的水溶液,鞣酸亚铁是没有颜色的,因此刚用蓝黑墨水写的字是蓝色的,在纸上接触空气后逐渐氧化,变成了在水里不溶解的鞣酸铁。鞣酸铁是黑色的,所以字迹就逐渐地由蓝变黑,遇水不化,永不褪色。要去掉这墨水迹,就得将它转变成无色的化合物。将草酸的无色结晶溶解在温水里,用来搓洗墨水迹,黑色的鞣酸铁就和草酸结合成没有颜色的物质,溶解进水里。要注意草酸对衣服有腐蚀性,应尽快漂洗干净。血液里有蛋白质和血色素。和洗汗衫一样,洗血迹要先用凉水浸泡,再用加酶洗衣粉洗涤。不过,陈旧的血迹变成黑褐色,那是由于血色素里的铁质在空气里被氧化,生成了铁锈。果汁里也含有铁质,沾染在衣服上的果汁和空气里的氧气一接触,也会生成褐色的铁锈斑。因此血迹、果汁和铁锈造成的污迹都可以用草酸洗去,草酸将铁锈变成没有颜色的物质,溶解到水里去。

墨汁是极细的碳粒分散在水里,再加上动物胶制成的。衣服上沾了墨迹,碳的微粒附着在纤维的缝隙里,它不溶在水里,也不溶在汽油等有机溶剂里,又很稳定,一般的氧化剂和还原剂都对它无可奈何,不起任何化学变化。我们祖先的书画墨迹保存千百年,漆黑鲜艳,永不褪色,就是这个道理。除去墨迹,只有采用机械的办法,用米饭粒揉搓,把墨迹从纤维上粘下来。如果墨迹太浓,沾污的时间太长,碳粒钻到纤维深处,那就很难除净了。如果污迹是油性的,不沾水,比如圆珠笔油、油漆、沥青,我们就要"以油攻油"。用软布或者棉纱蘸汽油擦拭,让油性的颜色物质溶解在汽油里,再转移到擦布上去。有时汽油溶解不了,换用溶解油脂能力更强的苯、氯仿或四氯化碳等化学药品就行。

二、皮革

皮革一般可以分为人造皮革和天然皮革。在工业生产中主要用于制造各种服装、鞋类和面料等各种产品。

1. 分类

(1) 天然皮革(真皮)。天然皮革主要指各种动物皮经过加工而成,主要包括:牛皮、羊皮、猪皮等。目前,家具中用皮以牛皮为主,它的外观与人造皮革接近,但它的抗张力、撕裂强度均比人造皮革好。其缺点是外观花纹不均匀,特别是小牛皮,也有局部疤痕存在,有缺陷的疤周边的皮弹性较差。

天然皮也按厚度分头层皮和二层皮,头层皮即为动物皮表面,弹性柔软性好,价格较高,二层皮为动物皮削去表面皮之外的皮,弹性差,但强度好。

(2) 人造皮革。俗称纺皮,它按厚度分一型(0.9~1.5 mm)、二型(>1.5 mm)两种。皮革外观花纹很多,一般要求纹路细致、均匀、色泽均匀、表面没划伤、龟裂。人造皮革本质也是高分子塑料 PVC、PE、PP 等吹膜成型并经过表面喷涂各种色浆。用于沙发转椅人造皮革十分注重手感,应平滑、柔软、有弹性、无异味,其中断裂长率应≤80%,不易脱色,即颜色摩擦牢度应达4.3级以上,包括人造革、合成革和超纤皮等等。

2. 皮革的区别方法

(1) 革面。天然的革面有自己特殊的天然花纹,革面光泽自然,用手按或捏革面时,革面无死皱或死褶,也无裂痕;而人造革的革面很像天然革,但仔细看花纹不自然,光泽较天然革亮,颜色多为鲜艳。

(2) 革身。天然革,手感柔软有韧性,而仿革制品虽然也很柔软,但韧性不足,气候寒冷时革身发硬。当用手曲折革身时,天然革曲回自然、弹性较好,而仿革制品曲回运动生硬、弹性差。

(3) 切口。天然革的切口处颜色一致,纤维清晰可见且细密。而仿革制品的切口无天然革纤维感,或可见底部的纤维及树脂,或从切口处看出底布与树脂胶合两层次。

(4) 革里面。天然革的正面光滑平整有毛孔和花纹。革的反面有明显的纤维束,呈毛绒状且均匀。而仿革制品中部分合成革正反面一致,里外面光泽都好,也很平滑;有的人造革正反面也不一样,革里能见到明显的底布;但也有的革里革面都仿似天然革,革里也有似天然革的绒毛,这就要仔细观察真假品种的差异性。

以羊革为例,其特征是粒面毛孔扁圆,较斜地深入革内,毛孔几根排成一组,排列的很像鳞片或锯齿状。花纹特点如“水波纹”状。羊革分为绵羊革和山羊革。

(a) 绵羊革:皮层中脂肪含量较多,革的纤维组织松弛,非常柔软,粒面细致,延伸性较大,但不坚固。

(b) 山羊革:皮层中脂肪含量较少,纤维组织比绵羊革饱满,坚实耐用。二者的区别:绵羊革粒面细致光滑;山羊革毛孔清楚,革质有弹性。

无论哪一种羊革制品制成的服装都具有美观的花纹,光泽柔和自然,轻薄柔软,富有弹性,但强度不如牛革和猪革。

表皮位于毛发之下,紧贴在真皮的上面,由不同形状的表皮细胞排列组成。表皮的厚度随着动物的不同而异,例如,牛皮的表皮厚度为总厚度的0.5%～

1.5%；绵羊皮和山羊皮为 2%～3%；而猪皮则为 2%～5%。真皮则位于表皮之下，介于表皮与皮下组织之间，是生皮的主要部分。其重量或厚度占生皮的90%以上。

制革的原料是动物皮，虽然我们生活中最常见的是猪皮、牛皮、羊皮，但实际上大多数动物皮都可以用于制革。只是牛皮、猪皮和羊皮的质量好且产量大，是制革的主要原料。虽然制革的原料皮种类繁多，根据国际颁发的动物保护条例等一系列法律法规，真正用于生产的原料在一定程度上受到了限制，常用的皮革是：牛革、羊革、猪革和马革。

3. 皮革的保养

过季要收藏的皮包，在收藏前得先清洁其皮面，且皮包内要放入干净的碎纸团或棉衫，以保持皮包的形状，然后再将皮包放进软棉袋中，收藏在柜中的皮包应避免不当的挤压而变形。收纳皮制品的柜子必须保持通风，如果有百叶门的柜子较好，同时柜子里最好不要放太多的物品。皮革本身的天然油脂会随着时间愈久或使用次数过多而渐渐减少，因此即使是很高级的皮件也需要定期做保养。建议在每次存放皮制品之前，都应为它去尘做清理。一般的皮质制品最好先上过皮革保养油，做法是将油抹在干净的棉布上，然后再均匀地擦拭表面，避免将油直接涂抹在皮件上，否则会损伤皮件。皮具产品的保养首重之道就是"用得珍惜"，平常在使用手袋时是否注意不被乱刮伤、不被雨淋、不被渍物污染，这些都是保养手袋的最基本常识。不然等到出了问题后才来处理，效果就会欠佳了。

皮革吸收力强，应注意防污，高档磨砂真皮尤其要注意。

每周一次用干毛巾沾水后拧干，重复几次进行轻拭。

若皮革上有污渍，用干净湿海绵沾温性的洗涤剂抹拭，然后让其自然干。正式使用前可在不显眼的角落试用一下。

如在皮革上打翻饮料，应立即用干净布或海绵将之吸干，并用湿布擦抹，让其自然干，切勿用电吹风吹干。

若沾上油脂，可用干布擦干净，剩余的由其自然消散或清洁剂清洁，不可用水擦洗。如有发现任何洞孔、破烂烧损现象，不要擅自修补，可请专业人员维护。

不可将存放皮革制品的家具放在阳光下暴晒,它将导致皮革干裂和褪色。优质皮件表面不免有细微伤痕,可借由手部体温与油脂使细微伤痕淡化。皮件不慎淋到雨水,将水珠拭干后放置通风阴凉处风干即可。切忌用火烘干或暴晒于阳光下。

使用皮革保养品前,先以少许测试于皮包底部或内侧较不显眼处,待确定无问题后再使用于整个皮件。皮件不慎产生皱痕时,可使用烫斗设定成毛料温度并隔布烫平。皮件上五金保养,应在使用后以干布擦拭。如微氧化,可试以面粉或牙膏轻擦五金即可。

漆面皮革一般只需用软布料擦拭即可。光泽皮革之保养,请使用少许皮革保养专用油沾于软布料上,再稍用力在皮革上磨擦;无光泽皮革之保养,平时只需用布轻拭,若污垢严重时,可试以类似橡皮的橡胶轻轻擦拭去除。

皮件如产生斑渍黑点,可试以同色皮料沾酒精轻拭。绒面皮革须使用柔软动物毛刷除去表面尘埃与污垢,如污染较严重时,可试以橡皮擦轻轻向四方均匀推散除去污垢。

第三节 食品与化学

随着科技的进步和社会的发展,人们对健康也越来越重视。我们每天的饮食中也蕴涵着丰富的化学知识。

一、食品保鲜与化学

使用新鲜的食品是保障我们身体健康的关键。当今的保鲜技术除了传统的低温、变温、高二氧化碳处理、辐射处理等方法外,利用化学试剂作为食品保鲜剂的技术发展得越来越成熟,其易得、成本低等特点使化学保鲜剂得到了广泛的应用。对于蔬菜水果和粮食等,化学保鲜主要是最大限度降低它们的新陈代谢,延缓其成熟和衰老,或使其处于休眠状态;对于富含高油脂的物品,如油炸食品、食用油、鱼肉等,主要是防止和延缓其中所含油酸、亚油酸、亚麻酸等不饱和脂肪成分的氧化,从而延长储藏时间,鱼肉等还要注意抑制细菌滋生。

食品的化学保鲜方式主要有:脱氧保鲜、抗氧保鲜、延熟保鲜和涂膜保鲜等。

1. 脱氧保鲜

主要是采用还原性物质与氧气发生化学反应,将氧气在短时间内吸收并有效去除,从而使食品在近似无氧状态下较长时间保存。目前较为广泛使用的是无机脱氧剂,主要有铁系、亚硫酸盐系、加氢催化剂型脱氧剂。

铁系脱氧剂:以铁或亚铁盐以及铁粉为主的脱氧剂,其脱氧主要反应为

$$Fe + 2H_2O =\!=\!= Fe(OH)_2 + H_2$$

$$3Fe + 4H_2O =\!=\!= Fe_3O_4 + 4H_2$$

$$4Fe(OH)_2 + O_2 + 2H_2O =\!=\!= 4Fe(OH)_3 =\!=\!= 2Fe_2O_3 \cdot 3H_2O$$

该类脱氧剂通常适用于温度为 $5\sim40\,℃$,湿度较大的保鲜食品。

亚硫酸盐系脱氧剂:以连二亚硫酸盐为主,其脱氧主要反应为:

$$Na_2S_2O_4 + O_2 =\!=\!= Na_2SO_4 + SO_2$$

$$Ca(OH)_2 + SO_2 =\!=\!= CaSO_3 + H_2O$$

$$2CaSO_3 + O_2 =\!=\!= 2CaSO_4$$

该类脱氧剂适用于有一定湿度的保鲜食品。

加氢催化剂型脱氧剂:以铂、铑、钯等加氢催化剂为主剂,使有微孔的催化剂在活化状态下吸附大量的氧气,发生的脱氧反应为 $2H_2 + O_2 =\!=\!= 2H_2O$,再加入吸水剂或干燥剂,以除去反应生成的水。

2. 抗氧保鲜

富含高油脂类食品保鲜主要是抗氧保鲜,在食品中加入无毒害作用的抗氧化剂,防止食品因氧化而酸败。抗氧化剂实质上是比食品中脂肪成分的还原性要强的物质,一般有合成抗氧化剂和天然抗氧化剂两类。抗氧保鲜与脱氧保鲜不同在于抗氧化剂可作为食品添加剂,脱氧剂一般需单独包装。

合成抗氧化剂一般有:BHA 即 2,4,6-三甲基苯酚,BHT 即 2,6-二叔丁基对—甲酚,TBHQ 即叔丁基对苯二酚。现已发现某些合成抗氧化剂有一定的毒

副作用,因而被限用。

天然抗氧化剂一般有:维生素 E 即生育酚、维生素 C 即抗坏血酸、低聚原花青素即多酚类聚合物。

3. 延熟保鲜

导致水果蔬菜早熟、衰老的最主要的因素是乙烯的催熟作用,因此果蔬保鲜剂的配制主要是能除去乙烯或能阻断乙烯与果蔬组织中的乙烯受体结合机会的物质。乙烯是还原性气体,可以采用氧化剂与之反应而除去乙烯。如高锰酸钾与煤渣的混合物就是除去乙烯的一种良好固体保鲜剂,臭氧就是能使乙烯分解成二氧化碳和水的气体保鲜剂。1-甲基环丙烯(MCP)能与果蔬组织中的乙烯受体发生不可逆的结合,它阻断了乙烯与受体的结合,且不降低果蔬的综合食用品质,可延缓果蔬早熟的进程。故 1-甲基环丙烯是良好的果蔬保鲜剂。

4. 涂膜保鲜

根据不同果蔬呼吸时需氧量不同,在待保鲜果蔬表面,喷、涂无毒成膜物质,使果蔬表面形成不同通透性的一层薄膜,薄膜上的微孔刚好允许适当数量的氧气通过,有效地使之休眠,同时该半透膜可阻止细菌入侵和抑制细菌生长。

这类成膜物质目前主要是甲壳质的一些衍生物类,如 CTS 即壳聚糖,它是甲壳素经脱乙酰基化反应得到的一种多糖类有机聚合物;CTS-SH 即巯基化壳聚糖,是用硫代乙酰酸(SH-CH:COOH)和半胱氨酸(Cys)分别对其改性而制得的涂膜保鲜剂。还有高吸水性树脂,如淀粉接枝聚丙烯酸钠与丙二醇的混合物,是鱼类优良的涂膜保鲜剂。

二、常见食品与化学

1. 酸奶与化学

酸奶是以牛乳或复原乳为原料,添加或不添加辅料,经过马氏杀菌后加入有益菌,经保温发酵后再冷却灌装的一种牛奶制品。酸奶由于经过乳酸菌发酵,蛋白质分解成微细的凝固奶酪、肽、氨基酸等,更容易消化;乳脂肪也在发酵作用下被分解,形成的脂肪酸比原料奶增加了 2～6 倍;乳糖经过发酵产生乳酸,它不仅能使肠道里的弱碱性物质转变为弱酸性、抑制肠道腐败菌的繁殖,防止蛋白质发酵,有利于肠胃消化,还能减少胃酸分泌,提高钙、磷、铁等元素的利用率。酸奶的组成一般包括:鲜牛奶、活性乳酸菌(主要有嗜热链球菌、保加利亚乳杆菌、双歧杆菌、嗜酸乳杆菌)、增稠剂、阿斯巴甜、蛋白质和脂肪等。

酸奶中的增稠剂一般为卡拉胶,它可以用来提高酸奶的黏度,达到增稠的作用,并兼具乳化、稳定或悬浮作用。卡拉胶是从红藻类海藻中提取的一种天然多糖植物胶,一般为白色或淡黄色粉末。卡拉胶用作天然食品添加剂是一种无害而又不被消化的植物纤维,非常广泛地应用于乳制品、冰激凌、果汁饮料等方面。

酸奶中的甜味剂一般有安赛蜜和阿斯巴甜两种。安赛蜜又称乙酰磺胺酸钾,即6-甲基二氧化噁噻嗪的钾盐。它是一种非营养型甜味剂,甜度约为蔗糖的130倍。阿斯巴甜又称甜味素、蛋白糖,即天门冬酰苯丙氨酸甲酯。它是一种新型的氨基酸甜味剂,甜度约为蔗糖的200倍。

酸奶中的酸味成分是乳酸,又称丙醇酸。它是一种天然有机酸,可以由淀粉、乳糖、糖蜜等经过微生物发酵制成;也可以在120~130 ℃,91.19 MPa 和稀硫酸存在下,由一氧化碳和乙醛制成。

2. 啤酒中的化学

啤酒是以大麦芽、酒花、水为主要原料,经酵母发酵后酿制而成的饱含二氧化碳的低酒精度酒。啤酒按生产方式可分为生啤酒(未经巴氏杀菌)和熟啤酒(经过巴氏杀菌);按酵母品种分为下面发酵啤酒和上面发酵啤酒。

啤酒的主要成分是水,另外还包括酒精、糖类、蛋白质、氨基酸、维生素、无机盐、二氧化碳、酯类、有机酸等物质。啤酒花是啤酒生产的基本原料。啤酒花中的树脂可以使啤酒产生苦味和防腐能力,还对泡沫持久性具有一定的促进作用。啤酒花的化学成分已知有200多种,包括蛋白质、脂肪、蜡和无机物等;特有的化学成分包括酒花精油、律草酮和蛇麻酮、多酚物质等。

啤酒花精油是啤酒重要的香气来源,易挥发,含量约为0.4%~2.0%,其香味成分有石竹烯、香叶烯、葎草烯及相应的醇、酮、酯类,各自香气不同。啤酒花中的律草酮和蛇麻酮是啤酒中苦味和防腐能力的主要来源。啤酒花中的鞣酸能与麦芽汁中的蛋白质结合,在冷却时沉淀分离除去,使啤酒澄清,提高了啤酒的非生物稳定性。

啤酒中含有低分子糖、蛋白质和17种以上的氨基酸,并富含有维生素 B、

C、D、B$_6$ 等 11 种维生素，因此具有提神、利尿、促进消化、增强新陈代谢等保健作用。

3. 大豆中的化学

大豆和豆制品是我国重要的食物品种之一，具有较高的营养和药用价值。大豆的化学成分种类繁多，主要有皂苷类、黄酮类、类脂类、蛋白质类、糖类、萜类、杂环化合物、酸类、酚类等。研究发现发挥其生理功能主要是大豆皂苷和大豆异黄酮。

大豆皂苷是由低聚糖与齐敦果烯三萜连接而成，属于五环三萜类皂苷。低聚糖由葡萄糖醛酸、葡萄糖、半乳糖、木糖、阿拉伯糖、鼠李糖等构成。

大豆异黄酮主要来自于大豆的胚芽。大豆异黄酮是多酚类混合物，主要包括染料木素、大豆黄素和黄豆黄素。

除了以上主要成分，大豆中还有大豆蛋白、大豆磷脂、大豆低聚糖、胡萝卜素、维生素 B$_1$、维生素 B$_2$、烟酸、叶酸等。

大豆中的有效成分有广泛的生理功效，在心血管疾病的预防、抗肿瘤、抗病毒、抗炎、免疫调节等方面发挥着重要作用。

4. 奶粉中的三聚氰胺

2008 年我国爆发了"三鹿"奶粉受污染事件，导致许多婴幼儿产生肾结石病。后经查实，主要原因是奶粉中含有三聚氰胺。三聚氰胺是一种三嗪类含氮杂环有机物，是重要的有机化工原料。广泛应用于涂料、木材加工、建材、造纸、皮革和纺织等行业。三聚氰胺进入人体后，在胃酸的环境中会有部分水解成为三聚氰酸，它也是一种常用的化工原料。

工业上生产三聚氰胺采用尿素为原料，一般以氨气为载体，硅胶为催化剂，在 380～400 ℃高温下沸腾反应，尿素分解生成氰酸，并进一步缩合成三聚氰胺：

$$6(NH_2)_2CO \longrightarrow C_3H_6N_6 + 6NH_3 + 3CO_2$$

三聚氰胺常被用作包装材料，因此很容易从包装材料迁移到食品中；另外，动物饲料受到三聚氰胺污染，也可通过动物的摄入进入鸡蛋等农产品。食品中的蛋白质含量一般采用凯氏定氮法，即通过测定氮含量来间接推算食品中蛋白质的含量，蛋白质的含氮量一般为 16%，而三聚氰胺的含氮量高达 66.6%，加之生产工艺简单，便被不法分子将其添加在食品中以提升食品检测中的蛋白质含量。因而三聚氰胺也被称为是食品中的"假蛋白"。

三聚氰胺的检测方法主要有气相色谱法、液相色谱法、气相色谱、质谱法和液相色谱、质谱法等。首先对样品中三聚氰胺进行提取：使用 0.1% 的三氯乙酸与乙酸铅为提取剂对饲料进行提取，或者采用三氯乙酸—乙腈混合溶液为提取剂，以达到提取三聚氰胺和沉淀乳制品中蛋白质的目的。所得溶液经过混合型阳离子交换固相萃取柱，用 25% 氨水：甲醇（体积比）为 5∶95 的混合溶剂洗脱。吹干洗脱溶液，残渣使用甲醇溶解定容。NY/T 1372—2007 规定，检测使用 C8 的反相色谱柱，以 10%（体积比）乙腈水溶液为流动相。由于三聚氰胺与溶剂间的氢键作用，使其在反相柱上不易保留，需要在流动相中添加庚烷磺酸钠和柠檬酸作为离子对试剂以加强保留效果。利用紫外检测器在 240 nm 处检测。此方法的最低定量限可达到 2.0 mg/kg。

上述方法中采用的离子对试剂难以与质谱检测器联用，采用质谱检测时，可以加入甲酸作为离子对试剂。甲酸同时也有利于三聚氰胺分子离子化。采用 LC-MS 法，三聚氰胺的最低检出限为 0.2 mg/kg。最近也有报道利用 ASB 系列亲水色谱柱，可以不用离子对试剂使三聚氰胺得到有效的保留与分离，用于质谱检测。利用超高效液相色谱串联质谱（UPLC-MS）系统可以极大地缩短分析时间，在 15 min 内即可得到三聚氰胺的质谱峰。

另外还有人提出了新的检测方法，如表面解吸常压化学电离质谱法。这种方法在没有样品预处理的情况下对固体、粉末等复杂基体样品中的痕量待测物质进行快速检测。在测定奶粉中三聚氰胺时，首先设定适宜的实验条件（如高电压、距离、试剂气体种类和流速、角度等），在此条件下产生的试剂离子直接溅射到乳制品上，与乳制品中的各种分析物相互作用，使三聚氰胺等一些非法添加物产生解吸电离，形成质子化的待测物离子，从而进入质量分析器中被质谱仪检测。

5. 牛奶中的化学

牛奶是一种成分复杂、具有多种功能的生物活性营养液。牛奶的组成成分十分复杂，其中至少含有上百种物质，主要包括水分、脂肪、蛋白质、乳糖、无机盐、维生素、酶类以及气体等。牛奶如果不注意保鲜，就很容易变质而发生一系列的化学反应。

(1) 牛奶中乳糖的变化(牛奶酸变)。在细菌的作用下,牛奶中的乳糖可被转变成乳酸。乳糖杆菌含有乳糖酶,可将乳糖分解为 D-(+)-葡萄糖和 D-(+)-半乳糖;这些单糖随即被其他的酶转变为葡萄糖-6-磷酸酯,后者又依次被其他 8 种酶,经过 10 个反应转化为丙酮酸。牛奶酸变的最后一个过程是丙酮酸在乳酸脱氢酶的作用下氢化成乳酸:

$$CH_3COCOOH \xrightarrow{+2H} CH_3CHOHCOOH$$

(2) 牛奶中蛋白质的变化。牛奶中蛋白质的变化即蛋白质的微生物降解反应。蛋白质被牛奶中的细菌酶分解为各种氨基酸的混合物,然后这些氨基酸再进一步被分解为各种有机酸、醛、醇和其他无机小分子物质。反应的机理是各种氨基酸先被氧化脱氨,再脱羧。如果这些氨基酸在生物降解的过程中直接发生脱羧的反应则会释放出胺类物质,含有 S 元素的氨基酸如蛋氨酸和半胱氨酸还会释放出 H_2S。这些反应产生的胺、H_2S 等物质不仅有毒,还有一股难闻的味道,这就是我们通常所说的腐臭味:

$$(CH_3)_2CHCH_2CHNH_2COOH \xrightarrow{+O} (CH_3)_2CHCH_2COCOOH$$

$$(CH_3)_2CHCH_2COCOOH \xrightarrow{-CO_2} (CH_3)_2CHCH_2CHO$$

$$(CH_3)_2CHCH_2CHO \xrightarrow{+2H} (CH_3)_2CHCH_2CH_2OH$$

(3) 牛奶中脂肪的变化。脂肪的变化也是发生微生物降解反应。脂肪分解的第一步是脂肪在脂肪酶的催化作用下水解,产生甘油二酯,后者再进一步水解生成甘油酯,最后生成甘油(丙三醇)。在上述的每一步中,都伴随着游离脂肪酸的生成。牛奶中脂肪酸的碳链长度从 C4(丁酸)到 C18(油酸),这些游离脂肪酸有一股干酪或肥皂的味道。第二步是脂肪酸在脂肪氧化酶,尤其是不饱和脂肪酶的氧化裂解作用下,生成碳链长度为 C—C 的醛,释放出一种强烈的蛤喇的味道。

一般采用巴式消毒法和超高温瞬时灭菌法对牛奶进行保鲜。

三、食品中的添加剂

食品添加剂是指为改善食品品质和色、香、味以及为防腐、保鲜和加工工艺的需要而加入食品的人工合成或者天然物质。

1. 防腐剂

能抑制食品中微生物的繁殖,防止食品腐败变质,延长食品保存期的物质。常用的有苯甲酸、山梨酸和丙酸及其盐类。苯甲酸及其盐对微生物细胞的呼吸酶系的活性有抑制作用,并对微生物的细胞膜生长有阻碍作用,从而达到抑制微生物的繁殖。其安全性比较好,进入人体后,与甘氨酸结合生成马尿酸从尿中排出,剩余部分与葡萄糖醛酸结合而解毒。

山梨酸是一种不饱和脂肪酸,可参与人体的正常代谢过程,并被转化产生二氧化碳和水。

2. 发色剂

在食品添加适量的化学物质,使食品呈现良好的色泽,这类物质称为发色剂。常用的肉类发色剂是硝酸盐或亚硝酸盐。硝酸盐在细菌硝酸盐还原酶的作用下,还原成亚硝酸盐。亚硝酸盐在酸性条件下会生成亚硝酸。在常温下,亚硝酸分解产生亚硝基,亚硝基会很快与肌红蛋白结合,生成稳定的、鲜红的亚硝化肌红蛋白。

$$NO_2^- + CH_3CHCHOOH \longrightarrow HNO_2 + CH_3CHCOO^-$$
$$\qquad\qquad\; OH \qquad\qquad\qquad\qquad\qquad\quad OH$$

$$HNO_2 \longrightarrow H^+ + NO_3^- + 2NO + H_2O$$

$$Mb + NO \longrightarrow MbNO$$

3. 膨松剂

在做面包和糕点的过程中,产生二氧化碳和氨气,使面包和糕点膨胀起来的物质。膨松剂一般有天然膨松剂和化学膨松剂之分。化学膨松剂为碳酸盐如$NaHCO_3$、NH_4HCO_3 等,酸性的如柠檬酸、乳酸等,反应原理如下:

$$2NaHCO_3 \longrightarrow CO_2 \uparrow + H_2O + Na_2CO_3$$

$$NH_4HCO_3 \longrightarrow CO_2 \uparrow + NH_3 \uparrow + H_2O$$

4. 抗氧化剂

油脂和含油脂的食品长期存放会变质、变味,其原因是由于氧气的存在而发生氧化反应,抗氧化剂就是阻止空气中的氧气和食品发生作用。其原理就是降低食品内部及周围的含氧量,从而达到保护食品的目的。如 L-抗坏血酸,由于其分子中含有不饱和键和多个羟基,本身极易被氧化,从而使食品中的氧首先与其反应,避免了食品本身被氧化。另一种是铁及其低价化合物。由于铁容易氧化发生吸氧腐蚀,在包装内制造一个无氧环境。

$$2Fe + O_2 + 2H_2O \longrightarrow 2Fe(OH)_2$$

$$2Fe(OH)_2 + \frac{1}{2}O_2 + H_2O \longrightarrow 2Fe(OH)_3 \longrightarrow Fe_2O_3 \cdot 3H_2O$$

5. 瘦肉精及其检测

在我国,已发生多起因食用含有瘦肉精的猪肉引起中毒的事件。瘦肉精又称为克伦特罗,化学名为 4-氨基-α-(叔丁胺甲基)-3,5-二氯苯甲醇,分子式为 $C_{12}H_{18}Cl_2N_2O$,相对分子质量为 277。克伦特罗的制剂常用盐酸盐,即盐酸克伦特罗,又称为盐酸双氯醇胺、氨双氯醇胺、氯苯甲醇盐酸盐。克伦特罗是一种 β2 肾上腺素受体激动剂,最初被用于防治哮喘和支气管痉挛。20 世纪 80 年代初,美国一家公司意外发现,瘦肉精具有明显的激素作用,可用于提高猪肉的瘦肉率。随后作为增肉添加剂被一些国家应用于养殖业。20 世纪 90 年代后,我国饲料行业开始普遍使用瘦肉精作为添加剂。人食用了含瘦肉精残留的肉制品后,对心脏有不良副作用,有可能会导致肌细胞的死亡和心脏机能的损坏,会出现头晕、恶心、手脚颤抖、心跳、肌肉衰弱等症状,甚至心脏骤停致昏迷死亡。瘦肉精还特别对心律失常、高血压、青光眼、糖尿病和甲状腺机能亢进等患者有极大危害。

瘦肉精的检测方法:

(1) HPLC 定量方法:将固体试样剪碎,用高氯酸溶液匀浆,液体试样加入高氯酸溶液,进行超声加热提取后,用异丙醇-乙酸乙酯(40:60,体积比)萃取,有机相浓缩后,经弱阳离子交换柱进行分离,用乙醇-氨(98:2,体积比)溶液洗脱,洗脱液经浓缩,流动相定容后在 HPLC 上进行测定,外标法定量。

(2) GC-MS 确证和定量方法:将固体试样剪碎,用高氯酸溶液匀浆。液体试样加入高氯酸溶液,进行超声加热提取,用异丙醇-乙酸乙酯(40∶60,体积比)萃取,有机相浓缩,经弱阳离子交换柱进行分离,用乙醇∶浓氨水(98∶2,体积比)溶液洗脱,洗脱液浓缩,经 N,C-双三甲基硅烷三氟乙酰胺(BSTFA)衍生后于 GC-MS 上进行测定,以美托洛尔为内标,定量。

四、饮用水消毒剂

随着城市污染的日趋严重,饮用水消毒剂的种类也在不断发展,安全、高效、经济成为饮用水消毒剂的发展方向。

1. 氯气

氯气消毒的原理是氯气和水能生成次氯酸,它能渗透到病菌或病毒体内,分解的新生态氧原子氧化体内还原性物质,使蛋白质变性而消毒。

2. 二氧化氯

ClO_2 净水的原理是能和水反应,生成高活性的氧原子,使细菌或病毒体的蛋白变性,从而使其失活。

$$2ClO_2 + H_2O = 2HCl + 5[O]$$

3. 臭氧

臭氧的净水原理同样是生成活性氧,氧化细菌和病毒体内的还原性物质,使蛋白质变性而失活。

$$O_3 = O_2 + [O]$$

4. 铁酸钠

铁酸钠同样是产生活性氧达到消毒目的。

$$2Na_2FeO_4 + 5H_2O = 2Fe(OH)_3 + 3[O]$$

5. 三氯化氮

三氯化氮能水解后成次氯酸,然后分解为活性氧原子。

$$2NCl_3 + 3H_2O = N_2 + 3HClO + 3HCl$$

$$HClO = HCl + [O]$$

第四节　居室与化学

由于有了化学,我们的住房才有多彩的装饰。生石灰浸在水中成熟石灰,熟石灰涂在墙上干后成洁白坚硬的碳酸钙,覆盖了泥土的黄色,房子才显得整洁明亮。化学炼出钢铁,我们才有铁制品使用。化学加工石油,我们才能用上轻便的塑料。化学煅烧陶土,才能使房屋有漂亮的瓷砖表面。

人的一生,绝大部分时间是在室内度过的,人们设计创造的室内环境,必然会关系到室内生活、生产活动的质量,关系到人们的安全、健康、效率、舒适等等。据美国环境保护署的研究表明:空气污染最严重的地区是你每天休息的居室内,居室内空气的污染程度比人群拥挤的公共汽车、尘土飞扬的公路、乌烟瘴气的工厂区都严重得多。因此室内环境的创造,应把保障安全和有利于人们的身心健康作为室内设计的前提。

一、常用室内装饰材料

1. 人造板材

人造板,顾名思义,就是利用木材在加工过程中产生的边角废料,混合其他纤维制作成的板材。人造板材种类很多,常用的有刨花板、中密度板、细木工板(大芯板)、胶合板,以及防火板等装饰型人造板。因为它们有各自不同的特点,被应用于不同的家具制造领域:

(1) 使家具板材规格多样化的刨花板。刨花板是将木材加工过程中的边角料、木屑等切削成一定规格的碎片,经过干燥,拌以胶黏剂、硬化剂、防水剂,在一定的温度下压制而成的一种人造板材。

(2) 提高家具美观度的中密度纤维板。中密度纤维板是将木材或植物纤维经机械分离和化学处理手段,掺入胶黏剂和防水剂等,再经高温、高压成型制成的一种人造板材,是制作家具较为理想的人造板材。

由于中密度纤维板表面平整,易于粘贴各种饰面,可以使制成品家具更加美观。在抗弯曲强度和冲击强度方面,均优于刨花板。

(3) 美化家居的各种装饰人造板。用于装饰的人造板材是普通人造板材经饰面二次加工的产品。按饰面材料区分,有天然实木饰面人造板、塑料饰面人造板、纸质饰面人造板等多种类型。

防火板又称"塑料饰面人造板",它具有优良的耐磨、阻燃、易清洁和耐水等性能。这种人造板材是做餐桌面、厨房家具、卫生间家具的好材料。

纸质饰面人造板这种板材是以人造板为基材,在表面贴有木纹或其他图案的特制纸质饰面材料。它的各种表面性能比塑料饰面人造板稍差,常见的有宝丽板、华丽板等。

2. 墙纸、墙布

墙布是墙纸的一种,它们通常有四大好处:一是更新容易;二是粘贴简便;三是选择性强;四是造价便宜。

墙纸一般可分为以下几类:

(1) 纸面墙纸可印图案或压花,基底透气性好,使墙体基层中的水分向外散发,不会引起变色、鼓包等现象。这种墙纸较便宜,但容易磨损及变黄,不耐水、不便于清洗、不便于施工,目前较少生产。

(2) 塑料墙纸采用 PVC 塑料制成,也有用 AC(丙烯酸类树脂)为原料制成。PVC 墙纸主要以 PVC 树脂、稳定剂(三盐基硫酸铅、二盐基亚磷酸铅等)、增塑剂(邻苯二甲酸二辛酯等)、润滑剂(硬脂酸等)、填充料(碳酸钙粉、滑石粉等)、颜料(钛白粉、铬黄、立索尔红、酞菁蓝、酞菁绿等)、发泡剂(偶氮二甲酰胺等)、废纸为原料,经压延、涂塑、圆网涂布等方法制成。

(3) 植物纤维墙纸由麻、草等植物纤维制成,是一种高档装饰材料,质感强、无毒、透气、吸声,使人感到既自然和谐,又天然美观。但其制作工艺复杂,价格较贵。植物纤维墙纸的抗拉扯强度是普通墙纸的五倍,若出现污迹,可用水擦洗干净,更可用刷子刷掉。

(4) 纺织物墙纸时下较流行,是用丝、羊毛、棉、麻等纤维织成的,质感好、透气性好,但价格贵。用这种墙纸装饰环境,给人以高尚雅致、柔和舒适的感觉。此类墙纸表面易积灰尘、不易清洗,而且使用时需配备洗尘设备,所以可用作高级房间的墙面和天花板装饰。

(5)金属墙纸是一种在基层上涂布金属膜制成的墙纸,这种墙纸构成的线条异常壮观,给人一种金碧辉煌、庄重大方的感觉。并且其耐抗性好,易使用于气氛热烈的场所,如宾馆、饭店等。

(6)布面墙纸(也称墙布)是一种新型墙纸,也称墙布。它也是织物墙纸的一种,但需与涂料搭配使用,颜色可随涂料本身的色彩任意调配。

3．涂料

涂料是指涂敷于建筑构件的表面,并能与建筑构件表面材料很好地黏结,形成完整保护膜的材料。它具有色彩丰富、质感逼真、施工方便的特点。居室内墙常用涂料可分为四大类:第一类是低档水溶性涂料,是聚乙烯醇溶解在水中,再向其中加入颜料等其他助剂而成。第二类是乳胶漆,它是一种以水为介质,以丙烯酸酯类、苯乙烯－丙烯酸酯共聚物、醋酸乙烯酯类聚合物的水溶液为成膜物质,加入多种辅助成分制成。第三类是目前十分流行的多彩涂料,该涂料的成膜物质是硝基纤维素,以水包油形式分散在水相中,一次喷涂可以形成多种颜色花纹。近年来又出现一种仿瓷涂料属第四类。从功能上来说,涂料还有近些年迅速发展的节能型涂料、防火型涂料等。

4．复合木地板

目前市场上的复合地板主要有两大类:一类是实木复合地板;另一类是强化复合地板。这两类复合地板有着各自不同的特点,在使用和维护方面的要求也不同。

实木复合地板既有实木地板美观自然、脚感舒适、保温性能好的长处;又克服了实木地板因单体收缩,容易起翘裂缝的不足。如今为了生存环境不再恶化,世界各国普遍重视森林资源保护问题,实木复合地板与实木地板相比能够节省稀有木材资源。此外,实木复合地板安装简便,一般情况下不用打龙骨。实木复合地板可分为三层实木复合地板、多层实木复合地板、细木工复合地板三大类,在居室装修中多使用三层实木复合地板。

高强化复合地板硬度较高,耐磨性好,铺装简易、方便,价格较低,但脚感稍差。

二、常见居室污染

1. 厨房污染

随着人们生活水平的提高和厨房设备的现代化,厨房污染日益成为人们生活中的一个严重问题,需引起人们的注意和重视。常见的家庭污染源大致可以分为以下几类:

(1) 厨房燃烧的各种燃料,燃烧时产生的污染物及因燃烧不尽所产生的一氧化碳有害物质。医学研究证实,这类氧化物能损伤气管、支气管,破坏肺泡组织;一氧化碳能与红细胞中的血红蛋白结合,使红细胞失去携带氧的能力,发生急性一氧化碳中毒,导致心血管系统、神经系统失去功能;尘埃中的多环芳香烃化合物,会损伤肺组织,引起肺癌。

(2) 油脂在加热过程中,氧化和分解后产生的烷烃、醛、羟酸、醇、苯呋喃等有害化合物,它们差不多对人体所有器官都能造成损害。国外调查研究表明,烹调工作者鼻咽癌的发病率高于其他任何职业。

(3) 餐具中含有不同的重金属元素。

对于污染的防范,可以尽力做到以下几点:

(1) 改善厨房里的通风条件,安装排风扇或排气管,可使有害气体排出75%以上,妥善养护清洁炉灶具。

(2) 烹调时,打开抽风机强制通风,可排除70%燃料及化学污染物。

(3) 避免使用有铅的器皿盛装食物,远离微波辐射,经常处理冰箱垃圾死角。

2. 电器设备的污染

据中国室内环境监测中心专家杨志刚介绍,家用电器往往是家庭的卫生死角,目前家庭中常见由家电导致的污染包括细菌污染、辐射污染及噪声污染等,重则危害健康,甚至危及人的安全。

(1) 家电的细菌污染。

污染一:空调。空调主要滋生支孢霉菌和军团菌。处于相对密闭状态的室内空气经过空调过滤网过滤并循环制冷,而此时空气中的细菌、真菌等微生物就容易在过滤网表面密集滋生,并随空调出风口吹出。

防治策略:每年第一次启动空调前,要请专业清洗人员将空调进行彻底的清洗和消毒。空调房间里定时地开窗通风,是改善空气质量的好办法。

污染二:冰箱。电冰箱门上的密封条上的微生物达十几种之多。冰箱的低温环境为一些细菌的生长繁殖提供了有利条件。

防治策略:可定期用酒精浸过的干布擦拭密封条;经化冻的肉类和鱼等不宜再次置冰箱保存,因为化冻过程中食物可能受污染,微生物会迅速繁殖;冰箱应定期除霜清洗,保持干净;剩菜剩饭很容易受到各种细菌的侵蚀,食用前一定要加热。

污染三:洗衣机。某大城市疾控中心的专家对部分家庭用洗衣机进行了微生物污染状况的调查,其中细菌总的检出率达到了 95.8%、大肠菌群的检出率达到了 37.5%、真菌检出率达到了 45.8%。

防治策略:新买的洗衣机使用半年后,及以后每隔三个月都应用洗衣机专用清洁剂清洗一次;洗完衣服后应该及时排空洗衣机中的水,并敞开盖子直至干燥;袜子、脏外衣和内衣分开洗涤;尽可能在阳光下晾晒衣服,用阳光中的紫外线杀死霉菌。

污染四:吸尘器。要防螨虫和真菌。吸尘器的过滤绒垫和积尘袋对细小尘粒的阻留能力低,吸尘时会在吸尘管的强吸力作用下通过绒布从排气口喷到空气中。

防治策略:及时更换过滤绒垫,减少灰尘通过。

(2) 家电的辐射污染。目前,室内的主要家电电磁辐射污染源包括电热毯与电褥、微波炉、电脑、手机等。山东大学第二医院妇产科徐永萍教授提醒道,室内电磁辐射污染,对孕妇及胎儿可能造成的健康危害不容忽视。因此,孕前女性及怀孕早期还是尽可能远离手机与电脑等辐射源为好。怀孕后最好不要使用电热毯,少接触微波炉,不要长时间、近距离看电视,并注意开启门窗通风换气,看完电视后要及时洗脸。孕妇卧室家电不宜摆设过多,尤其是彩电和冰箱不宜放在孕妇卧室内。也可以购置防电磁辐射产品加以防护。

(3) 家电的噪声污染。家庭中的噪声污染,主要来源于各种家电的使用。比如电视机、录音机、洗衣机、电风扇、空调器、电脑主机等,都会产生噪声。如果同时开启几种家电,噪声汇集,其危害程度不亚于商业繁华区的噪声污染。长时间生活在这样的环境里,有损人们的健康。尤其对婴幼儿、老人和孕妇以及神经衰弱、心脏病、高血压、胃肠功能紊乱等疾病的患者危害更大。

3. 卫生间污染

科学研究表明:人体代谢过程中,会产生400多种物质,包括呼吸排出的气体、尿、汗中排出的及表皮排出的物质。仅人体呼吸道呼出的废气中,至少有20多种有毒物质。此外,还有肠道气体的排出和人体的细菌感染。这些污染物中含有一氧化碳、二氧化碳、烃类、丙酮、甲烷、醛、二甲基胺、氯仿等。在空气不流畅的卫生间内,常见的有头昏、头痛、胸闷等症状。卫生间的污染主要有:

(1) 排泄物的恶臭,淋浴时氡气增加。

(2) 家电的电磁辐射、装饰墙、地板砖的放射线。

(3) 清洁剂,化妆品,人体、宠物体垢体味,微生物,霉菌及螨虫的污染。

防治策略如下:

(1) 先控制污染源,减少散发。采用活性炭吸附、清水加除臭剂冲洗、生物氧化清除等。

(2) 注重卫生间的装修质量和材料的选择。

(3) 保证卫生间的通风,做好卫生间的定期清洁工作。

4. 室内装修污染

在现有的诸多装饰材料中,含有大量长期发散的严重危害人体健康的有毒气体,主要有甲醛、苯、氨、氡、挥发性有机化合物(VOC)等。其中甲醛是室内环境的主要污染物。我国规定:居室空气中甲醛的最高容许浓度为 0.08 mg/m^3。

甲醛是一种无色、具有特殊刺激性气味、有毒的气体。它易溶于水。甲醛主要用于建筑材料、装修用品及生活物品等。甲醛是不少黏合剂的必加成分,同时具有加强板材的硬度和防虫、防腐之功能。因此目前市场上的各种刨花板、中密度纤维板、胶合板中均使用以甲醛为主要成分的脲醛树脂作为黏合剂,因而不可避免地会含有甲醛。另外新式家具、墙面、地面的装修辅助设施中都要使用黏合剂,因此凡是有用到黏合剂的地方常会有甲醛气体的释放,对室内环境造成危害。在一般情况下,房屋的使用时间越长,室内环境中甲醛的残留量越少;温度越高,湿度越大,越有利于甲醛的释放;通风条件越好,建筑、装修材料中甲醛的释放也相应地越快,越有利于室内环境的清洁。日本的研究表明,室内甲醛的释放期一般为 3~15 年。

甲醛已经被世界卫生组织确定为致癌和致畸物质,是公认的变态反应源,也是潜在的强致突变物之一。甲醛对皮肤和黏膜有强烈的刺激作用,可使细胞中的蛋白质凝固变性,抑制细胞机能。对人体健康的影响主要表现在嗅觉异常、刺激、过敏、肺功能异常、肝功能异常和免疫功能异常等方面。

甲醛的化学性质十分活泼。因此,可采用多种定量分析方法测定甲醛。目前,空气中甲醛的测定方法有滴定分析法、分光光度法、色谱法、比色法和电化学法等。电化学分析法常存在干扰多、不稳定等问题,所以使用得较少。游离甲醛浓度较高时采用滴定分析法进行定量分析,而微量甲醛的分析则采用分光光度法、色谱法等,尤以分光光度法方便实用。如采用乙酰丙酮分光光度法(GB/T 15516—1995),其最大的优点是不受乙醛的干扰,而且方法简便,选择性较好,误差小,测试成本低。甲醛气体经水吸收后,在酸性条件下,乙酸－乙酸铵缓冲溶液中,与乙酰丙酮(2,4-戊二酮)作用,在沸水浴条件下,迅速生成稳定的黄色化合物,其颜色深度与含量成正比,在波长 413 nm 处测定其吸光度值,检出限为 0.25 mg/L。

第五节　交通与化学

我们穿的鞋的鞋底是橡胶制品,车的内外胎也是橡胶制品,这些都是化工产品。化学反应是交通工具得以行驶的动力。没有燃料的燃烧放出热量,车辆根本无法开动,化学能是它们得以行动的最原始的能量来源,现在,化学仍是交通工具的生命,仍对人们出行起重大作用。但随着汽车数量的急剧增加,交通拥堵成了家常便饭,汽车本应具备的便捷、舒适、高效的优势逐渐被过多的车辆所抵消。"汽车灾难"已经形成,由此带来的汽车尾气更是害人不浅。

在车水马龙的街头,一股股浅蓝色的烟气从一辆辆机动车尾部喷出,这就是通常所说的汽车尾气。可以说，汽车是一个流动的污染源。在世界各国，汽车污染早已不是新话题。20世纪40年代以来，光化学烟雾事件在美国洛杉矶、日本东京等城市多次发生，造成不少人员伤亡和巨大的经济损失！这种气体排放物不仅气味怪异，而且令人头昏、恶心，影响人的身体健康，尤其是危害城市环境，引发呼吸系统疾病，造成地表空气臭氧含量过高，加重城市热岛效应，使城市环境转向恶化。

一、橡胶

我们穿的各种运动鞋的鞋底用的是橡胶，汽车轮胎也主要是用橡胶制成的。橡胶为社会的发展带来了巨大的动力。橡胶大体上可以分为通用性和特种型两大类。

通用性橡胶：① 天然橡胶。它从三叶橡胶树的乳胶得到，基本化学成分是顺-聚异戊二烯。其弹性好、强度高、综合性能好。② 异戊橡胶。它的全名为顺-1,4-聚异戊二烯橡胶，是由异戊二烯制得的高顺式合成橡胶，因其结构和性能与天然橡胶相似，故又称合成天然橡胶。③ 丁苯橡胶。它简称SBR，由丁二烯和苯乙烯共聚制得。其按生产方法分为乳液聚合丁苯橡胶和溶液聚合丁苯橡胶。其综合性能和化学稳定性好。④ 顺丁橡胶。它的全名为顺式-1,4-聚丁二烯橡胶，简称BR，由丁二烯聚合制得。与其他通用型橡胶比，硫化后的顺丁橡胶的耐寒性、耐磨性和弹性特别优异，动负荷下发热少，耐老化性能好，易与天然橡胶、氯丁橡胶、丁腈橡胶等并用。

特种型橡胶：指具有某些特殊性能的橡胶，主要有：① 氯丁橡胶。它简称CR，由氯丁二烯聚合制得。它具有良好的综合性能，耐油、耐燃、耐氧化和耐臭氧。但其密度较大，常温下易结晶变硬；贮存性不好，耐寒性差。② 丁腈橡胶。它简称NBR，由丁二烯和丙烯腈共聚制得。其耐油、耐老化性能好，可在120 ℃的空气中或在150 ℃的油中长期使用。此外，还具有耐水性、气密性及优良的黏结性能。③ 硅橡胶。其主链由硅氧原子交替组成，在硅原子上带有有机基团。它耐高低温，耐臭氧，电绝缘性好。④ 氟橡胶。它的分子结构中含有氟原子的合成橡胶。它通常以共聚物中含氟单元的氟原子数目来表示，如氟橡胶

23,是偏二氟乙烯同三氟氯乙烯的共聚物。氟橡胶耐高温、耐油、耐化学腐蚀。
⑤ 聚硫橡胶。它由二卤代烷与碱金属或碱土金属的多硫化物缩聚而成。它有
优异的耐油和耐溶剂性,但强度不高,耐老化性、加工性不好,有臭味,多与丁腈
橡胶并用。此外,还有聚氨酯橡胶、氯醇橡胶、丙烯酸酯橡胶等。

二、汽车尾气的主要成分及危害

1. 固体悬浮颗粒

固体悬浮颗粒的成分很复杂,并具有较强的吸附能力,可以吸附各种金属
粉尘、强致癌物苯并芘和病原微生物等。固体悬浮颗粒随呼吸进入人体肺部,
以碰撞、扩散、沉积等方式滞留在呼吸道的不同部位,引起呼吸系统疾病。当悬
浮颗粒积累到临界浓度时,便会激发形成恶性肿瘤。此外,悬浮颗粒物还能直
接接触皮肤和眼睛,阻塞皮肤的毛囊和汗腺,引起皮肤炎和眼结膜炎,甚至造成
角膜损伤。

2. 一氧化碳

一氧化碳是烃燃料燃烧的中间产物,主要是在局部缺氧或低温条件下,由
于烃不能完全燃烧而产生,混在内燃机废气中排出。当汽车负重过大、慢速行
驶或空挡运转时,燃料不能充分燃烧,废气中一氧化碳含量会明显增加。一氧
化碳是一种化学反应能力低的无色无味的窒息性有毒气体,对空气的相对密度
为 0.967 0,它的溶解度很小。一氧化碳由呼吸道进入人体的血液后,会和血液
里的红血蛋白结合,结合的速度比氧气快 250 倍,形成碳氧血红蛋白,导致携氧
能力下降,使人体出现反应,如听力会因为耳内的耳蜗神经细胞缺氧而受损害
等。吸入过量的一氧化碳会使人发生气急、嘴唇发紫、呼吸困难甚至死亡。

3. 氮氧化物

氮氧化物主要是指一氧化氮、二氧化氮,它们都是对人体有害的气体,特别
是对呼吸系统有危害。氮氧化合物的排放量取决于燃烧温度、时间和空燃比等
因素。在二氧化氮浓度为 $9.4\ mg/m^3$ 的空气中暴露 10 min,即可造成人的呼吸
系统功能失调。

4. 碳氢化合物

甲烷是窒息性气体,高浓度时对人体健康造成危害。乙烯、丙烯和乙炔则主要是对植物造成伤害,使路边的树木不能正常生长。苯是无色类似汽油味的气体,可引起食欲不振、体重减轻、易倦、头晕、头痛、呕吐、失眠、黏膜出血等症状,也可引起血液变化,红血球减少,出现贫血,还可导致白血病。汽车尾气中还含有多环芳烃,虽然含量很低,但由于多环芳烃含有多种致癌物质(如苯丙芘)而引起人们的关注。当氮氧化物和碳氢化合物在太阳紫外线的作用下,还会产生一种具有刺激性的浅蓝色烟雾,其中包含有臭氧、醛类、硝酸酯类等多种复杂化合物。这种光化学烟雾对人体最突出的危害是刺激眼睛和上呼吸道黏膜,引起眼睛红肿和喉炎。1952 年 12 月,伦敦发生光化学烟雾,4 天中死亡人数较常年同期多 4 000 人,45 岁以上的死亡最多,约为平时的 3 倍;1 岁以下的约为平时的 2 倍。

5. 铅

铅是有毒的重金属元素,汽车用油大多数掺有防爆剂四乙基铅或甲基铅,燃烧后生成的铅及其化合物均为有毒物质。城市大气中的铅 60%以上来自汽车含铅汽油的燃烧。铅主要作用于神经系统、造血系统、消化系统和肝、肾等器官。铅能抑制血红蛋白的合成代谢过程,还能直接作用于成熟的红细胞。经由呼吸系统进入人体的铅粒,颗粒较大者能吸附于呼吸道的黏液上,混于痰中而吐出;颗粒较小者,便沉积于肺的深部组织,它们绝大部分被吸收。铅在人体内各器官中积累到一定程度,会对人的心脏、肺等造成损害,使人贫血、行为呆傻、智力下降、注意力不集中,严重的还可能导致不育症以及高血压。由于铅尘比重大,通常积聚在 1 m 左右高度的空气中,因此对儿童的威胁最大。20 世纪 40 年代以来,通过汽车燃烧排入大气中的铅已达数百万吨,成为一种公认的全球性污染。

6. 二噁英

二噁英是对人体健康有很大威胁的环境污染物,它有强烈的致癌性,而且能造成畸形,对人体的免疫功能和男女生殖功能造成损伤,是目前世界上已知的毒性最强的有毒化合物之一。二噁英包括多氯二苯并二噁英(PCDD)和多氯二苯并呋喃(PCDF)这两类化合物。PCDD 和 PCDF 分别由 75 个和 135 个同族体构成,化学结构相似。由于 Cl 原子取代数目不同而使它们各有 8 个同系物,每个同系物随着 Cl 原子取代位置的不同而存在众多异构体。二噁英包括 200 多种化合物,这些化合物非常稳定,熔点较高,极难溶于水,可以溶解于大部分有机溶剂,是无色无味的脂溶性物质。

PCDD   PCDF

研究表明,二噁英可能通过芳香烃受体蛋白中介而致毒。二噁英黏附芳香受体后,渗入细胞核中,与蛋白质结合后,改变 DNA 的正常遗传功能,控制相应的基因活动,从而表现出致癌作用和扰乱内分泌作用。

三、汽车尾气净化催化剂

汽车尾气的主要有害成分是碳氢化合物(C_nH_m)、一氧化碳(CO)和氮氧化物(NO_x)。消除汽车尾气中的有害成分的方案有两种:一种是改进发动机的燃烧方式以减少有害气体的排放;另一种采用催化转化器将尾气中的有害气体净化。汽车催化转化器有两种类型:一种是氧化性催化反应器,使尾气中的 C_nH_m 和 CO 与尾气中的余氧反应,生成无害的 H_2O 和 CO_2,从而达到净化的目的;另一种是用加了三效催化剂的转化器。三效催化剂的特性是用一种催化剂能同时净化汽车尾气中的 CO、C_nH_m 和氮氧化物 NO_x,为了发挥其催化性能,必须将空燃比控制在 14.6 附近,这种催化净化器有较高的净化率,但需要其他电子设备相匹配。其原理是利用尾气中的 O_2、NO_x 为氧化剂,CO、C_nH_m 和 H_2 为还原剂,在理论空燃比附近可发生如下反应:

$$2CO + O_2 \rightleftharpoons 2CO_2$$

$$2CO + 2NO \rightleftharpoons N_2 + 2CO_2$$

$$nCH_2 + 3nNO \rightleftharpoons \frac{3}{2}nN_2 + nCO_2 + nH_2O$$

$$2NO + 2H_2 \rightleftharpoons N_2 + 2H_2O$$

现在应用的三效催化剂大部分是以多孔陶瓷为载体,再附着上所谓的活化涂层(Washcoat),最后用浸渍的方法吸附活性成分。催化剂的活性成分主要采用贵金属铂(Pt)、钯(Pd)、铑(Rh)等。由于贵金属资源少、价格贵,各国科学家都在致力于研究经济上和技术上都可行的稀土/钯三效催化剂。预计这种催化剂将有很好的应用前景。

第四章 化学实验与环境

第一节 化学与环境污染

　　人类赖以生存的环境由自然环境和社会环境(人工环境)组成。自然环境是人类生活和生产所必需的自然条件和自然资源的总称,即阳光、温度、气候、地磁、空气、水、岩石、土壤、动植物、微生物以及地壳的稳定性等自然因素的总和。植物、动物、微生物等各种生物群落组成了生物环境。空气、水、土壤等则是生物赖以生存的环境,也叫自然环境、非生物环境。生物群落和其生存环境之间以及生物群落内不同种群生物之间不停地进行物质交换和能量交换,构成了多种多样的生态系统。例如,一片森林、一带沙漠、一片海洋、一个村落、一座城市都可视为一个生态系统。它的主要功能是不断进行物质循环和能量交换。生态系统的群落可以分为:生产者、消费者和分解者。

　　生态系统发展到一定阶段,它的生物种类的组成,各个种群的数量比例及能量和物质的输入、输出等,都处于相对稳定状态,这种状态称为生态平衡,这是一种动态平衡。生态系统能自动调节并维持自身稳定结构和正常功能,但自动调节能力有一定的限度,当超过这个限度,就会破坏生态平衡,造成生态失调。

　　破坏生态平衡的因素有自然因素也有人为因素。自然因素主要指火山爆发、地震、台风、旱涝等自然灾害,它们对生态系统的破坏很严重,地域常有一定的局限性,且出现的频率一般不高。而人为因素是指人类生产和生活活动引起的对生态平衡的破坏,这是大量的、长期的,甚至是多方面的。这种人为因素会使环境质量不断恶化,从而干扰了人类的正常生活,对人体健康产生直接或间接,甚至是潜在的不利影响,这就造成环境污染。人们通常所说的环境问题主要是指由于人类不合理地开发和利用自然资源而造成的生态环境的破坏,以及工农业生产发展和人类生活所造成的环境污染。

造成环境污染的人为因素主要可分为物理的(噪声、振动、热、光、辐射及放射性等)、生物的(微生物、寄生虫等)和化学的(有毒的无机物和有机物)三个方面,其中化学污染物的数量大、来源广、种类多、性质互异,它们在环境中存在的时间和空间位置又各不相同,污染物彼此之间或污染物与其他环境因素之间也还有相互作用和迁移转化等。造成环境污染的具体来源,既与工农业生产、能源利用和交通运输有关,又与都市的恶性膨胀、大规模开采自然资源和盲目地大面积改造自然环境等有关。开始于18世纪的工业化进程,极大地促进了生产力的发展。马克思和恩格斯曾对工业化的功绩作过这样的描绘:“自然力的征服,机器的采用,化学在工业和农业中的应用,轮船的行驶,铁路的通行,电报的使用,整个整个大陆的开垦,河川的通航,仿佛用法术从地下呼唤出来的大量人口。”人类在工业化的最初不到100年的时间里所创造的生产力,“比过去一切世代创造的全部生产力还要多,还要大”。世界的工业化过程已经并将继续带给人类福利。但与此同时,工业化的伴生物——环境污染与生态失衡却向人类提出了巨大的挑战。工业三废(废水、废气、废渣)的排放,汽车与其他交通运输工具的排气,农业退水和农药的污染,以及世界人口的剧烈膨胀和生活垃圾的剧增,都对地球环境造成了污染和破坏。水体变黑,空气污浊,风沙弥漫,地球在我们脚下呻吟……人类向大自然的进攻使人类付出了惨重的代价。这是一种必然,任何不尊重自然,不遵循自然规律的行为都将给人类带来灾难性的后果。清洁的空气已离我们远去,水被污染、食物被污染等等。我们不能不去正视环境问题,污染的环境和遭破坏的生态将使人类难以容身。保护人类环境,就是保护人类自身。

一、大气污染

人类生活在大气圈中,依靠空气中的氧气而生存。氧气被吸进肺细胞后穿过细胞壁与血液中的血红蛋白结合,由血液将氧输送到全身,与身体中营养成分作用而释放出人体活动必需的能量。一般成年人每天需要呼吸 $10\sim12$ m^3 的空气,它相当于一天进食量的 10 倍、饮水量的 3 倍,清洁的空气是人类健康的重要保证。污浊的空气犹如一只无形的杀手,越来越受到人们的关注。大气污染物主要包括悬浮在空气中的颗粒物质(SPM)、含硫化合物(H_2S,SO_2,SO_3 等)、含氮化合物(NO,NO_2,NH_3 等)、一氧化碳和二氧化碳、氧化物(O_3,过氧化物等)、卤素化合物(HF,HCl,Cl_2 等)、有机化合物(烃,PAN,BaP)等,这些也是评价空气质量常测项目。近年来人们对大气微量污染物、有毒金属、有毒有机化合物的污染和危害问题,也日益引起重视。

悬浮于空气中的颗粒物质主要来源于自然界的风沙尘土、火山爆发、森林火灾、海水喷溅以及人为的各种烟尘,如采矿过程中的粉碎、研磨、筛分装卸及运输过程中散发的粉尘,建筑工地和交通运输等产生的烟尘等。据测,大气颗粒中约有 39 种元素:Si,Al,Fe,Ca,Na,Mg,Mn,Cu,Pb,Zn,Cr,Cd,Ba,Sr,Ti,V,Mo,Co,Ni,P,S,Sm,U,W,As,Ga,Br,La,Yb,Rb,Ce,Hf,Cs,Tb,Sc,Eu,Sb 等。由于粉尘具有很强的吸附能力,能把 SO_2、氮氧化物、苯并芘(致癌物质)等吸附在表面。长期吸入粉尘颗粒,超过呼吸系统保护能力,肺部就会产生弥漫性的纤维组织增生,即日常所谓的尘肺病,如支气管炎、肺结核、肺气肿、肺心病等症,尤其接触镍尘和石棉粉尘的人,易引起肺癌等症。镉尘对人体危害的主要靶器官是肾和肺。

含硫污染物多数是硫化氢和二氧化硫。H_2S 是火山口放出的气体之一,具有"臭鸡蛋"味,无色,纯品毒性几乎接近氰化氢。空气中含少量 H_2S 会引起头痛,含大量 H_2S 则引起心脏和肺神经中枢麻痹,会造成昏厥和死亡。SO_2 是一种刺激性气体,使呼吸系统生理功能减退,肺泡弹性减弱,引起支气管症、哮喘、肺气肿等。SO_2 单独作用有限,但常和飘尘结合危害人体健康,伦敦型烟雾事故就是这个缘故。

污染大气的氮氧化合物主要是 NO、NO_2、N_2O、NO_3、N_2O_5 等,来源于燃料燃烧、氮肥厂、化工厂和黑色冶炼厂的三废排放,其中,NO 进入血液和红血球反应而毒害血液,同时也作用于中枢神经而产生麻痹作用,引起痉挛、运动失调。NO_2 能侵入肺脏深处及肺毛细血管,引起肺水肿或闭塞性支气管炎而致死。有机物腐坏的地方及某些生产氨的工厂都会有氨的污染，氨污染的慢性中毒会产生消化机能障碍、慢性结膜炎、慢性支气管炎，有时有血痰、耳聋、食道狭窄等症状。

环境中的 CO 和 CO_2 都是燃料燃烧产生的，汽车发动机、炼铁炉、炼钢炉、家用煤气炉以及工厂烟囱等都是污染源。CO 能跟血红蛋白结合生成络合物，降低血液向周围输送氧的功能，中断组织的氧气供应，使肌肉麻痹而导致死亡。CO_2 浓度高会造成缺氧窒息，其分子能吸收地球放出的红外辐射，像一个绝热盖毯阻止热量进入外层空间，产生所谓"温室效应"，使地球气温上升。

氟污染会给人体健康带来很大的危害。它可以和 Ca、Mg、Mn 等离子结合，抑制许多酶，造成骨细胞营养不良。Cl_2 可以引起人体呼吸道、眼结膜及皮肤等炎症，还会使金属物件腐蚀、生锈，衣物等织品变色、发脆。

空气中还存在着烃、PAN（硝酸过氧化乙酰）、BaP 等多环芳烃，是一类强致癌物质，来源于煤、石油等的不完全燃烧，被多环芳烃污染的地区，肺癌发病和死亡率就高，长期接触多环芳烃还会导致皮肤癌。

空气是地球上生物生存的最重要条件之一，对人类来说，没有食物，可以生存几十天安然无恙，没有水也可以活上几天，而没有空气，几分钟之内就会死亡。人类的工业活动严重污染了大气，大气也会反过来报复人类。有许多严重的公害事件，如马斯河谷烟雾事件、伦敦烟雾事件等，都是由大气污染引起的。传统上，人们认为废气只污染对流层，损坏农作物、森林、水生系统、建筑材料和人类健康。近年来，平流层臭氧损耗问题日益引起人们的注意。对流层和平流层的空气污染有哪些危害呢？

首先，来看看对流层污染的危害。主要的对流层污染物有二氧化硫（SO_2）、氮氧化物（NO_x）、烃和一氧化碳（CO）等，它们除以初级污染物的形式危害外，还常常在空气中起化学反应，形成次生污染物（如酸性化合物和光化氧化剂）。酸沉降是对流层污染物为害的重要形式，它又包括湿沉降（酸雨、酸雪等）和干沉降两种方式。湿沉降一般发生距污染源较远地区（可达数百千米），干沉降发生在接近污染源的地区。尤其酸雨中含有由二氧化硫和氮化物转化而来的硫酸和硝酸，危害比较严重。对流层污染物对环境的破坏，常常是几种初级和次生污染物共同起作用，单一为害的情况比较少。农作物、森林、水生系统、建筑物和材料、人类本身等无不受到对流层污染之害。

臭氧和硝酸过氧化乙酰(PAN)都对农作物和自然植被造成损害。PAN主要影响草本植物,臭氧伤害植物组织、抑制光合作用并增加农作物对其他污染物、疾病和旱灾的敏感性。

世界上许多地区的森林衰退也和对流层大气污染直接相关,其中酸沉降和氧化剂污染物的破坏作用最为明显。酸沉降在地面和地下都产生对森林的危害。在地面,酸沉降以云、雨雾、烟雾和酸雨等形式伤害树木的叶片。酸沉降造成土壤酸化、使营养物质流失,并将土壤矿物质中对植物有害的金属铝沥滤出使之进入有机体。土壤一旦酸化,需要几十年时间才能恢复,这是对森林最大的威胁。

建筑物和多种物质材料亦受对流层污染之苦。大自然风化过程使所有物质材料都遭受剥蚀,但是从19世纪中叶以来,空气污染加快了剥蚀速度。由于大气污染,世界上许多著名的古建筑、纪念碑等已被搞得面目全非。

尤其严重的是,对流层污染物能直接损害人类健康,臭氧损伤肺和呼吸道组织。硫酸气溶胶损伤肺部的内部保护层,接触二氧化硫和二氧化氮可能影响呼吸功能。氮氧化物、烃和一氧化碳在阳光下进行化学反应,形成影响人体健康的光化学烟雾。在发生光化学烟雾时,大气中各种污染物的浓度比晴朗空气要增大五六倍,能见度晴天为 11.2 km,而在烟雾天只有 1.6 km。

其次,来看看平流层臭氧损耗的危害。大气圈平流层中,即在高出海平面 $20\sim30$ km 的范围内,有一个臭氧含量较高的臭氧层。臭氧在大气中只占百万分之一,这个薄薄的臭氧层,浓度低于十万分之一,但能阻止太阳光中大量的紫外线,有效地保护了地球生物的生存。臭氧层中臭氧含量的减少等于在屋顶上开了天窗,导致太阳对地球紫外线辐射增强。大量紫外光照射进来,严重损害动植物的基本结构,降低生物产量,使气候和生态环境发生变异,特别对人类健康造成重大损害。美国一个科学小组指出,北美洲上空平流层臭氧含量在最近五年内减少了约百万分之一,皮肤癌发病率则有明显的增加。据不完全统计,目前美国每年皮肤癌症患者就达 50 万人,其中恶性肿瘤病例 25 000 人,死亡约 5 000 千人。有人估计,如果臭氧层中臭氧含量减少 10%,地球上的紫外线辐射将增加 $19\%\sim22\%$,皮肤癌发病率将增加 $15\%\sim25\%$,仅美国死于皮肤癌的人将增加 150 万,白内障患者将达到 500 万人,患呼吸道疾病的人也将增多。紫外线辐射增强,将打乱生态系统中复杂的食物链,导致一些主要的生物物种灭绝。大量紫外线辐射还可能降低海洋生物的繁殖能力,扰乱昆虫的交配习惯,并能毁坏植物,特别是农作物,使地球上的农作物减产 2/3,导致粮食危机。

　　平流层离地面那么高,其中的臭氧含量怎么会减少呢? 臭氧是由三个氧原子结合成的。气体臭氧呈蓝色,有特殊的臭味。氟利昂是一种常用的冷冻剂。它还可以作喷雾剂、电子元件清洗剂、塑料发泡剂等。这种化合物不断排入大气到达平流层,遇太阳光照射就分解出可分解臭氧的氯气和氯的化合物,使臭氧结构破坏,浓度大量降低。最新的计算表明:由于氟氯烃在世界范围的广泛使用,今后 30 年中,大气层的臭氧将减少 16.5%。其后果将是十分严重的。近几十年以来,国际上召开了多次会议研究臭氧层的问题以及保护它的措施。古人说"杞人忧天"是指不必要的操心,今天的"世人忧天"乍听起来耸人听闻,却是有科学道理的。

　　臭氧在对流层中是有害的,但平流层中的臭氧却能吸收大部分太阳射向地球的紫外线辐射,起到了地球保护层的作用。当今,科技飞速发展,人类已能大量生产臭氧,并研究发现了它的诸多"神力"。科学家们发现,当臭氧(O_3)产生时,它的分子结构中的第三个氧原子性质异常活泼,它会游离出来快速氧化其他物质或自动复原成氧气。根据臭氧的这一特性,人们利用它在水和空气中与各种有机物发生化学反应,并在反应中产生杀菌、解毒、防臭、漂白等氧化作用,借以为人类生活服务。臭氧有清除空气和水中细菌的"神力"。依据科学实验,水中臭氧浓度达到 5×10^{-8}% 时,只需一两分钟处理,就可以杀死 99% 以上的细菌。还有空气和水中所含的有毒物质诸如一氧化碳、农药、重金属、肥料、有机物等,只要请"神力"非凡的臭氧加以处理后,都会分解成对人体无害的物质。目前,国外根据臭氧的这个特点,把臭氧产生机安装在太空舱、潜水舱内,以增加舱内氧气并净化舱内污浊的空气。此外,臭氧已成为世界公认的处理饮水的"卫生员",仅欧洲就有上千家的水厂"恭请"臭氧对水质进行净化。研究人员还发现,臭氧有抑制癌细胞增长的神奇功效,故它给癌症患者带来了福音;只要空气中 0.5% 的臭氧,在 8 日之内就可抑制 40% 的癌细胞生长,而作为对照组的正常细胞仍旧可以正常生长,故得了癌症的人不必过分恐慌,臭氧这个忠实的

"卫士"会竭力相帮。臭氧在食品保鲜和衣物漂白上也身手不凡、"神力大显"。若将臭氧溶于水中,形成臭氧水,用臭氧水清洗瓜果蔬菜,可以清除掉上面残存的化学农药和腥味,还可延长保鲜期。更令人惊叹的是,用臭氧水刷牙,可以有效地预防各种牙病;用臭氧水洗澡,对皮肤病、消化道疾病、身体肿痛以及许多慢性病均有显著疗效。可见,臭氧不臭,飘香万里。

二、水体污染

随着工业的发展、人口的增加、城市化的加剧和化肥、农药使用量的增加,作为生命之源的水已受到了严重污染。水体污染会严重危害人体健康,据世界卫生组织报道,全世界75%左右的疾病与水有关。常见的伤寒、霍乱、胃炎、痢疾和传染性肝炎等疾病的发生与传播都和直接饮用污染水有关。

水体污染有两类:一类是自然污染;另一类是人为污染,而后者是主要的。自然污染主要是自然因素所造成的,如特殊地质条件使某些地区有某些或某种化学元素的大量富集,天然植物在腐烂过程中产生某种毒物,以及降雨淋洗大气和地面后携带各种物质流入水体,都会影响该地区的水质。人为污染是人体生活和生产活动中产生的废污水对水体的污染,包括生活污水、工业废水、土地使用径流等。此外,废渣和垃圾倾倒在水中或岸边,或堆积在土地上,经降雨淋洗流入水体,都能造成污染。

生活废水又称生活污水,是城布居民日常生活中产生的各种污水的混合液。生活废水含有来自人类粪便的病原细菌和病毒,以及过量的氮和磷化合物。

工业废水是各种工业企业在生产过程中排出的生产废水和生产废液的统称。它所含的杂质包括生产资料、残渣以及部分原料、产品、半成品、副产品等,成分极其复杂,含量变化很大,不同生产条件,甚至不同时间的水质会有很大不同。工业废水明确分类是很困难的,每种工业废水都是多种杂质和若干项指标的综合体系。一般按成分将工业废水分为三大类:一是含无机物的废水,包括冶金、建材、化工无机酸碱生产的废水;二是含有机物的废水,包括食品工业、塑料工业、炼油和石油化工以及皮毛工业的废水等;三是含有大量的有机物,同时又含有大量无机物的废水,如炼焦化学厂、氮肥厂、合成橡胶厂、制药厂、人造纤维厂和皮革厂等排出的废水。

　　土地使用径流主要是指农田退水。农业用水比工业用水量大,除一部分被作物吸收外,其余大部分通过土壤或排灌渠进入地表水或地下水。在传统农业中,农田施用的是农家肥,不会造成严重污染。但在现代农业中,新技术和对更高农业生产力的需求导致化肥、杀虫剂、除草剂等人工合成肥料、化合物的使用呈指数增长,而所有这些化合物并不能完全被作物吸收,其中大部分随灌溉水、雨水、融雪等形成地表径流或渗入地下,污染河流、湖泊或地下水。

　　近年,全球范围的水体污染已经到了比较严重的程度。美国 180 万千米的河流中有 16.5 万千米被污染,1 594.8 万公顷湖泊中有 327.9 万公顷已受到污染;印度 70%的地表水受到了污染;在中国进行监测的 78 条河流中,有 54 条受到了严重污染。

　　现在的废水污染问题有两个特点:一是发达国家和发展中国家污染控制水平的不平衡;二是新的废水污染问题不断出现。

　　发达国家是早期废水污染的主要受害者,许多公害事件发生在这些国家里。但是,自 20 世纪 70 年代以来,发达国家的废水污染程度已有所减轻,河流水质有了较为明显的改善。之所以出现这种情况,除了政府和社会各界的重视外,更主要的是发达国家有比较充足的资金解决水污染问题。与发达国家相反,在发展中国家,废水污染日益加剧。之所以如此,除了缺乏有效的环境政策外,更主要的是资金不足。

　　值得指出,人们对土地使用径流引起的污染问题(即非点源污染),至今没有有效的处置方法,而非点源污染是水污染的重要方面。有资料表明,地下水也已受到了不同程度的污染,一旦地下水被污染而不适于饮用,要消除污染恢复天然状态,可能需要花数十年、数百年甚至上千年的时间。

三、废渣污染

　　除了废水和废气外,在工业"三废"中,还有一种物质以固体的形式危害人类,这就是废渣。一般所指的废渣,是矿业废渣、工业废渣和放射性废渣的总称。矿业废渣来自矿物开采和矿物选洗过程,工业废渣来自冶金、煤炭、电力、化工、交通、食品、轻工、石油等工业的生产和加工过程,放射性废渣主要来自核工业生产、放射性医疗和科学研究等。

废渣产生出来后,如不妥善处置,便会从多方面造成对环境和人类健康的危害。首先,废渣的消极排弃会占用大量的土地资源。其次,废渣能污染水体。不少国家直接把废渣倒入河流、湖泊、海洋,废渣中的有害物质进入水体,影响水生生物的生存和水资源的利用。另外,废渣露天堆放或填地时,经雨水浸淋,渗出液和滤沥会污染土地、河川、湖泊和地下水,造成间接的水体污染。再次,废渣也对土壤造成污染。废渣及其渗出液和滤沥所含的有害物质会改变土质和土壤结构,影响土壤中微生物的活动,阻碍植物根系生长,有害物质还能在植物体内蓄积,通过生物富集作用最终危害人类。最后,废渣也污染大气。废渣中的尾矿、粉煤灰、干污泥的尘粒会随风飞扬,遇到大风,会刮到很远的地方。许多废渣本身或者在焚化时,会散发出毒气和臭气,这都使大气遭到污染。

四、室内化学污染

除了室外的大气污染物能经空气流通进入室内之外,室内各种建筑装饰材料、厨房炊事、化妆品、日用化学用品和化学制品、复印机、放射性污染物等都是重要的室内化学污染源,人们已从室内空气中鉴定出 300 多种挥发性化学物质。医学研究表明,由于上述原因造成的室内化学污染是呼吸道、心血管疾病和癌症的重要诱因。大量合成化学品不断进入室内产生的各种化学污染已成为当前一个突出的健康问题,正在引起发达国家的环境和卫生学家们的关切和注意,并发出警告:人们在注意室外环境保护的同时,应该采取有效对策,减少室内化学污染,以保护人类自己的健康。

五、环境污染带来的灾难

环境污染是人类盲目地破坏和改变环境和生态系统,从而引发环境的反应,结果使人类遭受了可怕的灾难。

1．八大公害

20 世纪 50 年代至 60 年代,环境污染及至发展为社会公害,发生了著名的"八大公害"事件。这些公害事件导致成千上万人生病,许多人在事件中死亡。痛苦的经历使人们认识到环境污染已经发展到了非常严重的程度,认识到环境问题的重要性。

(1) 马斯河谷事件:1930 年 12 月 1～5 日,比利时马斯河谷工业区。该工业区处于狭窄的盆地中,12 月 1～5 日发生气温逆转,工厂排出的有害气体在近地层积累,三天后有人发病,症状表现为胸痛、咳嗽、呼吸困难等。一周内有 60 多人死亡。心脏病、肺病患者死亡率最高。

(2) 多诺拉事件:1948 年 10 月 26～31 日,美国宾夕法尼亚州多诺拉镇。该镇处于河谷,10 月最后一个星期大部分地区受反报旋和逆温控制,加上 26～30 日持续有雾,使大气污染物在近地层积累。二氧化硫及其氧化作用的产物与大气中尘粒结合是致害因素,发病者 5 911 人,占全镇人口 43%,死亡 17 人。症状是眼痛、喉痛、流鼻涕、干咳、头痛、肢体酸乏、呕吐、腹泻。

(3) 洛杉矶光化学烟雾事件:20 世纪 40 年代初期,美国洛杉矶。洛杉矶全市 250 多万辆汽车每天消耗汽油约 1 600 万升,向大气排放大量碳氢化合物、氮氧化物、一氧化碳。该市临海依山,处于 50 公里长的盆地中,汽车排出的废气在日光作用下,形成以臭氧为主的光化学烟雾。

(4) 伦敦烟雾事件:1952 年 12 月 5～8 日,英国伦敦市。12 月 5～8 日英国几乎全境为浓雾覆盖,4 天中死亡人数较常年同期约多 40 000 人,45 岁以上的死亡最多,约为平时的 3 倍;1 岁以下死亡的,约为平时的 2 倍。事件发生的一周内因支气管炎死亡是事件前一周同类人数的 9.3 倍。

(5) 四日市哮喘事件:1961 年,日本四日市。1955 年以来,该市石油冶炼和工业燃油产生的废气,严重污染城市空气。重金属微粒与二氧化硫形成硫酸烟雾。很多人出现头疼、咽喉疼、眼睛疼、呕吐等症状,患哮喘病的人剧增。1964 年,四日市烟雾不散,致使一些哮喘病患者在痛苦中死去。1967 年,又有一些哮喘病患者因不堪忍受疾病的折磨而自杀。到 1979 年 10 月底,四日市确认患有大气污染性疾病的患者为 775 491 人。

(6) 米糠油事件:1968 年 3 月,日本九州市、爱知县等地。九州市、爱知县等地 90 万只鸡突然死亡。经检验发现饲料中有毒,但没有引起人们注意。不久,在北九州、爱知县一带发现一种奇怪的病:患者起初眼皮发肿、手掌出汗、全身起红疙瘩、呕吐恶心、肝功能下降、全身肌肉疼痛、咳嗽不止,有的医治无效死亡。后来查明,工厂在生产米糠油时,用多氯联苯作脱臭工艺中的热载体。由于生产管理不善,这种毒物混入米糠油,食用后中毒,患病者超过 1 400 人,至七八月份患病者超过 5 000 人,其中 16 人死亡,实际受害者约 13 000 人。

(7) 水俣病事件:1953~1956 年,日本熊本县水俣镇。含甲基汞的工业废水污染水体,使水俣湾和不知火海的鱼中毒,又经过食物链使人中毒。当时,最先发病的是爱吃鱼的猫。中毒后的猫发疯痉挛,纷纷跳海自杀。没过几年,水俣地区连猫的踪影都不见了。1956 年,出现了与猫的症状相似的病人。因为开始病因不清,所以这种疾病用当地地名命名。1972 年日本环境厅公布:水俣湾和新县阿贺野川下游有汞中毒者 283 人,其中 60 人死亡。1991 年,日本环境厅公布的中毒病人仍有 2 248 人,其中 1 004 人死亡。

(8) 骨痛病事件:1955~1972 年,日本富山县神通川流域。该流域锌、铅冶炼厂等排放的含镉废水污染了神通川水体,两岸居民利用河水灌溉农田,使稻米和饮用水含镉而中毒,病人骨骼严重畸形、剧痛,身长缩短,骨脆易折。1963 年至 1979 年 3 月共有患者 130 人,其中死亡 81 人。

2. 酸雨

大气中的化学物质随酸雨到达地面后会对地表的物质平衡产生各种影响。降雨的酸化程度通常用 pH 表示,pH 就是氢离子浓度的负对数,即 $pH = -\lg[H^+]$。一个时期以来,雨水酸度的增加成为备受关注的话题。早在 1872 年,英国化学家罗伯特·安格斯·史密斯就在《空气和降雨:化学气候学的开端》一书中叙述了他对英国曼彻斯特市污染情况的观察和研究,描述了空气中的硫酸如何漂白织物,又如何腐蚀金属等现象,首先提出了"酸雨"的概念。酸雨被定义为 pH 小于 5.6 的降水,包括雾、雨、雪等形式。确切地讲,雾、雨、雪等属酸性湿沉降,除此之外,还有以粉尘、气溶胶等形式的酸性干沉降,但是酸性干沉降很难测量,未知成分较多。

那么为什么要用 pH 为 5.6 来衡量呢? 原来,pH = 5.6 是来自与大气中 CO_2 相平衡的 pH,这是理想的天然 pH 背景值。实际上,即使是纯天然降水的

pH 也并非是 5.6，因为天然的酸（如火山排放的 SO_2）和天然的碱（如土壤中的 $CaCO_3$ 和生物排放的 NH_3）都会影响降水的 pH。

分析表明，酸雨中的酸度主要是由硫酸和硝酸造成的，它们占总酸度的 90% 以上，其余为一些弱酸。工业革命之后，大量使用矿石燃料大大增加了硫的排放量。机动车交通造成的 NO_x 排放在工业化国家占其总 NO_x 排放量的 30%～50%。这是酸雨前体的一个重要来源。除了 NO_x 以外，各类机动车还排放其他挥发性有机化合物，促成地面臭氧的生成，它会进一步将 SO_2 和 NO_x 转化成硫酸和硝酸，产生协同作用。起初，很多科学家认为，NO_x 形成的硝酸在酸雨中破坏作用不大，以为它毕竟是农作物的一种肥料来源。但是后来发现，春季融雪使冬季里积累的酸会突然释放出来，形成"酸脉冲"，危害河湖生态系统，而硝酸正是这一过程的主角。

20 世纪 70 年代以来，酸雨逐渐由工业发达国家向一些新兴工业国家扩展，其局部工业区的酸雨危害程度并不低于欧美国家，如中国西南以"贵阳—重庆"为中心的酸雨区 pH 有时竟然低到 3～4。

在世界上，中国使用的煤在总能源中比例达 70%，目前是世界第三 SO_2 排放国，而且已与欧洲和北美并列成为世界三大酸雨区。中国酸雨区面积从 1985 年的约 175 万 km^2 扩大到 1993 年的约 280 万 km^2，pH 小于 5.6 的降水等值线已大幅度向西、向北移动。1986 年 pH 低于 4.5 的重酸雨区仅为重庆、贵阳等局部地区，而 1993 年江南大部分地区平均 pH 低于 4.5 的酸雨区面积已达 100 万 km^2，而且还与东部韩国和日本存在大气酸性污染相互输送的问题。中国的酸雨防治已刻不容缓。

3. 温室效应

1994 年夏季，全球出现了举世关注的炎热天气，其炎热范围之广、程度之甚、时间之长，均为历史所罕见。原因可能是多方面的，但根本的原因是由于大气中二氧化碳（CO_2）的增多而引起的"温室效应"。

太阳较短波长辐射（主要是可见光）透过大气层到达地球表面，地球表面从太阳获得能量变暖以后，又以长波红外辐射的形式向外发射，而二氧化碳对长波辐射有强烈的吸收作用，地球表面发出的长波辐射到大气以后就被二氧化碳截获，最后使大气增温。大气中的二氧化碳如同暖房的玻璃一样，只准太阳的辐射热进来，却不让长波热辐射出去。二氧化碳的这种效应就叫温室效应。

据有些科学家推算，如果大气中二氧化碳的年增长率为 4%，到 2050 年其浓度将增加到万分之八，这样，全球气温将上升 1.5～4.5 ℃，从而引起南极冰帽的融化。据推算海平面会上升 20～140 cm，这必将淹没世界上最肥沃的大河三角洲，这里不仅是富庶的鱼米之乡，还是世界著名的大城市的分布带。

导致温室效应的气体不仅是二氧化碳，从汽车排气管和烟囱中源源不断排出的氯氧化物也是元凶之一；还有甲烷，它的温室效应比二氧化碳要强 300 多倍。

1997 年在京都召开有关全球温室效应的国际会议产生了《京都议定书》，各缔约方确定：在 2008～2012 年发达国家排放二氧化碳等 6 种温室气体总量要比 1990 年平均减少 5.2%。《京都议定书》似乎非常明确地告诉世人一个重要的信息：我们的地球毕竟是有限的，不可能无限地开发，也不可能无限地吸收人类生活产生的种种污染。

4. 臭氧层空洞

在高层大气中(高度范围离地面 15～24 km)，由氧吸收太阳紫外线辐射而生成可观量的臭氧(O_3)。光子首先将氧分子分解成氧原子，氧原子与氧分子反应生成臭氧：

$$O_2 \longrightarrow 2O \qquad\qquad O + O_2 \longrightarrow O_3$$

O_3 和 O_2 属于同素异形体，在通常的温度和压力条件下，两者都是气体。

当 O_3 的浓度在大气中达到最大值时，就形成厚度约 20 km 的臭氧层。臭氧能吸收波长在 220～330 nm 范围内的紫外光，从而防止这种高能紫外线对地球上生物的伤害。

过去人类的活动尚未达到平流层(海拔约 30 km)的高度，而臭氧层主要分布在距地面 20～25 km 的大气层中，所以未受到重视。近年来不断测量的结果已证实臭氧层已经开始变薄，乃至出现空洞。1985 年，发现南极上方出现了面积与美国大陆相近的臭氧层空洞，1989 年，又发现北极上空正在形成的另一个臭氧层空洞。此后发现空洞并非固定在一个区域内，而是每年在移动，且面积不断扩大。臭氧层变薄和出现空洞，就意味着有更多的紫外辐射线到达地面。紫外线对生物具有破坏性，对人的皮肤、眼睛，甚至免疫系统都会造成伤害，强烈的紫外线还会影响鱼虾类和其他水生生物的正常生存,乃至造成某些生物灭绝,会严重阻碍各种农作物和树木的正常生长,又会使由 CO_2 量增加而导致的温室效应加剧。

　　人类活动产生的微量气体,如氮氧化物和氟氯烃等,对大气中臭氧的含量有很大的影响。引起臭氧层被破坏的原因有多种解释,其中公认的原因之一是氟里昂(氟氯甲烷类化合物)的大量使用。氟里昂被广泛应用于制冷系统、发泡剂、洗净剂、杀虫剂、除臭剂、头发喷雾剂等。氟里昂化学性质稳定,易挥发,不溶于水。但进入大气平流层后,受紫外线辐射而分解产生 Cl 原子,Cl 原子则可引发破坏 O_3 循环的反应:

$$Cl + O_3 \longrightarrow ClO + O_2$$

$$ClO + O \longrightarrow Cl + O_2$$

由第一个反应消耗掉的 Cl 原子,在第二个反应中又重新产生,又可以和另外一个 O_3 起反应,因此每一个 Cl 原子能参与大量的破坏 O_3 的反应,这两个反应加起来的总反应是

$$O_3 + O \longrightarrow 2O_2$$

反应的最后结果是将 O_3 转变为 O_2,而 Cl 原子本身只作为催化剂,反复起分解 O_3 的作用。O_3 就被来自氟里昂分子释放出的 Cl 原子引发的反应而破坏。

　　另外,大型喷气机的尾气和核爆炸烟尘的释放高度均能达到平流层,其中含有各种可与 O_3 作用的污染物,如 NO 和某些自由基等。人口的增长和氮肥的大量施用等也可以危害到臭氧层。在氮肥的分解中会向大气释放出各种氮的化合物,其中一部分可能是有害的氧化亚氮(N_2O),它会引发下列反应:

$$N_2O + O \longrightarrow N_2 + O_2$$

$$N_2 + O_2 \longrightarrow 2NO$$

$$NO + O_3 \longrightarrow NO_2 + O_2$$

$$NO_2 + O \longrightarrow NO + O_2$$

$$O_3 + O \longrightarrow 2O_2$$

NO 按后两个反应式循环反应,使 O_3 分解。

　　为了保护臭氧层免遭破坏,于 1987 年签订了《蒙特利尔条约》,即禁止使用氟氯烃和其他的卤代烃的国际公约。然而,臭氧层变薄的速度仍在加快。不论

是南极地区上空,还是北半球的中纬度地区上空,O_3含量都呈下降趋势。与此同时,关于臭氧层破坏机制的争论也很激烈。例如大气的连续运动性质使人们难以确定臭氧含量的变化究竟是由动态涨落引起的,还是由化学物质破坏引起的,这是争论的焦点之一。由于提出不同观点的科学家在各自所在的地区对大气臭氧进行的观测是局部和有限的,因此建立一个全球范围的臭氧浓度和紫外线强度的监测网络,可能是十分必要的。

联合国环境计划署对臭氧消耗所引起的环境效应进行了估计,认为臭氧每减少1%,具有生理破坏力的紫外线将增加1.3%,因此,臭氧的减少对动植物尤其是人类生存的危害是公认的事实。人类应当从臭氧空洞出现这一事实中反思自身的行为,对目前臭氧层耗损可能导致的恶化人类生存环境的后果采取相应对策,并应当刻不容缓地采取行之有效的坚决行动,确实保护好人类赖以生存的大气臭氧层。

5. 氧气锐减

大气污染物能改变大气性质和气候的形式,不仅导致酸雨、温室效应和臭氧层破坏,而且使全球氧气锐减。

空气是生态资源,是人类生存发展的第一要素,由于大气中二氧化碳骤增,森林砍伐,植被破坏,造成氧气量的锐减。大气的含氧量每年以 3～4 ppm(parts per million)的速度在减少,一辆小汽车跑 100 km 所需氧是一个人一年的耗氧量。我们生活大气圈所含的氧要维持人、畜、工业、交通等需要,已到了十分令人担忧的地步。

第二节　污染控制化学与环境保护

污染控制化学是一门新兴的边缘学科,主要内容包括污染控制材料和技术、污染控制过程的化学研究。因污染控制化学涉及面极广,本节仅就几个重要污染物的化学治理的例子进行讨论。

一、气态污染物的治理

1. 二氧化硫污染防治

二氧化硫是化学工业有害排放物中最常见的组分之一。

对二氧化硫污染的防治主要从两方面着手。一是在燃料燃烧之前脱去燃料中所含硫分，即燃料脱硫法，这是防止硫氧化物对大气污染的主要技术措施。二是烟气脱硫法，即对工业生产中排放的烟气进行净化处理，减少烟气中硫氧化物的含量。

2. 氮氧化物污染防治

进入大气的氧化氮气体排放源是多种多样的。废气净化脱除氮氧化物的方法主要有四大类：氧化法、还原法、吸着法和其他方法。

3. 相关知识链接

(1) 废气成为工业副产品。1775 年，法国科学院悬赏 12 000 法郎，征求利用食盐制取碳酸钠的方法。碳酸钠就是我们称为"碱"的化合物。法国为什么要用这么高的代价征求制碱的方法呢？因为当时由于造纸、肥皂、纺织、漂洗等行业发展起来了，需要大量的碱，而在这以前用的都是从树木和海草的灰中提取的植物碱，满足不了需要。但是化学家们已经知道碱是钠元素的化合物，如碳酸钠（纯碱）、碳酸氢钠（重碱）、氢氧化钠（烧碱）等都是碱；化学家们还知道，食盐就是氯和钠的化合物，而食盐是可以从海水中大量制取的，所缺少的就是需要找到将食盐制成碱的技术。

这一重赏确实打动了不少人，科学院果然征集到不少发明建议，最后采用了一位名叫路布兰医生的方案。先将食盐与硫酸反应，得到硫酸钠（同时释放出氯化氢气体）；再将硫酸钠与煤和石灰一同放进炉里熔化混合，就得到碳酸钠，它就是人们所需要的纯碱。这一制碱法就被称为路布兰法，于 1791 年获得专利，投入生产后很受社会欢迎。

但在路布兰法制碱的生产过程中，逐渐出现了严重的环境污染问题，它就是在第一道工序中，盐与硫酸反应得硫酸钠的同时，释放出氯化氢气体，它被直接排放到大气中，呼吸到这种气体的人，会刺激呼吸道而感染；特别是由于它带有强烈的腐蚀性,是造成钢铁建筑材料和机械腐蚀的祸害。这一污染的严重性,促使英国议会通过管理条例,敦促尽快解决这一废气污染问题。

1836年,英国人哥塞建议,建设一个吸收塔,塔中填充焦炭,能将生产过程中放出的氯化氢气体吸收。为了使焦炭能经常保持良好的吸收废气的能力,哥塞还设计了一个辅助性方案:对塔中的焦炭用水冲淋。没想到这个方案实地一使用,却发现从吸收塔中流出来的冲淋焦炭的水,不是一般的水,而是盐酸。因为氯化氢气体溶于水后就成为了盐酸。

盐酸是工业上与硫酸、硝酸并称的三大强酸之一,在化学工业上是制造人造橡胶、染料、塑料、药剂等的重要原料。原来被认为是严重污染厂环境的工业废气,竟成为制碱工业中于碱的生产之外,同时得到的另一种重要的工业副产品。

路布兰制碱法的生产过程中,还产生一种使人讨厌的灰渣,黑黝黝的,量很大,又发出恶臭。拿它怎么办呢?1862年,德国化学家蒙德利在英国工作时,注意到那难闻的灰渣其实是硫化钙。他发明了一种方法,使空气中的氧与黑灰渣中的钙化合,成为氧化钙,而同时还可以得到纯净的硫,硫是制造硫酸的化工原料。

1887年,另一位英国化学家黑斯,发明了另一种处理黑灰渣的方法:将黑灰渣溶解后,在溶液里通入二氧化碳,再用氧化铁作催化剂,也可得到纯净的硫。

概括地说,由路布兰的制碱法生产过程中产生的废气废渣,经过化学家们的努力改造,人们得到了盐酸、氯气、漂白粉、硫、硫酸等一系列的副产品,许多化工产品围绕着路布兰法而开展起来,带动了化学工业的兴起,奠定了近代化工设备的基础,还连带着造就出不少化学工业人才。

路布兰制碱法在英国足足延续了100年,后来渐渐被更先进、"废弃物"更少的制碱法所代替。这虽是化工发展史上的一段经历,却仍旧告诉我们,工业生产中排出的废气、废渣等,不要急急忙忙就宣布它为废弃物,是污染环境的有害之物,经过化工学家们的进一步研究探索,对污染环境的有害之物作进一步的探索,化害为利,变废物为财富的可能性是确实存在的,特别是对一些排出废气、废水、废渣的化工生产,更需要多动一番脑筋,从积极的角度想办法,挖掘财富,这可能是治理环境污染的一条重要思路。

(2)废钢渣与农业磷肥。那是19世纪60年代一个深冬的夜晚,横跨在比利时北部山间峡谷上的一座铁桥,突然断裂,倒塌在江水上。经过化学家和冶金学家共同努力寻找原因,归结于造铁桥的钢铁中含磷太高,使钢铁的性质发脆的缘故。

铁中为什么会含有较高的磷?进一步研究又发现,原来是炼铁的转炉中采用了酸性物质做炉衬,使铁矿石中含有的磷未能排除出去。后来,英国一位名叫托马斯的冶金学家建议,改用碱性的氧化钙等做炉衬,冶炼时铁水中的磷与氧化钙发生化学作用,生成磷酸钙,沉积在炉渣中,和钢渣一同被排出,这样出炉的铁水中的磷就被脱除了,钢材的质量得以大大提高。

钢铁中的磷被脱除,质量提高,老板们当然很高兴,但又带来了新的烦恼:一天天排出的钢渣,都快堆成小山了,造成了工业废渣对环境的污染,怎样去治理它们呢?

必须给这种矿渣找到新的出路,要不就会影响钢铁的继续生产了。正在这时,在农业上产生了一个新的突破,德国化学家李比希提出,对于农作物要注意施含氮、磷、钾三种元素的肥料,含磷的肥有助于作物秸秆的健壮生长和籽实饱满。可当时人们施用的磷肥是靠开采磷矿石加工制得的。

一位名叫荷耶尔曼的德国化学家想到炼钢厂里排出的废钢渣,那里面不是含有较高的磷酸钙吗?能不能用它代替磷矿石作为磷肥施用呢?于是他将这种钢渣粉碎作为磷肥,进行了小型试验。试验的结果表明,这种含磷的钢渣粉末虽然不溶于水,却很容易被农作物吸收,农作物生长良好,显示出了增加磷肥的肥效。

荷耶尔曼将实验结果公之于众,并且实地加以推广。欧洲许多国家的炼钢厂正在为大量的废钢渣无法处理而发愁,得到这一信息,纷纷试验推广,大量生产利用废钢渣制成的磷肥,果然对促进农作物的生长有效。于是这种磷肥被称做钢渣磷肥,它于1886年开始出现于市场,第二年单是德国的消费量就达到5万吨;1889年,全欧洲的钢渣磷肥达到70万吨。

这种钢渣磷肥在我国也有推广使用,不过大概很少有人知道它是由炼钢的废渣加工而成的。可见,有些工业产品生产过程中出现的废渣,并非一定是环境污染物,只要经过科学的分析研究,往往可以使废物转化成为可贵的财富,起到化腐朽为神奇的效果。

(3) 二氧化碳的坟场。最近,英国地质勘察组织(BGS)提出一种减少发电站释放的 CO_2 的方案,以减少 CO_2 这种温室效应气体对地球气候的影响。研究安全处置 CO_2 方案已有多年的 BGS 的 Keyworth 认为,在众多可能方案中有一个方案似能迎合财政预算——在深海里埋葬 CO_2。除此之外的方案,如用树木吸收 CO_2,估计需把整个欧洲用植物覆盖才行,而用旧的地下矿井来存放 CO_2 却难免泄漏:都不可能。曾有过把欧洲释放的 CO_2 运送到大西洋中部深海存放起来的方案,其不现实性只是长途运输的价格太高。于是,一个由多国公司和科学家组成的研究小组提出了用靠近北海的岩层来存放废弃的 CO_2 的方案。他们认为,存放的技术实际上已经存在:以超临界流体的状态来提取并压缩发电厂烟囱冒出来的 CO_2,然后用泵把这种"液态" CO_2 打进废弃的油气井的多孔岩层里。实验室试验和地球化学模拟表明,经上千年,气体将会溶于多孔岩石里的水,并与水反应,进而与岩石反应。研究小组相信,贮存期可以超过几万年,甚至可能几百万年。这项计划最花费之处恐怕是要在发电厂建一个装置并使之运转。据悉,一种变通的方案已经实现:挪威国营油气公司的多孔岩层贮存。这显然比从发电站取得 CO_2 容易实施得多。BGS 正在继续研究埋葬进岩层的 CO_2 最终的命运。

(4) 车辆造成的空气污染。交通运输所排放的空气污染物,基本上可分为一氧化碳、氮氧化物、二氧化硫、臭氧、碳氢化合物及煤尘等。空气污染源可以根据形态(自然或人为)、数量及空间分布,或排放型态(气体或粒状)等加以分类。数量及空间分布的分类包括单一点源、面源或非点源,以及线源。

气态空气污染物两种主要类别为无机气体和有机蒸气。常见的无机气体包括二氧化硫、氮氧化物、一氧化碳,以及硫化氢;而有机蒸气包括碳氢化合物、醇类、酮类及酯类。有机蒸气一般属局地性的污染物,经由光化作用产生的气状二次污染物包括高氧化物,其主要成分为臭氧。含硫、氮及碳的无机气体可于大气中氧化至最高氧化型态,而后与水结合成为酸雾(Acidmist),例如硫酸、硝酸等。

粒状空气污染物包含各种扩散物质,且不论其为固态或液态,其个别集合体的粒径大于单一小分子(直径约 $0.0002\,\mu m$),但约小于 $500\,\mu m$。粒状物可以在空中持续存在几秒至数月。依据采样的技术来分,粒状物基本上可以分为总悬浮微粒和可沉降固体等两大类,总悬浮微粒是经由高量采样器将大气中的粒子过滤而得;可沉降固体或者落尘(Fallout)则指一个月内经由电力沉降至落尘筒的微粒物质。对于空气品质而言,最常被用来量度粒状物者为总悬浮微粒。

除了一般公路车辆会产生空气污染外,各运输系统的运作亦常产生一定程度的空气污染。一般而言,铁路系统目前已多采用电力动力,污染排放情形较轻微,公路车辆与航空器则产生较大的污染。公路车辆污染的来源主要有三种:

① 动力系统排出的经过燃烧后的气体;

② 传动系统漏出的混合气体;

③ 燃料系统蒸发的油气。

其中,由排气管排出的燃烧后气体是空气污染的主要来源,此类气体是汽油或柴油与空气在汽缸内混合燃烧后所生成的,主要的成分包括:氮气、水蒸气、二氧化碳和氧气等无害气体。但也有部分有害的气体如:一氧化碳、碳氢化合物、氮氢化合物、臭氧、甲醛、铅化物、二氧化硫和黑烟等,其中一部分有害物质则是由于不完全燃烧或高温进化或燃料中的杂质在燃烧过程中所形成。传动系统漏出的混合气体是汽缸和活塞间所渗漏出来的气体,其中含大量的碳氢化合物,不但浪费燃料,也同时造成空气污染。此外,燃料系统如油箱和化油器等处也曾蒸发出部分油气,成分中大部分为碳氢化合物。以汽车为例,这部分漏出的碳氢化合物约占一辆车碳氢化合物排放总量的 20%。

空气污染之改善对策除可借交通运输系统规划、管制与管理方面着手外,尚可由引进电动车辆、采用替代能源及改进车辆制造技术等方面着手,分述如下:

(a) 引进电动车辆。目前绝大部分的车辆都依赖内燃机产生动力,而内燃机汽缸燃烧碳氢燃料就难免有污染气体的产生,因此,一个绝对免除车辆动力系统造成空气污染的方法便是改用电动车辆,使用充电式蓄电池和电动马达作为动力,以根本解决因碳氢燃料燃烧所产生的污染。然而,一旦大量使用电动车辆后,势必需要更多的电力,用于电源的投资也因此而增加,届时,因各类发电厂附带引起的环境污染问题,必须在设立之初即详加考虑并适当投资污染处理设备。否则,开发电动车虽然减轻了车辆行驶所造成的污染,却可能同时引发了因增设电厂发电所新增的污染。

（b）采用替代能源。为减轻因燃烧碳氢燃料所产生的空气污染,以替代性燃料取代碳氢燃料亦为一种可行的方法,其中替代燃料可分为液体燃料（如酒精）和气体燃料（如氢气和人工合成气体等）。

上述两类替代性燃料,若考量其供应来源及燃烧效率,则又以气体燃料较为可行。气体燃料因为能够与空气充分混合,燃烧时,产生的污染物质极少,可以解决大部分机动车辆的污染问题。

（c）改进车辆制造技术。使用内燃机的车辆不断改善其排气净化系统已具多年历史,最主要的原因在于各国政府所制定的防治空气污染的法规日趋严格,使得车辆制造厂必须努力配合改进。以目前各国现有的车辆排气净化控制技术而言,仍有继续改良的空间,继续减低车辆的污染排放量。

二、几种工业废水的处理

1. 含氰废水

含氰废水来自矿石萃取和采矿、照相加工、焦炉、合成纤维生产、钢的表面硬化和酸洗及工业气体洗涤,主要来源是电镀工业。

处理氰化物废水的方法有氯化法、电解法、臭氧氧化法、蒸发回收法以及反渗透、离子交换和催化氧化法。

2. 酚类废水

酚类污染物来源广泛:煤气、炸药、木材干馏、煤焦油蒸馏、炼油、浮选矿废液、农药、化工、树脂生产、显像剂、炼焦炉。这类废水可包括多种多样类似的化合物,其中有各种酚、氯酚和苯氧基酸。因此,从污染控制方法来说,按含酚废水中酚类浓度的不同,可采用不同的处理方法。高浓度含酚废水中回收酚是比较普通和成功的方法,全都是用不混溶的有机溶剂萃取,此法效率极高,可回收98%～99%的酚。含酚中等浓度废水,广泛地采用生物法来处理,生物法包括有活性污泥法等。低浓度含酚废水通常用化学法或物理-化学法,而不用生物法。

3. 含油废水

含油废水的主要来源是钢铁制造、金属加工、炼油厂以及食品加工工业。

含油废水的处理在基本原理上类似于生活下水的处理。先用初级处理将浮油(游离油)从水和乳化含油物料中分出。然后,再用二级处理以破坏油-水乳液并将剩下的油与水分离。

4. 氟化物废水

氟化物废水的来源有:焦炭生产、玻璃和陶瓷制造、晶体管制造、电镀、钢和铝加工以及农药和肥料生产。玻璃和电镀废水一般含有呈氟化氢(HF)或氟离子(F)形态的氟。肥料生产过程中排出的氟化物,由于是处理磷矿,一般呈四氟化硅(SiF_4)形态。制铝工业用氟化物冰晶石($NaAlF_6$)作为铝矾土还原的催化剂,生成的气态氟化物经洗涤而转换成水相废液。

有多种方法可用来处理含氟化物废水,较重要的有沉淀法和吸附法。沉淀法系加化学品处理,形成氟化物沉淀或氟化物在生成的沉淀物上共沉淀,通过沉淀物的固体分离达到氟的去除。采用的化学品有石灰、镁化合物和硫酸铝。

三、重金属污染物的治理

重金属污染源较为广泛,它涉及采矿、冶金、化工、轻工等众多的工业部门,品种和数量很多。

环境污染物中的重分属主要是指 Hg、Cd、Cr、Pb、As 以及 Cu、Zn、Ni、Co、Sn 等,其中以前五种金属毒性最大。

1. 汞(Hg)

未受污染的环境,无论是水体、大气、土壤或生物都含有极微量的汞。汞污染主要来自工业排放,氯碱工业耗汞量占总耗汞量的 1/4 以上,仪器仪表、电器设备、化工、造纸工业排放的废水和废气含有大量汞。此外黑色、有色金属冶炼,燃料燃烧也排放大量汞,而汞的有机化合物作为农药使用是引起土壤、水体及大气汞污染的重要来源。

环境中汞的存在形态受自身化学性质的影响,也受到环境因素的作用。进入环境的汞一般有下述两种形式。

① 无机汞:金属汞、一价汞和二价汞(无机化合物),如硫化汞等。

② 有机汞:烷基汞、烷氧基汞、苯汞等。

毒理试验证明,无机汞对人体不具严重的毒性作用,而有机汞特别是甲基汞对生物是剧毒物。水俣病致病的原因主要是甲基汞,它侵害神经系统使运动神经及感觉神经受损。汞与酶蛋白及血红素分子中巯基(—SH)结合,导致蛋白质中毒。海水中,汞能抑制浮游生物的光合作用和生长。

目前世界各国已提出多种汞污染治理技术。各种处理技术的效果和经济性取决于汞的化学性质和初始浓度、废水中可能妨碍该处理的其他组分的存在以及必须达到的除汞程度。具体处理方法包括:化学凝聚沉淀法、活性炭吸附法、离子交换树脂法及还原法等。

从气体中除汞通常有两种情况,一种是从水银电解槽所产生的氢气中除去汞蒸气,另一种是从各种气体(如空气)中去除汞蒸气。从气体中除汞的方法有:银-氧化铝吸附法、空气中汞的吸附净化及银浸渍活性炭吸附法。

2. 镉(Cd)

镉与锌的化学性质相近似,常共生,故在环境中两者总是一起迁移和转化。镉是严重污染元素之一。它主要通过消化系统进入人体。镉与血红蛋白结合,蓄积在肝脏和肾脏中,导致镉中毒。

含镉废水来自金属合金冶炼、陶瓷、电镀、照相、颜料、纺织印染、化工以及铅矿排水。镉可用沉淀或离子交换法从废水中去除。在有配合物(如氰配合物)存在的情况下,镉不能被沉淀。在这种情形下,应将废水先作预处理。已有一种用过氧化氢氧化沉淀的方法,能够同时氧化氰,并形成氧化镉。

3. 铬(Cr)

铬在废水中一般以两种价态存在,三价(Cr^{3+})或六价(CrO_4^{2-} 或 $Cr_2O_7^{2-}$)。六价铬有毒,有致癌作用,铬能引起肺癌、黄疸、鼻隔膜穿孔和肾损坏等。

铬酸及其盐常用于鞣革工业,有机合成中作氧化剂,也广泛用于电镀、墨水制造、工业用染料和涂料的制造及化肥工业的生产中。在工业废水中六价铬主要以铬酸盐(CrO_4^{2-})和重铬酸盐($Cr_2O_7^{2-}$)的形式存在。

最常用的六价铬处置方法是将六价铬还原到三价,再用碱沉淀法处理三价铬离子。为了符合越来越严格的排水标准,还可采用离子交换法、反渗透法、石灰絮凝和炭吸附法、溶剂萃取法、电解回收以及化学沉淀法等。

4．铅(Pb)

铅的污染来自采矿、冶炼、铅的加工和应用。石油工业的发展,四乙基铅所耗用的铅占总生产铅的 1/10 以上。汽车排放废气中铅尘污染已经造成严重的公害,成为环境工作者极为关心的问题。

散布于环境中的铅主要以粉尘和气溶胶从呼吸道进入人体,部分从消化道吸入。研究证实,Pb^{2+} 与人体内多种酶结合,破坏了机体正常生化和生理活动,出现神经机能障碍、大脑皮质兴奋、抑制机能受阻、肌肉内磷酸类化合物的合成受害、产生绞痛、功能性病变、寿命缩短等。

大多数含汞废水呈无机颗粒或离子状态存在。但四乙基铅工业废水含有高浓度的有机铅化合物,由于用于无机铅的沉淀处理的标准方法对这些化合物不适用,故对四乙基铅工业废水的处理特别困难。

溶解铅的处理多半包括形成铅沉淀物的反应和沉淀。另外离子交换、明矾、硫酸亚铁和硫酸铁凝聚也可用于铅的处理。用凝聚法处理四乙基铅厂废水可以取得较好的效果。

5．相关知识链接

常用废水的处理方法如下:

表 4-1　污水处理方法分类

基本方法	基本原理	单元技术
物理法	物理或机械的分离过程	过滤,沉淀,离心分离,上浮等
化学法	加入化学物质与污水中有害物质发生化学反应的转化过程	中和,氧化,还原,分解,混凝,化学沉淀等
物理化学法	物理化学的分离过程	气提,吹脱,吸附,萃取,离子交换,电解电渗析,反渗透等
生物法	微生物在污水中对有机物进行氧化,分解的新陈代谢过程	活性污泥,生物滤池,生物转盘,氧化塘,厌气消化等

表 4-2　常用处理废水的化学方法

方　法	原　理	设备及材料	处　理　对　象
混凝	向胶状浑浊液中投加电解质,凝聚水中胶状物质,使之和水分开	混凝剂有硫酸铝,明矾,聚合氯化铝,硫酸亚铁,三氯化铁等	含油废水,染色废水,煤气站废水,洗毛废水等
中和	酸碱中和,pH达中性	石灰,石灰石,白云石等中和酸性废水,CO_2 中和碱性废水	硫酸厂废水用石灰中和,印染废水等
氧化还原	投加氧化(或还原)剂,将废水中物质氧化(或还原)为无害物质	氧化剂有空气(O_2),漂白粉,氯气,臭氧等	含酚,氰化物,硫铬,汞废水,印染,医院废水等
电解	在废水中插入电极板,通电后,废水中带电离子变为中性原子	电源,电极板等	含铬含氰(电镀)废水,毛纺废水
萃取	将不溶于水的溶剂投入废水中,使废水中的溶质溶于此溶剂中,然后利用溶剂与水的相对密度差,将溶剂分离出来	萃取剂:醋酸丁酯,苯,N-503 等设备有脉冲筛板塔,离心萃取机等	含酚废水等
吸附(包含离子交换)	将废水通过固体吸附剂,使废水中溶解的有机或无机物吸附在吸附剂上,通过的废水得到处理	吸附剂有活性炭,煤渣,土壤等;吸附塔,再生装置	染色、颜料废水,还可吸附酚,汞,铬,氰以及除色,臭,味等用于深度处理

四、对二噁英的防范

1999 年 5 月底,比利时发现该国饲养场的肉鸡体内含有超标二噁英致癌物,"污染鸡事件"一经披露之后,立即在全球引起轩然大波。除了比利时首相和两名部长引咎辞职,联合政府垮台,肇事者将被送上法庭外,比利时的经济损失也是极其惨重的。

所谓二噁英,英文名称为"Dioxin"。人们通常所说的二噁英是指多氯二苯并二噁英和多氯二苯并呋喃的统称,它共有 210 个同族体,其中前者 75 种,后者 135 种。其毒性与氯原子取代的位置密切相关,只有在那些 2、3、7、8 四个共平面取代位置均有氯原子的 17 个二噁英同族体是有毒的,其中 2、3、7、8-四氯代二苯并二噁英(2,3,7,8-TCDD)被公认为毒性最强,相当于剧毒化合物氰化钾的 50~100 倍。更为严重的是它的强致癌性,还具有生殖毒性、内分泌毒性和免疫毒性效应。

二噁英有两个显著的特点:一是化学稳定性强,在环境中持续存在,被称为持续性有机污染物;二是高亲脂性或脂活性。这两个特性导致这种污染物容易通过食物链富集于动物和人的脂肪和乳汁中,一旦进入动物和人体又较难于排出。

二噁英不是天然存在的,垃圾焚烧炉是释放二噁英的主要来源,因为炉内的温度、含氯的化合物及起催化作用的活泼金属都有利于二噁英的合成。普通的家庭生活垃圾用垃圾桶进行焚烧也会产生二噁英。一般认为,二噁英最可能在温度为 250~350 ℃之间,在烟囱飞尘颗粒的表面形成。一些发达国家都制定了相应的、严格的控制标准。

随着世界经济一体化的加深和中国加入 WTO,我国的货物进入有关国家,也会遇到二噁英的问题。我国要逐步采取以下措施,对二噁英的产生加以防范。

① 对可能产生二噁英的相关产品,如氯酚、多氯酚、多氯联苯等的生产使用加以限制,必要时取样分析。

② 对垃圾焚烧要慎重处理。

③ 对垃圾中的含氯废物尽量减少或尽可能不要焚烧。

日本发现一种白蘑菇真菌（白色腐朽菌），不仅能分解木质素，而且对二噁英也有分解能力。只要有微量二噁英的存在，即便是十亿分之二的量，与含有 2 mg 白蘑菇混合培养，两个月内 50%～70% 的二噁英彻底被降解，最终转化为二氧化碳和水。此法可减轻或清除二噁英的危害。

目前检测二噁英化合物的主要方法是气相色谱法，但非常耗时，不能进行实时动态监测。

二噁英有什么危害？

不久以前，在加拿大蒙特利尔召开了有中国政府代表团参加的关于持久性有机污染物（POPs）的政府间谈判委员会第一次会议，着手谈判缔结一项控制持久性有机污染物的法律文书。列入黑名单的 12 种有机污染物中，二噁英类就占了 2 种。

世界卫生组织也确定，二噁英是一种致癌物质，但是人类不必过于惶恐，因为它只会在长期中毒下才会对人类有一定的生化影响。比如，对皮肤造成伤害，甚至长出严重的暗疮；对肝功能、生殖器官（如子宫内膜移位）、荷尔蒙产生影响；影响人体的免疫力，若小朋友吸入，有可能妨碍智力发展。由于二噁英在人体内的脂肪中积累，婴儿同样有可能会从母乳中吸收到二噁英，并可能导致胎儿畸形。

二噁英一旦被人体吸入就永远积聚在体内，无法排出。那么二噁英是如何进入人体的呢？ 二噁英进入人体的途径，主要有呼吸吸入、皮肤接触和食物吃入三种途径。食物吃入占 35% 以上，是最主要的进入人体的途径。因此，工业化发达的国家对食物中二噁英残留量极为重视。

医学研究也告诫人们，对于二噁英的产生，不必过于害怕，只有长期食用二噁英污染的食物才可能致癌或引起慢性病，食品中的二噁英含量较少，尽管它有剧毒，一般情况下不会引起急性食物中毒。

面对二噁英的产生，我们人类需要思考自己的对策，我们自身所能够做到的就是食用低脂食物，均衡饮食，多吃瘦肉，少吃肥油和皮，不挑食，尤其是孕妇和婴儿更应注意饮食。对于被宣布可能有问题的国家的食品应停用。同时，我们应提高警惕，一是注意减少或停止含氯化合物的生产；二是重视垃圾焚烧炉的技术改造。在欧洲、日本等国的焚烧炉都装有后处理装备,产生的二噁英很少,而我国的焚烧炉技术比较落后,应加紧技术更新使其更加符合环保要求。我国目前对二噁英类污染控制和检测的力度远远不够。一个原因是二噁英类属于痕量污染物,它在环境中的含量很低。人们对环境保护的精力仅投在"天蓝、地绿、水清"的目标上,目光也仅放在二氧化硫、氮氧化物、总悬浮颗粒等带来的污染上。尽管二噁英类对人类健康构成潜在威胁,但人们似乎忽视了这类化合物低剂量长周期暴露对生态环境的影响。以纸浆制造过程为例,治理污染主要考虑的是黑液,没有考虑到二噁英类的痕量污染。还有一个原因是费用问题,仅测试一个二噁英类样品就需要 1 500～2 000 美元。

我国还没有对二噁英类的污染源进行普遍调查,但对个别污染源的初步调查显示,由于工业生产过程中所排放的废弃物及化学制品中所含的二噁英类对环境造成的潜在的污染问题相当严重。

第三节　可持续发展的化学

20 世纪 80 年代以来,人们也许可以观察到化学在社会公众中的形象有一些微妙的变化。我国国内一些食品、化妆品广告或包装上常加一句"本品不含任何化学添加剂"。好像"化学"成了"有害"的同义词,其实它标榜的纯天然物也都是化学品。

造成以上这些现象,部分是出于误解,但是不可否认的是,由于不少化学工业生产的排放和一些化学品的滥用,确实给整个生态环境造成了非常严重的影响。

我们当前面临的形势是我们这个社会已无法离开造就我们当前物质文明的化学工业和化工产品,而倒退到 19 世纪。尽管我们处在白色污染包围之中,但我们也无法想像离开今天的高分子产品后,我们的日常生活,还能否正常进行。发达国家已经或正在将一些有毒有害的化学生产转移到发展中国家,而我们自己也已经或正在将这种生产从城市转移到农村,从沿海转移到内地。这样的结果最终还是搬起石头砸自己的脚,毁了我们赖以生存的地球。因此我们既要为了开创美好生活而发展化学工业,而又不能让它的生产过程和它的产品破坏我们的环境,贻害我们的子孙。这正是当前化学家面临的最大挑战,化学家要为社会创造新的、安全的化学——绿色化学。

一、原子经济性

在过去的一个世纪中,化学取得了显著的进展。但是化学的工业实践的主要原理基本上没有发生变化。断开及重新形成化学键的方法仍然常常高度依赖于调节化学反应的温度和压力或加入一种催化剂。这一方法的效率往往很低,因为它完全没有考虑到我们对分子运动的认识。由于这一缘故,大批量的反应通常是效率不高的,除了产生出有用的产品外,它也产生出大量无用的副产品。

美国有机化学家 Trost 在 20 世纪 80 年代提出原子经济(Atom Economy)的概念,认为一个高效率的合成反应应当最大限度地将反应物的原子都包含在产物中,试看下面的两个反应:

$$A + B \longrightarrow C + D \tag{4-1}$$

$$A + B \longrightarrow C \tag{4-2}$$

这两个反应中 A 和 B 是原料(反应物),C 是产物,D 是副产物。显然,反应(4-2)达到了最好的原子经济。原料分子中的原子百分之百地转变成产物,不产生副产物,实现废物的"零排放"(Zero Emission)。因此,原子经济的途径不仅节省了资源,而且减少了排放。

对于大量的基本有机原料的生产来说,选择原子经济反应十分重要。目前,在基本有机原料的生产中,有的已采用原子经济反应,如丙烯氢甲酰化制丁醛、甲醇碳化制醋酸、乙烯或丙烯的聚合、丁二烯和氢氰酸合成己二腈等。另外,有的基本有机原料的生产所采用的反应,已由二步反应,改成采用一步的原子经济反应。如环氧乙烷的生产,原来是通过氯醇法二步制备的,发现银催化剂后,改为乙烯直接氧化成环氧乙烷的原子经济反应。

以上列出的典型例子大都属于大工业品生产,在精细化工制品中却很少见。如溴化甲基三苯基磷分子中仅有亚甲基利用到产品中,即 357 份质量中只有 14 份质量被利用,从原子经济来考虑,是很不经济的,利用率只有 4%,而且还产生了 278 份质量的"废物"氧化三苯膦。因此,探索既具有选择性又具有原子经济性的合成反应,成了当今合成方法学研究的热点。

二、"绿色"化学

化学可以粗略地看作是研究从一种物质向另一种物质转化的科学。传统的化学虽然可以得到人类需要的新物质,但是在许多场合中却既未有效地利用资源,又产生大量排放物造成严重的环境污染;绿色化学是更高层次的化学,它的主要特点是"原子经济性",即在获取新物质的转化过程中充分利用每个原料原子,实现"零排放",因此既可以充分利用资源,又不产生污染。传统化学向绿色化学的转变可以看作是化学从"粗放型"向"集约型"的转变。绿色化学可以变废为宝,可使经济效益大幅度提高。绿色化学及其带来的产业革命刚刚在全世界兴起,这场革命将持续到下一世纪,它对我国这样新兴的发展中国家更是一个难得的机遇。

绿色化学又称为环境无害化学、环境友好化学、清洁化学,在其基础上发展的技术称为环境友好技术或洁净技术。绿色化学即是用化学的技术和方法减少或消除那些对人类健康、社区安全、生态环境有害的原料、催化剂、溶剂、产物、副产物等的使用与产生。绿色化学的理想是不再使用有毒、有害的物质,不再产生废物,把污染治理转变为污染预防。

施行绿色化学战略可能有以下几个途径。

① 改变原料或反应的起始物。例如燃油机动车可以改用如天然气、甲醇等比较洁净的燃料。如果在 21 世纪燃料电池的开发能够取得突破,则燃料尾气的污染可望大为减少。

② 改变化学反应或试剂。例如,尼龙-66 的制造需要大量己二酸,目前己二酸的世界年产量约为 200 万吨。生产己二酸的工业方法是用硝酸氧化环己醇或环己酮。这个反应同时产生化学计量的氧化氮,后者能催化臭氧的分解、

产生温室效应、造成酸雨和烟雾。尽管努力限制氧化氮的排放,但每年的排放量仍达 40 万吨之多,显然这是对环境有害的生产过程。

1998 年报道了一个生产己二酸的新工艺,在催化剂的存在下,用 30% 过氧化氢水溶液氧化环己烯,从根本上消除了氮氧化物的产生。这个方法可以得到近乎定量产率的纯己二酸,H_2O_2 和相转移催化剂可以再生使用。

③ 改变反应的条件。例如,发展水相反应,生产水基涂料等等。

④ 改变产物或目标物。例如,用含氢的碳氟烃代替氟里昂——它不像氟里昂那样稳定,在到达同温层前已经分解、因而不会消耗臭氧。

三、绿色生产技术

工业可以简单地分为两类,一类是产品生产工业,如汽车、飞机、电视机等制造工业,它们以过程工业生产的原材料(如钢铁、有色金属、塑料、橡胶等)为原料,经过许多物理加工和机械加工过程,再将部件装配成为产品,加工过程中一般较少涉及化学变化,这类工业产生的污染物较少并且污染问题常常能用一些共同的技术或方法加以解决。另一类是过程工业,一般以天然资源为原料、经过一系列涉及化学变化的加工过程,最后生成原材料作为产品,这些产品包括钢铁、有色金属、塑料、汽油、重质油、化肥等。这类工业产生大量的污染物,并较难除去。估计美国工业生产产生的固体废弃物有 75% 来自过程工业。过程工业涉及很多化学反应,有些工业可以在原来涉及的化学反应的基础上,加以修改,开发出绿色技术,有些工业则必须研究出全新的绿色化学反应,再在其基础上开发出绿色无污染生产技术,才能解决污染问题。

四、过程工业的绿色生产技术

过程工业包括化工、冶金、石油、轻工等许多工业,它的特点之一是在生产过程中涉及很多化学反应,同时它又是大都以自然资源为原料的工业。许多过程工业的兴起,是在人类尚未充分认识工业污染的重要性之前,过程涉及的化学反应也都是比较早就认识,所以过程工业比较普遍的情况是过程产生了各种污染后,再建立各种辅助工厂或设施,将这些污染物回收或排出。

　　工业污染主要来自过程工业,污染一方面有害,另一方面也造成不可再生资源的大量浪费。开发新的绿色生产过程,可以仍然利用原有的化学反应,但对一些关键部分进行改进,从而使过程工业绿色化。例如,改变催化剂、改变反应条件等,使反应绿色化。还有许多过程只能先从研究绿色化学开始,再在研究成果基础上,开发绿色技术,形成无污染的生产流程。这样一个开发过程需要大量人力、财力的投资及长期的努力,才有可能开发出一个新的无污染过程。

　　对绿色过程工业的要求,可以认为是:

　　① 离开生产过程的水与空气的质量应比进入过程时更好或者相同。

　　② 固体废弃物中不含或者经长期堆放后也不释放出进入环境的有害物质。

　　③ 涉及的化学反应动力学十分清楚,选择性好,产品分布明确,原料变化对反应影响明确。

　　④ 产品与副产品的分离方法好、效率高。

　　绿色产品生产过程在全世界正在大力发展,取得了显著进展。据报道,使用过氧化氢,环己烯可以直接氧化为己二酸。新工艺干净、安全、可循环操作,并避免了传统工艺的硝酸腐蚀性以及产生氮氧化物的问题。碳酸二甲酯是被誉为有机合成“新模块”的一种未来的新化工原料。由于它的分子结构中有甲基、羰基和羰基甲氧基,这类基团在各种化学反应中可以有针对性地提供出来,所以用它们来分别进行甲基化反应、羰基化反应、羰基甲基化反应是十分合适的。在传统化工中碳酸二甲酯是由剧毒的光气加甲醇来制取的,1995 年实现的新工艺路线是用甲醇和一氧化碳为原料经氧化羰基化反应而制得。

　　绿色化学、绿色化工在短短的几年中已取得了一批成果。这些成果表明,许多化合物是可以利用在技术上可行、经济上节约的安全化学过程制备出来的。另外,高新技术的发展给绿色化学的实施提供了更大的可能性。所以化学家面临的既是压力和制约,更是挑战和机遇。将化学工业变成一种对人类、对环境友善的绿色工业,是 21 世纪化学家的重任。我们应该有信心提出这样的目标:用化学创造更美好的生活和更清洁的环境。

第五章 化学实验与生命科学

在生命过程中不断地进行着各种各样的化学反应,任何活的有机体所具有的一切功能都是生物活性分子之间有组织的化学反应的结果。化学实验不仅提供了研究生命过程的方法和手段,也提供了理论和观点。生物化学研究生命现象的本质,药物化学则为人类健康长寿做出了重要的贡献。

第一节 生物体中的化学元素及功能

存在于生物体(植物和动物)内的元素大致可分为:① 必需元素,也称生命元素;② 非必需元素;③ 有毒(有害)元素。

细胞是所有生命机体的基本结构单元。生命所必需的化学元素在细胞中有三类:① 生物有机分子中存在的元素,如碳、氢、氧、氮、磷和硫;② 所有细胞需要的元素;如氯、钠、钾、镁、钙、锰、铁、钴、锌等;③ 某种细胞所需要的元素,如氟、硅、钒、铬、镍、硒、钼、锡、碘等。在生物体中,第一类元素占很大比例,它们组成生物体中的蛋白质、糖类、脂肪、核酸等有机物,是生命的基础物质。第二类中的氯、钠、钾、镁、钙等元素在生物体中也有一定比例,它们通常以离子形式在生物体内移动。以上 11 种元素称为宏量元素或常量元素,在人体中,这些宏量元素的总和占人体总重的 99.95% 以上。其他元素在生物体中的含量较低,但它们在生物体中的作用也非常重要,往往是生命过程中在生理、生化作用上具有重要功能的酸、激素等物质的关键组分。这些元素在生物体中的含量一般低于 0.015%，称为痕量元素或（超）微量元素。

在生物体中除上述必需的生命元素外，还含有 20 多种元素，如锂、铷、铯、金、铍、钡、铝、锑、铋、铌、锆、铀等，它们的生物功能或对生物功能的影响尚不清楚，这些元素称为作用尚未确定元素或中性元素。随着科学技术的发展和微量元素测定方法的成熟，还会有生命元素及其作用不断被人们所认识。另外，还有一些对生命体有显著毒害作用的元素，如镉、铅、汞等，称为有害元素或有毒元素。在现代社会，由于工业污染的严重，人体中有害元素含量激增，严重地威胁人类的健康和其他生物体的生存。

一、生命元素

生命元素又称必需元素或生物必需元素。简单地讲，生命元素就是维持生物体生存所必需的元素，缺少会导致严重病态甚至死亡。G. C. Cotzias 等人认为作为生命必需元素要具备以下几个条件：① 该元素存在于所有健康的组织中，在不同的动物组织内均有一定的浓度，生物体主动摄入并调节其体内分布和水平；② 元素有专门生物化学上的功能，生命过程的某一环节（一个或一组反应）需要该元素的参与；③ 缺乏或去除这些元素时会引起动物生理变化，造成相同或相似的生理或结构上的不正常；④ 当补充或恢复其存在后，可以消除或预防这些不正常状态。

生命必需元素按其在生物体中含量来分可以分为：宏量结构元素，包括氢、氧、碳、氮、磷、硫；宏量矿物元素，主要有钠、钾、镁、钙、氯等元素；微量金属元素，铜、锌、铁等；超微金属元素，锰、钼、钴、钒、镍、镉、锡、铅、锂等；微量和超微量非金属元素，氟、碘、硒、硅、砷、硼等。以上这 29 种元素是目前已确定的生命必需元素。表 5-1 和表 5-2 列出了部分微量和超微量金属元素在生物体系中的主要生物功能。

二、有毒元素

在毒元素是指那些存在于生物体内会影响代谢和生理功能的元素。明显有害的元素有镉、汞、铅、铊、砷、锑、铍、钡、铟、碲、硒、钒、铬、铌等,其中镉、汞、铅为剧毒元素。

值得注意的是,同一元素往往既是必需元素,又是有毒元素,典型的例子有镉、铅、铬等。关键要看其量是否合适。太少可能引起某些疾病和不正常,例如我们知道缺铁会导致贫血,太多则可能引起中毒。如适量的镉、铅、铬对生物体来说是必需的,因此它们是生物必需元素,但是摄入过量的镉、铅、铬就会发生中毒。G. Bertrand 等人据此提出了最佳营养定律:某种生命必需元素缺乏时生物不能成活,适量时最好,过量有毒(见图 5-1)。此外,有些金属离子是否有

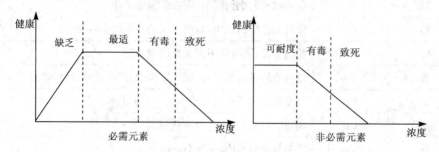

图 5-1　元素摄入量与健康的关系

毒性与其存在方式、价态等有关。常见的例子有铬、镍等元素,适量的 Cr^{3+}、Ni^{2+} 对生物体都是有益的物质,但是 CrO_4^{2-}、$Ni(CO)_4$ 则是有害物质,都是致癌物。

表 5-1　生命元素及其功能

元素	符号	功　能
氢	H	水、有机化合物的组成成分
硼	B	植物生长必需
碳	C	有机化合物的组成成分
氮	N	有机化合物的组成成分
氧	O	水、有机化合物的组成成分
氟	F	鼠的生长因素,人骨骼的成长多必需
钠	Na	细胞外的阳离子,Na^+
镁	Mg	酶的激活,叶绿素构成,骨骼的成分

元素	符号	功　能
硅	Si	在骨骼、软骨形成的初期多必需
磷	P	含在 ATP 等之中，为生物合成与能量代谢所必需
硫	S	蛋白质的组成，组成 Fe-S 蛋白质
氯	Cl	细胞外的阴离子，Cl^-
钾	K	细胞外的阳离子，K^+
钙	Ca	骨骼、牙齿的主要成分，神经传递和肌肉收缩所必需
钒	V	鼠和绿藻的生长因素，促进牙齿的矿化
铬	Cr	促进葡萄糖的利用，与胰岛素的作用机制有关
锰	Mn	酶的激活，光合作用中水光解所必需
铁	Fe	最主要的过渡金属，组成血红蛋白、细胞色素、铁硫蛋白等
钴	Co	红血球形成所必需的维生素 B_{12} 的组分
铜	Cu	铜蛋白的组分，铁的吸收和利用
锌	Zn	许多酶的活性中心，胰岛素组分
硒	Se	与肝功能肌肉代谢有关
钼	Mo	黄素氧化酶、醛氧化酶、固氮酶所必需
锡	Sn	鼠发育必需
碘	I	甲状腺素的成分

表 5-2　部分人体必需微量元素功能与平衡失调症

元素	人体含量 g	日需量 mg	主要生理功能	缺乏症	过量症	代表性酶或蛋白
Fe	4.2	12	造血，组成血红蛋白和含铁酶，传递电子和氧，维持器官功能	贫血，免疫力低，头痛，口腔炎，易感冒，肝癌	影响胰腺和性腺，心衰，糖尿病，肝硬化	血红蛋白，肌红蛋白，细胞色素 C，铁硫蛋白，铁超氧化物歧化酶，铁蛋白等

续表

元素	人体含量 g	日需量 mg	主要生理功能	缺乏症	过量症	代表性酶或蛋白
F	2.6	1	长牙齿和骨骼,防龋齿,促生长,参与氧化还原和钙磷代谢	龋齿,骨质疏松,贫血	氟斑牙,氟骨症,骨质增生	
Zn	2.3	15	激活 200 多种酶,参与核酸和能量代谢,促进性机能的正常,抗菌,消炎	侏儒,溃疡,炎症,不育,白发,白内障,肝硬化	胃肠炎,前列腺肥大,贫血,高血压,冠心病	碳酸酐酶、羧肽酶、膦酸酯酶、醇脱氢酶
Sr	0.32	1.9	长骨骼,维持血管功能和通透性,合成粘多糖,维持组织弹性	骨松疏,抽搐症,白发,龋齿	关节痛,大骨节病,贫血,肌肉萎缩	
Se	0.2	0.05	组酶,抑制自由基解毒	心血管病,克山病,大骨节病,癌,关节炎,心肌炎	硒土病,心肾功能障碍,腹泻,脱发	
Cu	0.1	3	造血,合成酶和血红蛋白,增强防御功能	贫血,心血管损伤,冠心病,脑障碍,溃疡,关节炎	黄疸肝炎,肝硬化,胃肠炎,癌血蓝蛋白,质体蓝素,铜锌超氧化物歧化酶	
I	0.03	1.14	组成甲状腺和多种酶,调节能量,加速生长	甲状腺肿大,心悸,动脉硬化	甲状腺肿	

元素	人体含量 g	日需量 mg	主要生理功能	缺乏症	过量症	代表性酶或蛋白
Mn	0.02	8	组酶,激活剂,增强蛋白质代谢,合成维生素,防癌	软骨,营养不良,神经紊乱,肝癌,生殖功能受抑	无力,帕金森症,心肌梗死	锰超氧化物歧化酶
V	0.018	1.5	刺激骨髓造血,降低血压,促生长,参与胆固醇和脂质及辅酶代谢	胆固醇高,生殖功能低下,贫血,心肌无力,骨异常,贫血	结膜炎,鼻咽炎,心肾受损	血钒蛋白
Sn	0.017	3	促进蛋白质和核酸反应,促生长,催化氧化还原反应	抑制生长,门齿色素不全	贫血,胃肠炎,影响寿命	
Ni	0.01	0.3	参与细胞激素和色素的代谢,生血,激活酶,形成辅酶	肝硬化,尿毒症,肾衰,肝脂肪和磷脂质代谢异常	鼻咽癌,皮肤炎,白血病,骨癌,肺癌	尿素酶,氢化酶,镍超氧化物歧化酶
Cr	小于0.006	0.1	发挥胰岛素作用,调节胆固醇、糖和脂质代谢,防止血管硬化	糖尿病,心血管病,高血压,胆石,胰岛素功能失常	伤肝肾,鼻中隔穿孔,肺癌	
Mo	小于0.005	0.2	组成氧化还原酶,催化尿酸,帮助贮铁,维持动脉弹性	心血管病,克山癌,食道癌,肾结石,龋齿	睾丸萎缩,性欲减退,脱毛,软骨贫血,腹泻	固氮酶,亚硫酸盐氧化酶,黄嘌呤氧化酶

续表

元素	人体含量 g	日需量 mg	主要生理功能	缺乏症	过量症	代表性酶或蛋白
Co	小于 0.003	0.000 1	造血，心血管的生长和代谢，促进核酸和蛋白质合成	心血管病，贫血，脊髓炎，气喘，青光眼	心肌病变，心力衰竭，高血脂，致癌	辅酶 B_{12}

三、几种金属离子的鉴定方法

几种金属离子的鉴定方法见表 5-3。

表 5-3 Al^{3+}、Ca^{2+}、Mg^{2+}、Fe^{3+} 的鉴定方法及干扰

离子	鉴定方法	条件及干扰
Al^{3+}	取一滴 Al^{3+} 试液，加 2～3 滴水，加 2 滴 3 mol·L^{-1} NH_4Ac，2 滴铝试剂，搅拌，微热片刻，加 6 mol·L^{-1} 氨水至碱性，红色沉淀不消失，示有 Al^{3+}。	在 HAc–NH_4Ac 的缓冲溶液中进行；Cr^{3+}、Fe^{3+}、Bi^{3+}、Cu^{2+}、Ca^{2+} 等离子在 HAc 缓冲溶液中也能与铝试剂生成红色化合物而干扰，但加入氨水碱化后，Cr^{3+}、Cu^{2+} 的化合物即分解，加入 $(NH_4)_2CO_3$，可使 Ca^{2+} 的化合物生成 $CaCO_3$ 而分解，Fe^{3+}、Bi^{3+}（包括 Cu^{2+}）可预先加 NaOH 形成沉淀而分离。
Ca^{2+}	取 2 滴 Ca^{2+} 试液，滴加饱和 $(NH_4)_2C_2O_4$ 溶液，有白色沉淀形成，示有 Ca^{2+}。	应在 HAc 酸性、中性、碱性溶液中进行；Ba^{2+}、Sr^{2+}、Mg^{2+} 有干扰，但 MgC_2O_4 溶于醋酸，CaC_2O_4 不溶。Sr^{2+}、Ba^{2+} 在鉴定前除去。

离子	鉴定方法	条件及干扰
Mg^{2+}	取 2 滴 Mg^{2+} 试液,加 2 滴 2 mol·L^{-1} NaOH 溶液,1 滴镁试剂(Ⅰ),沉淀呈天蓝色,示有 Mg^{2+}。对硝基苯偶氮苯二酚俗称镁试剂(Ⅰ),在碱性环境下呈红色或红紫色,被 $Mg(OH)_2$ 吸附后则呈天蓝色	反应必须在碱性溶液中进行,如[NH_4^+]过大,由于它降低了[OH^-]。因而妨碍 Mg^{2+} 的检出,故在鉴定前需加碱煮沸,以除去大量的 NH_4^+;Ag^+、Hg_2^{2+}、Hg^{2+}、Cu^{2+}、Co^{2+}、Ni^{2+}、Mn^{2+}、Cr^{3+}、Fe^{3+} 及大量 Ca^{2+} 干扰反应,应预先除去。
Fe^{3+}	方法一:1 滴 Fe^{3+} 试液放在白滴板上,加 1 滴 $K_4[Fe(CN)_6]$ 溶液,生成蓝色沉淀,示有 Fe^{3+}。	$K_4[Fe(CN)_6]$ 不溶于强酸,但被强碱分解生成氢氧化物,故反应在酸性溶液中进行;其他阳离子与试剂生成的有色化合物的颜色不及 Fe^{3+} 鲜明,故可在其他离子存在时鉴定 Fe^{3+},如大量存在 Cu^{2+}、Co^{2+}、Ni^{2+} 等离子,也有干扰,分离后再做鉴定。
Fe^{3+}	方法二:取 1 滴 Fe^{3+} 试液,加 1 滴 0.5 mol·L^{-1} NH_4SCN 溶液,形成红色溶液,示有 Fe^{3+}。	在酸性溶液中进行,但不能用 HNO_3;F^-、H_3PO_4、$H_2C_2O_4$、酒石酸、柠檬酸以及含有 α-羟基或 β-羟基的有机酸都能与 Fe^{3+} 形成稳定的配合物而干扰。溶液中若有大量汞盐,会形成[$Hg(SCN)_4$]$^{2-}$ 而干扰;钴、镍、铬和铜盐因离子有色,或与 SCN^- 的反应产物的颜色降低检出 Fe^{3+} 的灵敏度。

第二节 化学实验与营养物质

健康的继续是营养,营养的继续是生命。人类为了延续生命现象,必须摄取有益于身体健康的食物。一个人的健康状况取决于多种因素,如先天的遗传、后天的生活条件、卫生状况、饮食营养、爱好习惯、体育锻炼、精神状态等。在这些因素中,最主要、最经常起作用的还是饮食营养。

一、蛋白质(Protein)

所有蛋白质都含有 C、H、O、N 四种元素,大多数蛋白质还含有 S 或 P,有些含 Fe、Cu、Zn 等金属元素。氨基酸羧基上的 —OH 与另一个氨基酸 —NH$_2$ 上的 H 原子缩合脱水形成的酰胺键称为肽键,所形成的化合物称为肽。多个氨基酸形成的肽称为多肽。蛋白质就是由多肽构成的。

蛋白质具有四级结构。一级结构是氨基酸的严格排列顺序,又称基本结构。二级结构是分子中多肽链通过氢键形成的不同折叠方式。三级结构是蛋白质二级结构折叠卷曲形成。四级结构是几个蛋白质分子(亚基)聚集成的高级结构。

蛋白质是复杂的大分子化合物,分子量可高达几万(如白蛋白)甚至几十万(如甲状腺球蛋白),正因为分子极大,它在细胞内就不会透出细胞膜,在血管内就不会透出血管壁。它具有吸水性,所以能使细胞或血管内保持水分,这就是蛋白质的胶体渗透压。蛋白质构成成分为氨基酸,其中的氨基为碱性而羧基为酸性,这就使它具有对酸碱的缓冲作用。蛋白质可分为三大类,即简单蛋白质(如白蛋白、球蛋白、硬蛋白),复合蛋白质(如核蛋白、血红蛋白、糖蛋白、酪蛋白)以及衍生蛋白质(水解或变性蛋白质)。蛋白质的结构如图 5-2 所示。

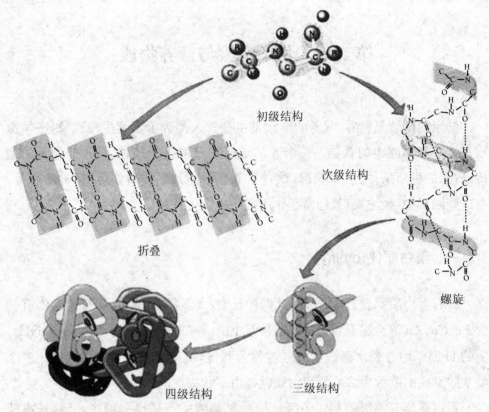

初级结构

次级结构

折叠

螺旋

四级结构　三级结构

图 5-2　蛋白质的结构

正常机体中称为 Prion 的蛋白质负责神经系统的某些功能,疯牛病感染后的机体中 Prion 与正常机体有同样的一级结构,而空间构型不同,不能完成正常的神经功能,叫构象病,或折叠病。由蛋白质折叠异常而引起的疾病有:老年痴呆,家族性高胆固醇,某些肿瘤,白内障等。

1. 蛋白质概述

"蛋白质"这个词是瑞典化学家永斯·雅各布·贝采里乌斯(Jöns Jakob Berzelius)在 1838 年创造的。在这之前的 150 多年里,只有"动物物质"的概念,人们认为这些"物质"稍稍变化就组成了肌肉、皮肤和血液。最初,这些不同形式的"物质"都被认为是类胶质。但在加热时,它们会变成坚硬的角状物质;在潮湿、温暖的环境中则腐烂变臭,产生碱性的挥发物。这与在潮湿、温暖的储藏环境中产生酸性物质的淀粉、糖类和多数的植物体截然不同。

1728 年，意大利学者雅可布·贝卡利（Jacopo Beccari）宣布发现白面粉中存在具有"动物物质"全部特性的东西。将和好的生面团在水中揉搓清洗，除去细小的白色淀粉颗粒，剩下的就是黏性的面筋团。如果不知道它是从哪儿来的，人们就会以为它来自动物。贝卡利认为，这些"动物物质"成分使得小麦特别有营养。作为一个整体，面粉并没有表现出动物物质特性，这是因为大量淀粉的存在掩盖了面筋的性质。

18 世纪末，随着化学的发展，这类物质中主要的元素被确定下来。氨，也就是"挥发碱"，被证明是一种氮氢化合物。而面筋和动物组织一样含有氮元素，淀粉、脂肪和糖类则没有。

起初人们认为，动物消化过程中肯定有一步是把植物性食物中的营养和大气中的氮结合，使营养物"动物化"。尤其是，这个理论似乎可以解释反刍动物缓慢的消化过程和巨大的胃。可是，在法国，进一步的研究推翻了这个理论。

首先，弗朗西斯·马让迪（Francois Magendie）在 1816 年公布，只吃不含氮的脂肪和糖类食品的狗只能存活几个星期。接着，19 世纪 30 年代，让·布森戈（Jean Boussingault）证明，牛每天吃掉的干草和土豆中含有的氮元素数量足以抵消产奶和日常氮元素流失的总额。所以，假设动物营养中的氮来自大气是没必要的。由于氮元素在营养学中的重要性，布森戈认为应该根据植物食品的相对含氮量来评价其营养价值。因此，氮含量是谷物两倍的干蚕豆，营养价值也是谷物的两倍。

现在，对植物组成的进一步研究表明，尽管植物中都有含氮化合物，但其中大多数和小麦面筋不同：它们溶于水，可通过加热或加入酸沉淀出来。1838年，自学了化学分析的荷兰医生盖里特·穆尔德（Gerritt Mulder）发表文章称，他分析过的所有重要的"动物物质"都具有相同的基本组成：40 个碳原子，62 个氢原子，10 个氮原子和 12 个氧原子，可以简单的表示为：$C_{40}H_{62}N_{10}O_{12}$。这些"动物物质"表现出不同的性质仅仅是因为依附于它们的硫或磷原子的个数不同。他把文章寄给了瑞典的化学权威雅各布·贝采里乌斯（Jacob Berzelius）。贝采里乌斯答复说：这是对"动物营养的基本或主要物质"的最重要的发现，这种物质应当以希腊海神普罗透斯（Proteus）为名，称为"蛋白质（protein）"。

德国有机化学家贾斯特斯·李比希(Justus Liebig)证实了穆尔德的发现并进一步主张:从化学的角度看,只有植物才具有制造蛋白质的能力,动物的消化作用仅仅是打破了蛋白质分子间的结合,使它们能够溶解和吸收到血液之中,直接进入动物体内。法国的主要科学家们接受了这一观点,同时认为动物也同样需要植物油和碳水化合物在体内燃烧以保持体温。

李比希自己并没有进行任何生理学的研究,却武断地得出了一系列关于营养在生物体内功能的结论。他认为,肌肉收缩所需要的能量只来源于它们自身蛋白质的分解,这些蛋白质碎片进一步分解成含氮的尿素,出现在尿液中。因此,一个人对蛋白质的需求量和他(或她)所从事的体力劳动成正比。脂肪和糖的作用仅仅是与侵入的氧发生反应,以保护生物组织免受氧损伤。所以,蛋白质是唯一真正的营养物质。

尽管李比希的观点极受重视,但有许多值得质疑的地方。例如,一直研究伦敦监狱中囚犯的健康和饮食情况的医生和生理学家爱德华·史密斯(Edward Smith),在1862年发表了关于尿素日产生量影响因素的研究。这些每天吃同样口粮,每周三天参加重体力劳动的囚犯,无论当天是不是劳动日,每天白天加上当晚排出的总尿素量几乎是相同的。但是劳动会使二氧化碳呼出量大大增加。影响尿素产生量的主要因素看来是过去24小时中食用的蛋白质数量。

1865年,瑞士一所大学的职员阿道夫·菲克(Adolf Fick)和约翰尼斯·卫斯理色努斯(Johannes Wislicenus)继续了该方面的研究。实验前的24小时内,他们的饮食里不含任何蛋白质,然后攀登了大约2 000 m高度到达附近的一座山顶。之后,计算攀登期间所做的功,并测定尿液中的含氮量。根据计算,每个人大约代谢了37 g蛋白质。他们在英国的朋友,爱德华·弗兰克兰(Edward Frankland)则计算出每代谢1 g蛋白质会产生4.37 kcal[①] 热量。

这时"能量守恒定律"原则已经被广泛接受,詹姆斯·焦耳(James Joules)已估算出1 kcal大约相当于机械克服重力做功423 kg·m[②]。这些蛋白质

---

① 1 kcal＝4 186 J。

② 1 kg·m＝9.803 9 J。

(37 g)释放出的能量折合约 68 000 kg·m。不过,每位科学家上升到山顶所需的净功约为 140 000 kg·m,大约是这些能量的 2 倍。同时,进一步的研究表明,肌肉的能效大约是 25%,所以能量需求量应当是最小理论值的 4 倍。他们由此得出结论:肌肉做功所需的能量主要不是来自蛋白质,而是膳食中的脂肪和碳水化合物。

虽然李比希的宏伟体系已不足信,但是人们——尤其是德国研究者仍然认为高蛋白摄入对保持体力和精力非常有好处。他们的理由是,来自主要吃素食和低蛋白食品的国家的人缺乏魄力和热情,以及无论哪里的人群,一旦摆脱了贫困,可以想吃什么吃什么的时候,都会选择大量肉类和高蛋白食品。美国农业部营养学专家威尔伯·阿特沃特(Wilbur Atwater),在 19 世纪末颁布的美国第一个国家标准走了同样的路线,建议从事体力劳动的男性每天应当食用125 g 蛋白质。

不过,这种观点并非没有争议。1840 年起,美国出现了素食主义"学派",认为食肉对人体产生过度刺激,并且导致纵欲而损耗受到刺激的机体。约翰·哈维·凯洛格(John Harvey Kellogg,Kellogg 早餐食品公司的共同创办人)相信肉和其他过多的蛋白质会在大肠中腐坏,导致自体中毒。科学机构认为这些观点不科学、不值得重视。不过,1902 年,耶鲁大学生理化学教授罗素·齐藤登(Russell Chittenden)向"高蛋白"学派发起了严肃的挑战。

齐藤登和他的 6 个同事,12 个陆军医护兵,以及一组耶鲁大学的运动员,在 6 个月的时间内每天只摄入不到阿特沃特推荐量一半的蛋白质。这些人都保持着健康和活跃的身心。齐藤登在 1904 年发表的报告中总结说,这样的饮食不仅足以满足需要,也更可取;因为它们降低了肾脏排泄尿素和不易溶解的尿酸的压力。

他的发现引发了医学界激烈的争论。大多数人认为齐藤登的研究结果作为推行大规模的饮食变更的理由并不充分。例如,他的研究对象没有经历骤然压力或在一段时期内食物不足必须依靠自身储存的情况。此外,只给狗以低蛋白质食物的实验显示,尽管它们能在一个时期内保持健康和氮平衡,但最后总是衰弱而死。但齐藤登在自己的实验室延续了同样的实验,得出结论认为狗在长期实验中死亡并不是因为缺少蛋白质,而是因为食物中长期缺乏一种或多种未知的微量元素。这一结论激发了后来 40 多年中营养学方面最重要的研究，最终人们发现了维生素。

　　2. 蛋白质的化学性质

　　(1) 双缩脲反应（Biuret Reaction）。蛋白质在碱性溶液中与硫酸铜作用会呈现紫红色，这种反应被称为双缩脲反应。凡是分子中含有两个以上 —CO—NH 键（肽键）的化合物均能发生此类反应。所有的蛋白质都能发生双缩脲反应。

　　(2) 茚三酮反应（Ninhydrin Reaction）。α-氨基酸与水合茚三酮（苯丙环三酮戊烃）作用时，产生蓝色反应。蛋白质是由许多 α-氨基酸缩合而成的，所以也可以发生此颜色反应。

　　(3) 米伦反应（Millon Reaction）。蛋白质溶液中加入米伦试剂（亚硝酸汞、硝酸汞及硝酸的混合溶液），蛋白质首先沉淀，加热则变成红色沉淀。此为酪氨酸的特征反应。因此含酪氨酸的蛋白质均能发生米伦反应。

　　(4) 黄蛋白反应。由苯丙氨酸、酪氨酸和色氨酸等含苯环的氨基酸组成的蛋白质遇到浓硝酸会变黄，这一反应称为黄蛋白反应。

　　(5) 盐析。蛋白质的水溶液相当稳定，久置也不会发生沉淀，这主要是因为蛋白质具有水合作用，在蛋白质分子的表面产生稳定的水化层。使蛋白质溶液沉淀的常用方法是加入氯化钠、硫酸铵等盐。加入的这些盐是强电解质，它们具有更强的水合作用，能剥去蛋白质表面的水层，而使蛋白质沉淀下来，这就是盐析。工业上提取酶制剂时常用此法。

　　(6) 变性。当蛋白质受热或受到其他物理的、化学的作用时，其特有的结构会发生变化，使其性质也随之发生变化，如溶解度降低，对酶水解的敏感度提高，失去生理活性等，这种现象称为蛋白质的变性。一般可逆变性只涉及蛋白质三、四级结构的改变，而不可逆变性则连二级结构也发生了变化。

　　3. 蛋白质的检测

　　传统的蛋白质的检测方法主要有凯氏定氮法和杜马斯法。

　　(1) 凯氏定氮法。凯氏定氮法全称凯耶达尔定氮法，是由丹麦科学家凯耶达尔（Johan Kjeldahl）在 1883 年发明的，其原理是首先将含氮有机物与浓硫酸共热，经一系列的分解、碳化和氧化还原反应等复杂过程，最后有机氮转变为无机氮硫酸铵,这一过程称为有机物的消化。消化完成后,将消化液转入凯氏定氮仪反应室,加入过量的浓氢氧化钠溶液,将氨离子转变成氨气,通过蒸馏把氨气驱入过量的硼酸溶液接受瓶内,硼酸接受氨后,形成四硼酸铵,然后用标准盐酸滴定,直到硼酸溶液恢复原来的氢离子浓度。通过滴定的结果可以计算出样品的总氮量。由于各种蛋白质的含氮量很接近,平均为 16%,因此将总氮量滴定所得的结果乘以特定的换算系数就可以得到蛋白质的含量。

不同食物中蛋白质换算系数不同,乳制品为 6.38,面粉为 5.70,玉米、高粱为 6.24,花生为 5.46,米为 5.95,大豆及其制品为 5.71,肉与肉制品为 6.25,大麦、小米为 5.83,芝麻、向日葵为 5.30。

通过凯氏定氮法测得的含氮量一般被称作总凯氮量。总凯氮量有时并不能真正地反映样本中的蛋白质含量,这是因为所测定的部分含氮量可能不是由蛋白质转化来的。例如牛奶中如果加入了三聚氰胺,由于三聚氰胺的含氮量高于蛋白质的含氮量,会导致测定结果偏高。

(2) 杜马斯法。杜马斯法是由法国化学家杜马斯(Jean Baptiste Dumas)于 1831 年首创的一种实用的定氮法。这种方法的基本原理是样品在 $900\sim1~200~^\circ\mathrm{C}$ 高温下燃烧,燃烧过程中产生混合气体,其中的干扰成分被一系列适当的吸收剂所吸收,混合气体中的氮氧化物被全部还原成氮气,通过测定氮气的体积便可以得出有机物中的含氮量。

杜马斯定氮法比凯式定氮法足足早了 52 年,但是由于早期的杜马斯定氮方法只能测定几个毫克的样品,使它在农产品等领域的实际应用中受到了极大的限制。1964 年,德国贺立士公司(Heraeus)生产出了世界上第一台杜马斯法快速定氮仪。1989 年,随着贺立士公司生产的世界上第一台可以检测克级样品的杜马斯法快速定氮仪的问世,拉开了杜马斯法在食品、饲料、肥料、植物、土壤及临床等领域上广泛应用的序幕。因此,现在在世界上一些国家和地区,特别是欧美等发达国家,杜马斯法已经成为法定的蛋白质分析方法。在美国、加拿大和德国的某些领域,杜马斯法甚至作为唯一的定氮标准。

二、脂肪(Fat)

1. 脂肪概述

脂肪是室温下呈固态的油脂(室温下呈液态的油脂称作油),多来源于人和动物体内的脂肪组织,是一种羧酸酯,由碳、氢、氧三种元素组成。与糖类不同,脂肪所含的碳、氢的比例较高,而氧的比例较低,所以发热量比糖类高。

概括起来,脂肪有以下几方面生理功能:① 生物体内储存能量的物质并供给能量:1 g 脂肪在体内分解成二氧化碳和水并产生 38 kJ 能量,比 1 g 蛋白质或 1 g 碳水化合物高一倍多。② 构成一些重要生理物质:脂肪是生命的物质基础,是人体内的三大组成部分(蛋白质、脂肪、碳水化合物)之一。磷脂、糖脂和胆固醇构成细胞膜的类脂层,胆固醇又是合成胆汁酸、维生素 D_3 和类固醇激素的原料。③ 维持体温和保护内脏、缓冲外界压力:皮下脂肪可防止体温过多向外散失,减少身体热量散失,维持体温恒定;也可阻止外界热能传导到体内,有维持正常体温的作用;内脏器官周围的脂肪垫有缓冲外力冲击保护内脏的作用;减少内部器官之间的摩擦。④ 提供必需脂肪酸。⑤ 脂溶性维生素的重要来源:鱼肝油和奶油富含维生素 A、D,许多植物油富含维生素 E。脂肪还能促进这些脂溶性维生素的吸收。⑥ 增加饱腹感:脂肪在胃肠道内停留时间长,故有增加饱腹感的作用。

法国人谢弗勒首先发现,脂肪是由脂肪酸和甘油结合而成。因此可以把脂肪看作机体储存脂肪酸的一种形式。在以前,人们食用的脂肪主要是动物脂肪,例如黄油、奶油、猪油,它们比较稀少、昂贵。植物油相对便宜些,但是供食用的植物油的脂肪酸基本上都是顺式脂肪酸,它们很不稳定,是液体,而且容易变质。20 世纪初,德国化学家威廉·诺曼想到了一个解决办法,给植物油中的双键提供氢原子,让它们变饱和,这个过程称为氢化,这样制造出来的油就叫氢化油。如果所有的双键都被氢化、饱和了,顺式脂肪酸就变成了饱和脂肪酸。但是通常只有部分双键被饱和,由于工艺的原因,在氢化的工程中剩下的双键两头的碳原子的结构发生了变化,它们的氢原子由顺式变成了反式。这样,氢化油就含有大量的反式脂肪酸。植物油氢化之后,变成了半固体,性质稳定、不容易变质,可以代替动物脂肪使用,而且价格要便宜得多。从德国、英国开始,氢化油很快被大规模生产,在食品加工业中获得了广泛应用,被用来制作糕点、调味品和油炸食品。

在 20 世纪 60 年代,人们已认识到摄入动物脂肪会增加心血管疾病的风险,植物油相对来说比较健康。这个时候,使用氢化植物油取代动物脂肪,被认为不仅经济上合算,而且对健康也更有利。然而从 20 世纪 80 年代末开始,人们逐渐认识到氢化植物油对健康的危害实际上比动物脂肪还要大。这主要是由于其中的反式脂肪酸引起的,它增加的心血管疾病的风险,比动物脂肪中的饱和脂肪酸还高。

2. 脂肪的化学性质

(1) 水解和皂化反应。脂肪能在酸、碱或酶的作用下水解为脂肪酸及甘油,反应方程式如下:

$$
\begin{array}{c}
R_1COOCH_2 \\
| \\
R_2COOCH \\
| \\
R_3COOCH_2
\end{array}
+ 3KOH \xrightarrow{\text{皂化}}
\begin{array}{c}
CH_2\!-\!OH \\
| \\
CH\!-\!OH \\
| \\
CH_2\!-\!OH
\end{array}
+
\begin{array}{c}
R_1COOH \\
R_2COOH \\
R_3COOH
\end{array}
$$

(2) 加成反应。不饱和脂肪酸在催化剂(如 Pt)存在下可在不饱和键上加氢。该反应被应用于制造氢化油。不饱和双键上还可以和卤素发生加成反应,利用此反应可进行脂肪酸的分离和精制等,如含 6 个 Br 原子以上的不饱和酸不溶于乙醚,因此亚油酸、亚麻酸等可通过溴化精制。

(3) 氧化反应。脂肪酸可被空气缓慢氧化分解生成低级醛酮,脂肪酸等,这些物质具有令人不愉快的嗅感,从而使油脂发生腐败。发生酸败的油脂营养价值下降,甚至有毒。光照、受热、氧、水分活度、铁、铜、钴等重金属离子以及血红素、脂氧化酶等都会加速脂肪的自氧化速度。为防止含脂食品的氧化变质,最常用的方法是排除氧气,采用真空或者充氮气包装和使用透气性低的有色或遮光的包装材料,并尽可能避免在加工过程中混入铜、铁等金属离子。家中的食用油脂应用有色玻璃瓶装,避免用金属罐装。

三、糖类(Sugar)

1. 糖类概述

糖类又称碳水化合物(carbohydrate),是多羟基醛或多羟基酮及其缩聚物和某些衍生物的总称,一般由碳、氢与氧三种元素所组成,是自然界中广泛分布的一类重要的有机化合物。日常食用的蔗糖、粮食中的淀粉、植物体中的纤维素、人体血液中的葡萄糖等均属糖类。糖类在生命活动过程中起着重要的作用,是一切生命体维持生命活动所需能量的主要来源。此外,糖是脱氧核糖核酸等人类遗传物质的重要成分;糖和蛋白质组成的糖蛋白是人体内许多酶和激素的基本成分,糖和脂类结合形成的糖脂是神经组织的主要成分。

糖类按照其组成可分为三类,分别是单糖、双糖和多糖。

(1) 单糖。单糖是不能被水解的简单碳水化合物。常见的单糖有葡萄糖、果糖、半乳糖和甘露糖等。

葡萄糖是人们最熟悉的单糖,又称为右旋糖、血糖。在自然界中,它是植物通过光合作用由水和二氧化碳合成的。由于葡萄糖最初是由葡萄汁中分离出来的,因此被起名为"葡萄糖"。葡萄糖的分子结构是由被誉为"糖化学之父"的德国科学家费歇尔等人研究测定的,如图 5-3 所示。葡萄糖是含油醛基的己醛糖。许多实验事实说明,葡萄糖也具有环状半缩醛的分子结构。在溶液中,葡萄糖的环状结构与开链结构之间存在着动态平衡。

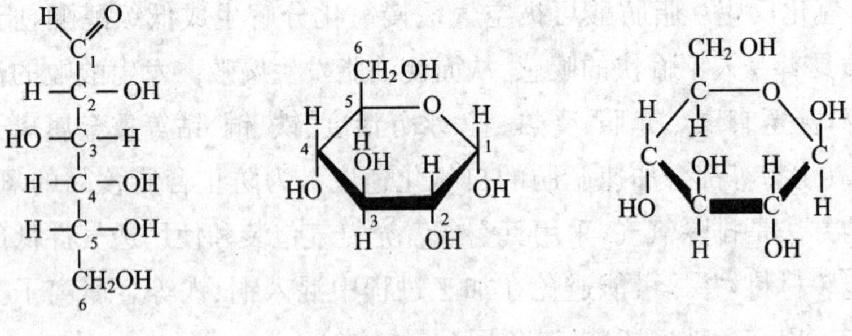

D-(+)-葡萄糖　　　　　α-D-(+)-葡萄糖　　　　　β-D-(+)-葡萄糖

图 5-3　葡萄糖的结构

果糖是另外一种重要的单糖,是葡萄糖的同分异构体,大量存在于水果的浆汁和蜂蜜中。果糖能与葡萄糖结合生成蔗糖。纯净的果糖为无色晶体,熔点为 103~105 ℃,它不易结晶,通常为黏稠性液体,易溶于水、乙醇和乙醚。果糖是最甜的单糖,比蔗糖甜一倍,广泛应用于食品工业,如制糖果、糕点和饮料等。

(2) 双糖。双糖是单糖分子中的半缩醛的羟基和另外一个单糖分子的羟基共同失去一分子水而形成的化合物。如果是一个葡萄糖分子上的羟基和一个果糖分子上的羟基共同失水,会形成蔗糖。如果是两个葡萄糖分子上的羟基共同失水,则形成麦芽糖。

蔗糖是最普通的食用糖,已有几千年的历史,也是目前世界上产量最大的一种有机化合物。甘蔗中含蔗糖 15%~20%,甜菜中含蔗糖 10%~17%,其他植物的果实、种子、叶、花和根中也有不同含量的蔗糖。蔗糖的结构如图 5-4所示。

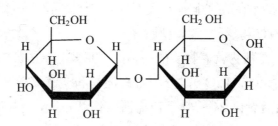

图 5-4　蔗糖的分子结构

蔗糖很甜,容易溶于水,并且很容易从水溶液中结晶析出。较难溶于有机溶剂如乙醇和乙醚等。分子中不含自由的醛基,因此没有还原性。

蔗糖比其他双糖容易水解,在弱酸或者蔗糖转化酶的催化作用下水解产生等物质的量的葡萄糖和果糖,称为转化糖或果葡糖浆。蜂蜜的主要成分即是转化糖。蔗糖和转化糖广泛应用于食品工业。高浓度的蔗糖溶液能抑制细菌的生长,因此在医药上可用作防腐剂和抗氧剂。

麦芽糖在自然界中主要存在于发芽的果粒,特别是麦芽中,故此得名。在淀粉酶的作用下,淀粉发生水解,生成的主要产物就是麦芽糖。麦芽糖的结构如图 5-5所示。麦芽糖的分子中含有醛基,因此和葡萄糖一样具有还原性。每个麦芽糖分子水解后生成两个分子的葡萄糖。麦芽糖具有甜味,可用作甜味剂,甜味是蔗糖的1/3。麦芽糖还是一种廉价的营养食品,容易消化和吸收,也可作为糖尿病人的糖分补充剂。

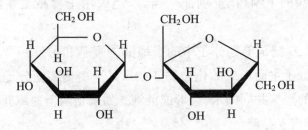

图 5-5　麦芽糖的分子结构

　　(3) 多糖。多个单糖分子发生缩合反应,失去水便形成多糖,它可分为同质多糖和杂多糖两种。凡是只由一种单糖发生缩合反应,失去水组成的糖称为同质多糖;凡是由两种或者两种以上的单糖发生缩合反应,失去水所组成的糖称为杂多糖。按照糖单元的排列方式不同,多糖又可分为直链的和支链的形式。常见的多糖有淀粉、纤维素和糖原等。

　　淀粉(Starch)是植物营养物质的一种贮存形式,也是植物性食物中重要的营养成分,分子式为$(C_6H_{10}O_5)_n$,分为直链淀粉和支链淀粉两大类。前者为无分支的螺旋结构;后者以 24～30 个葡萄糖残基以 α-1,4-糖苷键首尾相连而成,在支链处为 α-1,6-糖苷键。直链淀粉含几百个葡萄糖单元,支链淀粉含几千个葡萄糖单元。天然淀粉由直链淀粉和支链淀粉组成,大多数淀粉中含直链淀粉 10%～12%,含支链淀粉 80%～90%。玉米淀粉含 27% 直链淀粉,马铃薯淀粉含 20% 直链淀粉(其余均为支链淀粉),糯米淀粉几乎全部是支链淀粉,而有些豆类淀粉则全是直链淀粉。直链淀粉是可溶性的,当用碘溶液进行检测时,直链淀粉液呈现蓝色。淀粉可供食用,在人体内淀粉首先被淀粉酶作用,发生水解反应,生成糊精,糊精再进一步水解生成麦芽糖,最后水解成葡萄糖,被人体吸收(图 5-6)。

　　纤维素(Cellulose)是由葡萄糖组成的大分子多糖,分子式是$(C_6H_{10}O_5)_n$,和淀粉一样。纤维素不溶于水及一般有机溶剂,是植物细胞壁的主要成分,同时也是自然界中分布最广、含量最多的一种多糖,占植物界糖含量的 50% 以上。棉花的纤维素含量接近 100%，为天然的最纯纤维素来源。一般木材中，纤维素占 40%～50%，还有 10%～30% 的半纤维素和 20%～30% 的木质素。

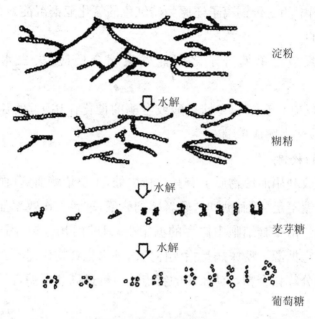

图 5-6　淀粉水解示意图

糖原（glycogen）又称肝糖，动物淀粉，由葡萄糖结合而成的支链多糖，其分子式也是 $(C_6H_{10}O_5)_n$。哺乳动物体内，糖原主要存在于骨骼肌（约占整个身体的糖原的 2/3）和肝脏（约占 1/3）中，其他大部分组织中，如心肌、肾脏、脑等，也含有少量糖原。低等动物和某些微生物（如真菌、酵母）中，也含有糖原或糖原类似物。当动物血液中葡萄糖含量较高时，就会结合成糖原储存于肝脏中。当葡萄糖含量降低时，糖原就可分解成葡萄糖而供给机体能量。

2. 糖类的化学性质

（1）还原反应。有些单糖和双糖分子中含有醛基，例如葡萄糖和麦芽糖，因此它们具有还原性，能与土伦试剂（硝酸银加过量的氨水生成的银氨溶液）发生银镜反应：

$$AgNO_3 + 2NH_3 \cdot H_2O \longrightarrow Ag(NH_3)_2OH + HNO_3 + H_2O$$

$$2Ag(NH_3)_2OH + C_5H_6(OH)_5CHO$$

$$\longrightarrow 2Ag\downarrow + 4NH_3 + H_2O + C_5H_6(OH)_5COOH$$

上述反应在工业上用于制造热水瓶胆时的内胆镀银,同时也可作为检验葡萄糖的方法。葡萄糖还能与菲林试剂(酒石酸钾钠的铜络离子的碱性溶液)作用,将菲林试剂中的二价铜离子还原为砖红色的氧化亚铜沉淀。该反应通常用于糖尿病的诊断。

(2) 缩合反应。单糖分子之间能发生缩合反应,失去水生成双糖或多糖。

(3) 水解反应。双糖和多糖在酸或者酶的催化作用下,糖苷键发生断裂,链逐渐变短,最终水解成单糖。

3. 血糖的检测

大脑在吸收利用能源物质上有其独特之处,主要依赖血糖(血中葡萄糖)供给能量。当血糖不足(低血糖)时,轻者感到疲倦,重者工作效率显著下降,严重时可发生昏迷。由于脑细胞中储存的糖很少,只够用几分钟,因此要依靠血液循环不断地补充糖源。糖尿病是指人体内的碳水化合物代谢不正常,特别是不能正常利用糖分等化合物。糖尿病的特点是血糖过高和尿糖,但尿糖未必都是糖尿病。

了解血糖的值很有意义,可通过对血液中糖浓度的检测获得。目前常用的方法中,一种是用实验室生化分析仪测定静脉血血糖;另一种方法是用血糖检测仪测指尖血血糖,这是一种快速测定法,几十秒钟即可知结果。血糖的正常范围随测定方法的不同其数值也有所差异,用生化分析仪测空腹状态(隔夜禁食 8 小时以上)血糖,应在 $3.90\sim6.10\,mmo\cdot L^{-1}$;用血糖检测仪测空腹状态是 $5.0\sim7.2\,mmol\cdot L^{-1}$,小于 $5.6\,mmol\cdot L^{-1}$ 更好,测餐后状态(吃第一口开始计时,2 h 后检测)应小于 $7.8\,mmol\cdot L^{-1}$。

四、维生素(Vitamin)

维生素即维持生命之素,是维持正常生理功能所必需的物质。人体对维生素的需要量虽然非常小,但它十分重要。维生素是有机化合物,而不是构成细胞的物质。许多辅酶或辅基含有维生素成分,参与各种代谢活动。和激素不同,它不是体内内分泌腺分泌的。有些维生素是由肠内寄生的细菌制造的,而有些则必须通过食物来供给。各种维生素缺乏时，所影响的细胞功能不同，发生的症状也不同，但是细胞的任何功能受到损害，细胞的生长发育就不能正常进行，所以缺乏任何一种维生素，都能使人体的生长发育受阻碍，或者停止，甚至死亡。如脚气病、坏血病、癞皮病、夜盲症等皆由缺少维生素引起。

维生素依据其溶解性可分为脂溶性维生素和水溶性维生素两大类。脂溶性维生素易溶于脂肪和大多数有机溶剂，不溶于水。维生素 A、维生素 D、维生素 E 和维生素 K 等都是脂溶性维生素。水溶性维生素易溶于水，大多是辅酶的组成部分，通过辅酶而作用，以维持人体的正常代谢和生理功能。维生素 B、维生素 C 和维生素 P 等是水溶性维生素。

1. 维生素 A

维生素 A_1 又称视黄醇，是一种脂溶性的维生素，它含有四个异戊二烯共轭双键，因此易于氧化，特别是在光的作用下更容易被破坏。维生素 A_2 为脱氢视黄醇（Dehydroretinol），其生理作用与维生素 A_1 相同，但生理活性只有维生素 A_1 的 40%。

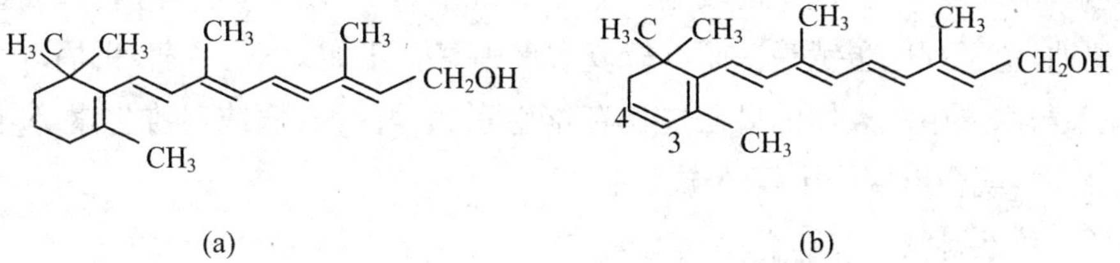

(a)　　　　　　　　　　　(b)

图 5-7　维生素 A_1(a)和维生素 A_2(b)的结构示意图

植物中所含的胡萝卜素等物质在体内经肠壁或者肝脏中的胡萝卜素酶作用可以转化为维生素 A。

维生素 A 有两个重要的功能：一是它为视紫红质的成分，而视紫红质是眼睛视网膜上的色素，遇到光线成为视黄质，这种变化刺激视神经，使人感觉到光的明亮。视黄质再变回视紫红质后仍可再感光，在这反复变化中消耗维生素 A。如果不进行补充，视紫红质渐渐减少，感光就不灵敏了。所以缺少维生素 A，使视网膜不能很好感受弱光，在暗处不能辨别物体，这就是夜盲症；二是它为上皮生长所必需的物质，缺少维生素 A 时上皮会萎缩，长出角质的细胞，引起蟾皮病、眼干燥症。角质细胞不能很好地保护下层组织，碰到细菌易受感染。所以缺少维生素 A 易得各种传染病，如感冒、肺炎等。维生素 A 还能抑制癌细胞增长，使正常组织恢复功能。

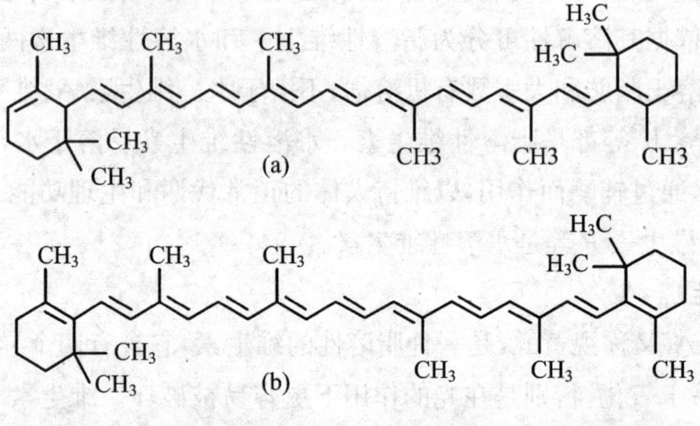

图 5-8　α-胡萝卜素(a)和 β-胡萝卜素(b)的结构示意图

维生素 A 在无氧条件下热稳定性很好，故要保存维生素 A，必须避免和空气接触，不要晒太阳，烧菜时要盖上盖子。维生素 A 只在动物体内有，如鱼肝油、奶油、鱼子、肝、蛋黄等。而类胡萝卜素则富含于胡萝卜、番茄、柑橘等黄绿色蔬菜与水果中。人体的肝脏能储存维生素 A，肝脏有病或对维生素 A 有吸收阻碍时，就会出现维生素 A 缺乏症。

2. 维生素 B

维生素 B_1 又称硫胺素(Thiamine)。含硫胺素最多的食物为酵母、粗米、粗面、花生、黄豆、肝、肾、牛肉、瘦猪肉、鸡蛋等，临床使用的大多是人工合成的维生素 B_1。贝类、淡水鱼、蕨菜、紫菜中含有能使 B_1 分解的硫胺酶。硫胺素有自由氨基，可以与酸结合成盐。医疗上常用的是盐酸硫胺素，因它比硫胺素的溶解度大。硫胺素在酸性溶液中较稳定，遇热，遇碱，特别是有铜离子存在时十分容易分解。

缺少维生素 B_1 时，易得维生素 B_1 缺乏症，产生多发性神经炎、脚气病、下肢瘫痪、浮肿和心脏扩大等症状。

维生素 B_2 又称核黄素(Riboflavin)，是因其存在于细胞核内而得此名。它是一种橘黄色的固体，微溶于水，受热不易破坏，但遇碱或见光可遭损坏。维生

素 B_2 进入人体后在体内转变成黄素单核苷酸和黄素腺嘌呤二核苷酸，是生物体内一些氧化还原酶(黄素蛋白)的辅基，与酶蛋白结合较牢。核黄素广泛参与体内各种氧化还原反应，能促进糖、脂肪和蛋白质代谢，对维持皮肤、黏膜和视觉的正常机能均有一定作用。缺少维生素 B_2 则细胞内氧化作用不能很好地进行，表现为发生皮炎，烂嘴角，舌头发亮发红，舌乳头肥大呈地图状，眼睛怕光，易流泪，角膜充血，局部发痒，脱屑等。食物中以肝、酵母、肾、心脏、蛋、瘦肉、米糠、麦麸、花生、菠菜中的维生素 B_2 含量多。

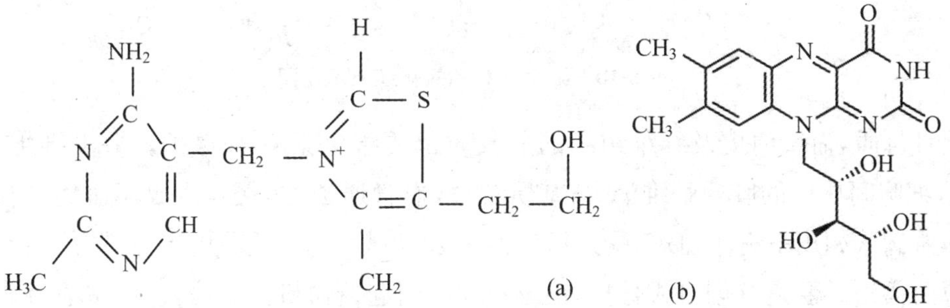

图 5-9　维生素 B_1(a)和维生素 B_2(b)的结构示意图

维生素 B_6 有三种存在形式：吡哆醇、吡哆醛、吡哆胺，可以互变，广泛存在于所有动植物体组织内。缺乏维生素 B_6 会引起胃口不好、消化不良、呕吐或腹泻，还会导致头疼、失眠等。

维生素 B_{12} 又称钴胺素(Cobalamin)，能溶于水和醇，存在于肝、酵母、肉类中，在工业上用放线菌合成。维生素 B_{12} 对人体合成蛋氨酸起着重要作用，并使一些酶的巯基保持还原状态。缺乏维生素 B_{12} 会使糖的代谢降低，还会影响脂的代谢。

3. 维生素 C

维生素 C 是己糖的衍生物，又称抗坏血酸(Ascorbic Acid)，为白色晶体，易溶于水。它极易被氧化，遇热遇碱均会被破坏，遇铜离子则更易被分解。故煮菜不宜加热太久，更不要用铜锅，也不宜加碱。煮时要加盖，切碎的蔬菜不宜久放，否则与空气接触时间长了维生素 C 会被氧化。维生素 C 在体内参与氧化还原反应，可被氧化为脱氢抗坏血酸，而脱氢抗坏血酸在人体内的还原物质如谷胱苷肽等的作用下,又会还原为抗坏血酸,即维生素 C。

　　细胞互相粘连成组织,这粘连的物质是胶原蛋白,维生素 C 是制造胶原蛋白不可缺少的物质。此外,维生素 C 的氧化还原反应在人体内起传递氢的作用,促成人体组织和细胞间质的生成,并保持正常的生理机能。人体骨骼中的

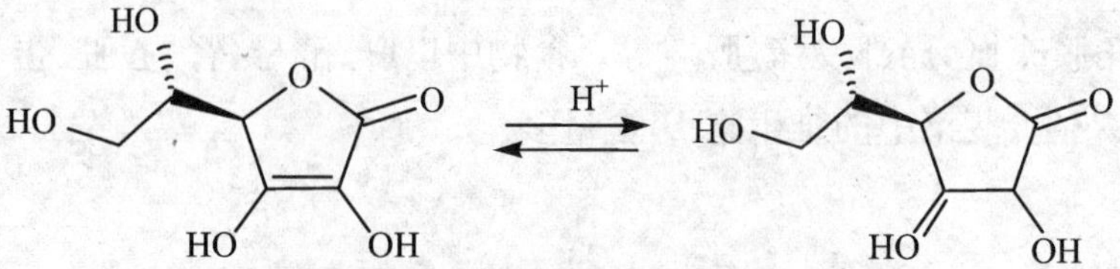

图 5-10　维生素 C 的氧化还原示意图

软骨母质,血管内皮及纤维组织的成胶质都要维生素 C 来保护。缺少维生素 C,细胞间质中的胶原纤维消失,基质解聚,血管通透性增强,造成坏血病,俗称漏血病。如皮下有小血斑,受压后出血更多,齿龈出血,关节内出血,肿痛,骨质薄而稀松。要是有创口或骨折,很难复原。引起造血机能衰退,造成贫血,病人抵抗力差,容易被传染疾病。维生素 C 对人体亚硝胺的形成有阻抑作用,大剂量维生素 C 的服用可预防感冒和癌症。过量维生素 C 不会引起中毒,它会通过尿液排出,但长期大量服用有形成结石的可能性。水果、番茄、蔬菜都含丰富的维生素 C,橘子一类的水果含量更高。动物性食物中含量较少,只在肝、肾、脑中有一些。维生素 C 在消化道很容易被吸收,摄入的几乎完全吸收。人体内还有贮存维生素 C 的功能,垂体和肾上腺含量最高,短时的缺少不致引起疾病。

　　4. 维生素 D

　　维生素 D 于 1926 年由化学家卡尔首先从鱼肝油中提取,是淡黄色的晶体,不溶于水,易溶于有机溶剂,常与维生素 A 共存,比较丰富的来源是鱼的肝脏和内脏。维生素 D 又称阳光维生素,这是因为在人体的皮肤中存在一种 7-脱氢胆固醇,经太阳光紫外线的照射后可转化为维生素 D,因而一般认为,成年人如果不是生活在见不到阳光的地方,很容易得到足够的维生素 D。维生素 D 能促进钙和磷在小肠吸收,使血钙和血磷浓度增加,磷酸钙在骨骼沉着,使骨骼钙化。即使从食物中获得了足量的钙和磷,而维生素 D 缺乏了也会影响骨骼的钙化。儿童需要较多的磷酸钙,没有维生素 D 的帮助是不够用的,所以小孩

必须补充维生素 D。缺少维生素 D，骨骼的磷酸钙少，骨质变软，这就是软骨症。严重时造成 X 形腿、O 形腿、鸡胸或小儿佝偻病等。但维生素 D 吃多了也会中毒，在不应该有磷钙沉淀的组织内也会发生钙化，如肾、血管、心脏、支气管内都有可能。

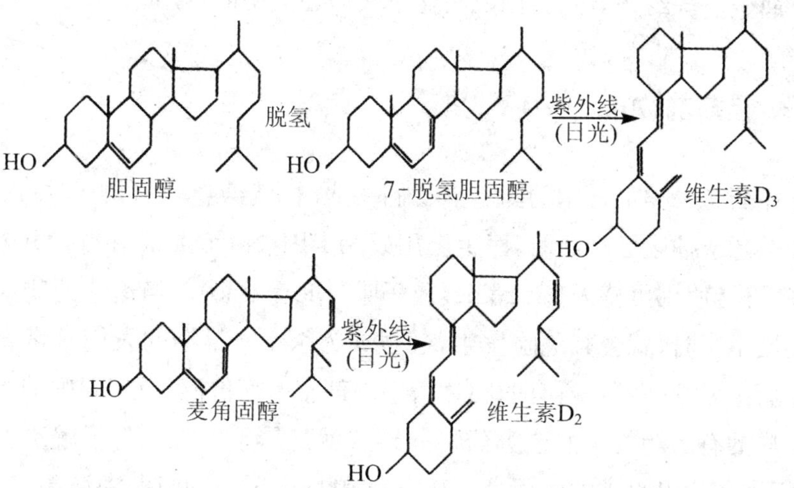

图 5-11　维生素 D_2、维生素 D_3 结构及其生成示意图

第三节　化学实验与药物开发

在医药化学时期，医药化学家们所制取的药物主要是无机矿物和金属制剂，药物主要是无机药物。随着有机合成技术的发展，有机药物获得了突飞猛进的发展。第一次世界大战前，医生能够使用的重要药物仅 10 来种，如乙醚、鸦片以及它们的衍生物，毛地黄制剂（强心针）、白喉抗毒素、天花疫苗、汞、酒精、碘剂以及奎宁和铁制剂等。而第二次世界大战之后，一系列新药排列于药物之首，如磺胺药、阿司匹林、抗生素、麻醉药、强心剂、抗毒素等，此外还有疫苗、荷尔蒙、维生素等。

任何药物均可通过生化或化学合成的方法来获得。化学家可以根据医疗需要合成各种目标药物，也可以从天然药物中提取有效成分。通过研究药物的组成、结构、性质、生物活性以及医疗作用机理，根据构效关系化学家可开发出多种新药。

下面举一些药物研究实例说明化学实验在其中的作用。

一、止痛药(Anodyne)

止痛药是一类最常用的药。当我们头痛时，就会想到阿司匹林(Aspirin)；当我们补牙或抽去牙神经时，医生会用奴佛卡因(Novocaine)；当有更厉害的疼痛时，就可能使用可待因(Codeine)或吗啡(Morphine)。当这些药物大量使用而又使用不当时，就会有危险发生，甚至成为杀手。早期的人们常常直接用鸦片来止痛。尽管并不是所有的鸦片衍生物都有治疗价值，但它们中的大部分确实是止痛的有效药物。但这类药物的缺点就是易于上瘾。为了解决上瘾的弊端，人们力图找出吗啡的代用品。1931年曾报道了一种叫做密波瑞定(Meperridine)的化合物，它的上瘾性要比吗啡小得多，现已成为叫做地美露(Demerol)的药物。在止痛药的发展过程中，更有效的发展是在对止痛机理有了更深入了解之后才取得的。1973年斯尼达等发现，人的大脑和脊柱神经上有许多特殊的部位，麻醉药剂的分子正好进入这种位置，正如钥匙插入锁中一样，把传递疼痛的神经锁住，于是疼痛就消失了。1975年休斯和科斯特立兹发现，脊椎动物自身会产生麻醉物质，他们称其为enkephalino。当人们处于一种疼痛状态时，就会产生更多的麻醉物质去占据神经中的特殊部位，于是疼痛就缓解了。如果在疼痛时服用海洛因，也是因为这些分子进入到了神经的这些部位而起到了止痛效果。如果服用过量，就会引起自身产生麻醉物质能力的降低或丧失，一旦停用这种药物，神经中的这些部位就空出来了，症状立即又会出现。根据这种机理，人们开发了许多有效的药物，如可卡因(Cocaine)、利度卡因(Lidocaine)等。

所有上述药物都是一种疼痛神经传递的阻断物质。然而，人们却仍然偏爱着一种作用缓和而通用性较强的止痛药——阿司匹林。它不仅是止痛药，而且还是很好的退热药。阿司匹林的最大危害性是对胃壁的伤害,当未溶解的阿司匹林停留在胃壁上时会引起胃出血。因此,在服用阿司匹林前先将药片粉碎大为有益。目前的阿司匹林药配方能使其迅速溶解,肠溶阿司匹林药片早就有生产。

二、麻醉药(Narcotic)

麻醉药是指能使整个机体或机体局部暂时、可逆性失去知觉及痛觉的药物。根据其作用范围可分为全身麻醉药和局部麻醉药;根据其作用特点和给药方式不同,又可分为吸入麻醉药和静脉麻醉药。全身麻醉药由浅入深抑制大脑皮层,使人神志消失。局部麻醉对神经的膜电位起稳定作用或降低膜对钠离子的通透性,阻断神经冲动的传导,起局部麻醉作用。

麻沸散是世界最早有记录的局部麻醉剂。《后汉书·华佗传》载:"若疾发结于内,针药所不能及者,乃令先以酒服麻沸散,既醉无所觉,因刳(kū,剖开)破腹背,抽割积聚(肿块)。"华佗所创麻沸散的处方后来失传。

西方化学界最早发现的麻醉剂是一氧化二氮(N_2O),俗称笑气。在 1772年,英国化学家约瑟夫·普利斯特里首先发现了一氧化二氮气体。他制备一瓶一氧化二氮气体后,把一块燃着的木炭投进去,木炭比在空气中烧得更旺。他当时把它当作"氧气",因为氧气有助燃性。但是这种气体却和已知的氧气有很多的不同,例如这种气体稍带"令人愉快"的甜味,而氧气则是无臭无味的;这种气体还能溶于水,比氧气的溶解度也大得多。

1798 年,汉弗莱·戴维和他的朋友,包括诗人柯尔律治和罗伯特·骚塞试验了这种气体。他们发现一氧化二氮能使病人丧失痛觉,而且吸入后仍然可以保持意识,不会神志不清。不久后笑气就被当作麻醉剂使用,尤其在牙医师领域。因为通常牙医师无专职的麻醉师,而诊疗过程中常需要病患保持清醒,并能依命令做出口腔反应,故此气体给牙医师带来极大的方便。

笑气虽然有麻醉作用,但在医学上并未大展身手,这是因为随后不久人们发现了乙醚的麻醉作用。1842 年,美国乡村医生克劳福德·郎格使用乙醚吸入麻醉给病人做颈部肿物手术成功,是使用乙醚作临床麻醉的开创者,只是因为地处偏僻一直到 1849 年才给予报道。1844 年美国一位名叫霍勒斯·威尔士的牙医出席了业余化学家考尔顿的关于笑气的表演,表演中一氧化二氮的吸入能令病人痛觉消失,引起威尔士的注意。第二天威尔士就邀请考尔顿用笑气辅助拔除自己的一颗坏牙。令威尔士惊讶的是,只感到一点疼痛,他马上意识到笑气将是一种极具潜力的药物。1845 年威尔士在波士顿麻省总医院,再次表演一氧化二氮麻醉,由于所用浓度过高在知觉完全消失时出现紫绀,导致表演失败。在威尔士表演失败后,另一位牙科医生威廉·莫顿考虑应该用更好的麻醉药物。1846 年,威廉·莫顿在医学家兼化学家杰克逊的指导下,实验了牙科手术吸入乙醚蒸气的麻醉作用。同年 10 月 16 日在麻省总医院成功地为一例大手术施用乙醚麻醉成功,莫顿被认为是临床麻醉第一杰出人物,乙醚麻醉的成功标志着近代麻醉史的开端。

随着科学的进步,越来越多的麻醉药物出现了。1932 年,从静脉麻醉药硫喷妥钠,以及 20 世纪 50、60 年代以后,更多的静脉麻醉药和吸入麻醉药的问世,逐渐取代了乙醚的地位。

三、抗生素(Antibiotic)

抗生素是由微生物(包括细菌、真菌、放线菌属)或高等动植物在生活过程中所产生的具有抗病原体或其他活性的一类次级代谢产物,能干扰其他生活细胞发育功能的化学物质。现临床常用的抗生素有微生物培养液提取物以及用化学方法合成或半合成的化合物。抗生素以前被称为抗菌素,事实上它不仅能杀灭细菌,而且对霉菌、支原体、衣原体等其他致病微生物也有良好的抑制和杀灭作用,因此近年来将抗菌素改称为抗生素。目前常用的抗生素有以下一些:

1. 青霉素(Penicillin)

青霉素 1928 年首先被伦敦大学细菌学家弗来明(Alexander Fleming)发现。当时他正在研究葡萄球菌的培养,这种菌会引起脓肿或者其他感染。为了用显微镜检查培养情况,他需要把培养皿的盖子移开一会儿。有一天当他开始工作时,突然注意到培养基被一种蓝绿色的霉菌所污染。而在这个霉菌繁殖地周围一定距离内,所有的葡萄球菌全被摧毁了。怀着极大的兴趣,弗来明进行了深入的研究后发现,长霉菌的培养基也具有阻抑或杀灭许多致病病菌的能力。后来证实这霉菌就是 penicillin(因形状像铅笔而得名),这也就是青霉素被称为盘尼西林的原因。青霉素 G 对动物细胞是无毒的,它的活性也是有选择性的。目前有许多种类的青霉素,G 型是应用最广泛的一种。青霉素的生产目前仍是以生化方法即发酵制备为主。杀菌的机理与抑制细菌细胞壁的合成有关。

在实际使用中有些人会对青霉素产生过敏反应,这是因为青霉素不稳定,可以分解为青霉噻唑酸和青霉烯酸。前者可聚合成青霉噻唑酸聚合物,与多肽或蛋白质结合成青霉噻唑酸蛋白,为一种速发的过敏源,是产生过敏反应最主要的原因。所以青霉素在使用前须先做皮试。

2. 氯霉素(Chloramphenicol)

氯霉素是由委内瑞拉链霉菌产生的抗生素,是世界上第一个用化学全合成方法制得的抗生素。氯霉素对革兰氏阳性、阴性细菌和立克次体以及衣原体等微生物均有抑制作用,临床上主要用于治疗伤寒、副伤寒等。由于对造血系统有严重不良反应,故对其临床应用现已做出严格控制。

3. 四环素(Acheomycin/Tetracycline)

1945 年达干(B. M. Duggan)从一种金黄色的土壤真菌中发现了一种新抗生素,称作为 Aureomycin(金霉素),这就是第一个被发现的四环素族的抗生素。随之而来的是研究此类物质的高潮迭起。比萨实验室曾不遗余力地试验了 116 000 个土壤样品,最后得到了第二个四环素。四环素是一类抗生素的总称,之所以称其为四环素,是因为这些抗生素中都有四个环相连。四环素能抑制微生物蛋白质的合成,对革兰氏阳性、阴性细菌和立克次体、螺旋体以及一些大型病毒均有抑制作用,常用于治疗肺炎、败血症、尿道感染、细菌痢疾等。四环素也有副作用,那就是它也会杀灭正常存在于人体肠内的寄生细菌,从而引起腹泻。还有四环素牙,即儿童时期服用过多会使牙齿发黄。

四、心脑血管药(Heart Cerebrovascular Drug)

当前引起人类死亡的第一号疾病当数心脑血管疾病。在某种程度上讲,它比癌症对人类的威胁有过之而无不及。而引起这种疾病的最危险因素就是高血压。为了对付高血压，已经发明了许许多多的降压药物。然而，有些病人的高血压并不能被现有的这些药物缓解，是一种顽症高血压。如何攻克这种顽症高血压是科学家们的主攻目标之一。近来科学家们在蛇毒的启发下，开发了一种新的降压药物，可以有效地治疗这种顽症高血压。人类维持生命需要有正常的血压，一旦出现不正常，人体内会自动进行调节。如果血压过低，人体内有一种称之为"血管紧张素-2"的物质就会将血压调高。但是在平常的情况下，人体内只有无调节血压作用的"血管紧张素-1"。血管紧张素-2 是在一种称之为"血管紧张素转换酶（ACE）"的帮助下产生的。换句话说，一旦血压降低，ACE 就会被激活而将血管紧张素-1 转化为血管紧张素-2，以调高人的血压。如果血压过高，人体内还有一种称之为"舒缓激肽"的物质会被激活而去降低人体的血压。可以说，人体的血压是依靠"血管紧张素-2"和"舒缓激肽"这两种物质共同来维持正常的。因此在使用药物降压时，必须顾及这两种因素。20 世纪 60 年代巴西科学家们对南美颊窝毒蛇的研究结果引起了科学家们的注意。他们发现，小动物一旦被这种毒蛇所咬，立即全身瘫痪而不能动弹。究其原因则是因为此时动物的血压已经降到了零。那么蛇毒中究竟有什么东西可以使血压骤降呢？生物化学的研究表明，在蛇毒中有一种多肽物质，这种物质可以激活"舒缓激肽"而让它执行降压任务，所以称它为"舒缓激肽潜在因子"（BPF），这种物质还有另一个作用，就是阻断 ACE 被激活，从而干扰了血管紧张素-2 的产生，结果是丧失升压能力。科学家们从蛇毒的启迪中，设计和合成了一系列多肽物质，其中一种称之为 captopril 的化合物——巯基甲基氧丙基左旋脯氨酸已经显示出很好的应用前景，作为 ACE 抑制物，临床试验已充分证明，它有降低异常高血压的能力。目前人们已合成了近 20 种 ACE 酶抑制剂，年销售额超过 60 亿美元。

五、抗癌药(Anticancer Drug)

第一个人工合成的抗癌药是氮芥气，它可使 DNA 烷基化，减少细胞分裂。后来相继出现了环磷酰胺、亚硝基脲衍生物、含铂配合物、氟尿嘧啶、巯基嘌呤、光辉霉素、橄榄霉素、搏莱霉素等抗癌药物。天然抗癌药物有蚕产生的干扰素、蟹壳纤维、乌贼粘多糖、喜树碱、紫杉酚等。1997 年的国际癌症会议上还证实了感冒病毒——ONYX-015 可摧毁癌细胞。

目前市场上的常用抗癌药品如下：

伯尔定：卡铂，第二代铂类抗癌药；金复康口服液：肺癌首选药；回生口服液：抑制肿瘤癌细胞的增殖和转移，提高机体免疫功能；紫龙金片：抑制肺癌，提高 T 淋巴细胞的增殖能力；鹤蟾片：配合化疗、手术、化疗加放疗用药，特别对肺癌疗效好；西艾克：植物类抗肿瘤药，为细胞周期特异性药物；盖诺：长春碱半合成衍生物，为植物类广谱抗肿瘤药。

六、基因药物(Gene Drug)

基因药物将是今后人们研究的热点。从发现癌基因开始，人们逐渐认识到人类发生的疾病可能都与基因有关。研究基因药物的思路是在发现基因变异的基础上，利用向细胞释放 DNA 片段的方法来修复或代替有缺损的部分，从而达到治疗的目的。

七、中成药(Chinese Traditional Medicine)

中成药有两种概念：一种是狭义的中成药，它主要指由中药材按一定治病原则配方制成、随时可以取用的现成药品，如中成药中的各种丸剂、散剂、冲剂等等，这便是生活中人们常说的中成药；另一种是广义的中成药，它除包括狭义中成药的概念外，还包括一切经过炮制加工而成的草药药材。毫无疑问，这两种"成药"在内容上是有许多不同的。

狭义中成药所指的各种成药，均为现成可用，适应急需，存贮方便的中药。相对于中药药材而言，成药治病省了中药煎剂所必要的煎煮时间，更因其能随身携带，不需煎煮等器具，故而使用十分方便。由于中成药多为经过一定特殊加工浓缩而成的制成品，故其每次需用量远远少于中药煎剂，而且成药已几乎消除了中药煎剂服用时特有异味等的不良刺激，因而在服药反应上，也较易被大众所接受。

　　众所周知,我国传统的中药有着奇特的药效。尽管已有悠久的历史,然而人们对其中的奥秘却知之甚少。例如,人参中的有效成分究竟是什么,至今仍是一个谜。如果用化学的手段能剖析出它的有效成分,然后再用化学的方法进行模拟合成,不就可以大量生产而不受种植限制了吗? 又如云南地区有一种海桐树,它的皮可以极为有效地治疗老年慢性支气管炎。但是,这种树是有限的,树皮更是有限,不可能满足人类在对付这种疾病中的需要。当务之急,就是将其有效成分剖析出来,进行人工合成。诸如此类的问题呼唤着化学学科尽快发展。化学研究配合着医学科学的发展,可以加快新药的问世。

　　青蒿是我国传统中药,在长沙马王堆汉墓中就有青蒿作为药物的文字记载。20 世纪 70 年代在我国数百科学工作者的大力协作中,从青蒿中提取分离了它的抗疟有效成分——过氧倍半萜内酯,之后命名为青蒿素。此后又发展了一系列现已作为正式抗疟药物的青蒿素衍生物。当时疟疾是全球最严重的传染病之一,每年有 2 亿~3 亿病人,死亡 200 万~300 万。20 世纪 60 年代初出现抗药性疟疾,致使原有的抗疟药失去效用。此时我国研制的青蒿素类抗疟药以高效、速效、安全、对抗药性疟疾有特效而风靡全球。1995 年蒿甲醚被 WHO 列入国际药典,这是我国第一个被国际公认的研制的新药。青蒿素的化学结构十分独特,自上市至今 20 多年,尚未发生抗药的疟疾病例。因此近年世界各国都从分子水平上探索其抗疟作用机制,中国科学院上海有机化学研究所在多年青蒿素工作的基础上进行了深入的研究,开辟了从分子水平上研究青蒿素抗疟作用乃至抗癌作用机制的全新途径。

第四节　化学实验与临床诊断

　　化学在研究生命过程和生物医学中对于揭示生命起源、疾病及遗传奥秘等具有重要意义,不仅在欧洲的"尤列卡计划"、美国的"人类基因图"、日本的"人体研究新前沿"等规模宏大的生命科学研究规划中发挥了重要作用,而且在生物分析、临床诊断中也发挥了重要作用。

一、生命科学中的电化学分析

生命过程最基本的运动是电荷运动,生命科学最基础的学科是电化学。因此,分析化学与电化学的结合(电化学分析)是揭示生命奥秘最有力的工具。电化学分析不但在生物体及有机组织的整体水平上,而且在细胞水平、分子水平上都有很好的应用。利用电化学分析的方法可以研究电子、离子、分子在生物体系中的含量、分布及其传输、转换、转化过程及规律。

1. 伏安分析

伏安分析法可用于测定生物大分子。利用胆红素、卟啉等与金属离子配合物极谱波可测定胆红素、卟啉等物质。利用线性扫描伏安法可同时测定次黄嘌呤、黄嘌呤、尿酸等,利用循环伏安法可快速测定肾上腺素、去肾上腺素等,利用差示脉冲伏安法可快速测定细胞色素 C。对于无电活性的氨基酸,可将其与醛反应产生电活性物进行测定。刀豆球蛋白在 α-联吡啶溶液中可产生极谱波,加入葡萄糖与刀豆球蛋白发生免疫反应,可用示波极谱法进行测定。采用亚硝化反应吸附溶出伏安法测定衍生化后的雌二醇、雌三醇、黄体酮等激素,灵敏度可达 10^{-10} mol·L^{-1}。单扫描示波极谱法与免疫反应结合可测定乙型肝炎表面抗原,灵敏度为 $0.5\ \mu g$·L^{-1}。

2. 电化学传感器

生物传感器是最高级的传感器,其选择性好、噪声低,在生命科学研究中占有重要地位。自 1967 年 Updike 研制出世界上第一代生物传感器——葡萄糖酶传感器以来,已发展到第三代生物传感器。制备的电极有糖、氨基酸、蛋白质、DNA、抗原及抗体、激素及激素受体、酶、免疫、细胞器等生物传感器,这些传感器与流动注射分析、微机处理技术、微电极技术等相结合,在生命科学中已发挥了重要作用。酶传感器是利用酶在生物化学反应中特殊的催化作用,使糖类、尿素、有机酸甚至磷酸三腺苷(ATP)等生物分子在常温下分解、氧化,从而检测反应过程中消耗或产生的化学物质,以测定生物分子。例如,将胆固醇脂酶固定在牛血清蛋白上制成光纤胆固醇传感器,可测定血清中胆固醇含量。酶传感器主要有 GPT(谷氨酸丙酮酸转氨酶)传感器、胆固醇传感器、胆甾醇传感器、腺苷传感器、尿素传感器等。微生物传感器是将微生物膜修饰在氧电极或其他电极上组成的传感器,可用于测定各种微生物,如 BOD(生物耗氧量)传感器,变异原传感器。免疫传感器是利用抗原与抗体间的专属性反应制备出的高选择性、高灵敏度的传感器,如 HCG(绒毛膜促性腺激素)传感器可方便地用于怀孕与否的检查,AFP(α-甲胎蛋白酶)传感器可用于肝癌诊断。

目前已研制出可测量温度、pH、氧压的三维传感针,并发现人体在不同状态下的三维坐标区域不同,借此可区分正常区和疾病区。

微电极用作电化学探针,可检测动物脑神经传递物质的扩散过程。在电化学免疫分析中,用 $20~\mu L$ 样品可测定 $10^{-18}~mol \cdot L^{-1}$ 免疫球蛋白-G,采用微电极可将样品量降低至 nL 级,可测量 $10^{-20}~mol \cdot L^{-1}$ 的物质。用微电极还可测定单个细胞中的神经递质、pH 变化等。

另外,利用化学修饰电极的方法可将生物大分子牢固地固定在单晶基体上,再采用 STM(扫描隧道显微镜)和 AFM(原子力显微镜)技术,可以在生命的天然或准天然条件下对生物样品的构型进行不同视野的观察,分别获得接近分子水平、超分子水平、亚分子水平及原子水平的图像,对研究生物大分子的形貌及变性、失活过程,对揭示生命过程的本质具有重要意义。

安培免疫传感器由于其高选择性、高灵敏度,不仅广泛地用于医学临床诊断,而且在环境监测和食品工业等领域,成功测定杀虫剂、农药、激素类物质等小分子物质(半抗原),获得了良好的可检测性。Benkert 等制备了一种安培分析的肌氨酸酐免疫传感器用于肌氨酸酐免疫分析,检测限达到 $4.5~ng \cdot mL^{-1}$。Wilmer 等用碱性磷酸酶标记的单克隆抗体,用一个安培分析免疫传感器测定了水中 2,4-二氯苯氧基乙酸的含量,检测限为 $0.1~\mu g \cdot L^{-1}$。鞠幌先等近年来发展了一系列 CA125、CA199、CEA、AFP 等肿瘤标志物的安培免疫传感器。采用竞争免疫反应模式,成功用于胰腺癌病人血样和人血清 CA125 含量的检测,实现了 hCG 的快速灵敏检测。通过电极表面电化学处理和共价键合,将辣根过氧化物酶(HRP)标记 CEA 抗体固定在玻璃碳电极表面,通过免疫反应对固定化 HRP 的抑制制备了一种新型安培免疫传感器,用于 CEA 检测。

二、生命科学中的光化学分析

1. 发光分析

生命活动过程中具有弱发光现象,发光强度与生物体内的某些生化反应具有内在联系,和环境有相关联系,利用发光分析可研究生命过程,测定生命物质。20世纪50年代起人们建立了以化学—生物发光为基础的发光分析,并用于微量成分测定。20世纪80年代起,人们将发光分析与免疫反应相结合产生了发光生物传感技术,使生物体内的信息在体外获取成为可能。20世纪90年代起发光分析开始应用于分子生物学研究,运用发光标记技术制备基因探针,在基因工程、遗传工程中发挥了重要作用。发光分析的具体应用有:ATP(三磷酸腺苷)的测定,酶活力的测定,吞噬发光与机体免疫功能的测定,血清发光诊断炎症及肿瘤。发光免疫分析与流动注射结合是测定乙肝病毒表面抗原的有效方法。

2. 荧光分析

荧光分析具有很高的灵敏度和选择性,激光荧光分析可以接近或达到检测灵敏度的极限——单原子或单分子测定。利用荧光探针可测定 RNA 和 DNA,还可以区分不同构象的核酸,如区分线状 DNA、环状 DNA 及超级线团 DNA。荧光分析还是研究 DNA 碱基损伤修复以及与有关药物的化学反应活性部位的理想工具。1987 年美国应用生物化学系统公司推出了以荧光分析为基础的 DNA 序列测定仪,采用电泳分离,荧光标记,实现了对 DNA 的自动分析。采用时间分辨荧光免疫法可鉴定微量血痕种属,灵敏度高,适用于法医常规检测。

蛋白质具有天然荧光,利用这种性质检测蛋白质比紫外吸收法灵敏,且没有核酸的干扰。利用荧光偏振、荧光猝灭及多维荧光检测技术可用来研究蛋白质与配体之间的相互作用及动力学过程,这对于解释蛋白质的结构与功能的关系及蛋白质与物质或药物的作用机制具有重要意义。荧光探针在蛋白质研究中也有广泛应用,如染料荧光探针可用于辨别蛋白质分子中氨基的状态、蛋白质分子的活性区,可检测 pmol 级的蛋白质,稀土离子探针可用于研究蛋白质分子与金属离子结合部位的结构类型,给出蛋白质分子构象及构象动力学信息。虽然在 20 多种氨基酸中,只有色氨酸、酪氨酸、苯丙氨酸有天然荧光,但可用荧光试剂进行衍生化反应,再利用荧光分析法测定各种氨基酸,进而测定多肽。荧光免疫分析采用时间分辨技术可用于许多蛋白质、激素、病毒抗原及 DNA 杂交体的分析。

用阿达玛变换分子荧光法可同时测定单细胞中微量组分的精确含量、区域分布及三维图像,可测定单细胞中 ng 级的 DNA、RNA、蛋白质细胞钙。可进行癌细胞病理研究,对单细胞核 DNA 倍体和形态精确测定,可以预测癌变,确诊癌症并监测治疗效果。激光诱导荧光光谱在活细胞、活体体液、DNA 碱基序列和细菌病原体的鉴定中发挥了重要作用,在恶性肿瘤的早期诊断和治疗中已取得了可喜的进展。20 世纪 70 年代发展起来的流式细胞仪就是利用激光诱导荧光光谱法原理设计的细胞定量分析仪器,它可提供生物细胞的基本信息,从而了解生物物质内在本质变化,在肝细胞倍体以及混合细胞群中各亚群细胞的 DNA 含量的测定、癌细胞动力学研究和化疗癌病患者治疗的监测等方面已获得了广泛应用。

三、生命科学中的质谱分析

质谱分析以其高灵敏度、超微量、测定快速,特别是能有效地与色谱联用而成为解决生命科学中分析问题的重要手段。质谱法用亚微克级试样就能准确地给出分子量、分子式及其他结构信息,既可定性又可定量。为了适应生命科学研究的需要,质谱技术研究热点主要集中在两个方面,其一是发展新的软电离技术,以便分析强极性、不稳定、难挥发的生物大分子(如蛋白质、核酸、聚糖);其二是发展液相色谱与质谱联用,以便分析复杂生物体系中的痕量成分。

1. 反应质谱(RMS)

RMS 可分析糖及糖苷结构。在质谱仪的离子源中引入立体选择反应试剂——芳基硼酸,使之与糖发生分子—离子反应,产生特征笼状离子,由其丰度可区分糖的立体异构体。在离子源中同时加入 NaCl、LiCl,由产生的加合离子峰可确定糖苷的准分子离子及分子量;若将糖苷的分子离子引入活化碰撞室,运用 MS/MS 技术可实现一次进样获得苷元结构鉴定、糖基序列和精确的分子量信息。运用反应质谱法，以 α-苯基丁酸酐为立体选择反应试剂可测定生物碱、氨基酸等的绝对构型，以 Me_3SiNEt_2 为反应试剂可测定甾体激素的构象。

2. 快原子轰击质谱(FABMS)

1981 年 Barber 创立的 FABMS 是分析低分子量肽的有效方法。Barber 研究了蜂毒素、胰高血糖素、胰岛素 B 链、牛胰岛素、人胰岛素原等多肽和蛋白质。若将蛋白质酶解后进行质谱分析，测定各组分的分子量，再根据酶解选择性确定蛋白质序列结构，最终可得"肽图"。聚糖、糖苷和糖蛋白的分析比肽的分析难度更大，不仅要求分子量测定和糖基序列分析，而且还要进行苷键连接点测定和立体化学分析。用 FABMS 可分析聚糖的连接方式，用 FABMS/MS 可测定糖苷的结构，对于糖蛋白的分析，一般是先将蛋白和糖基分开，再进行 FABMS 分析。

3. 电子喷雾质谱(ESMS)

ESMS 利用形成的多电荷离子可准确、高灵敏地确定高分子量的蛋白质，所测蛋白的分子量可高达 133 000 dalton(牛血清蛋白二聚体)。另外，用 ESMS 还可鉴定蛋白质的纯度。

4. 离子喷雾质谱(ISMS)

ISMS 可方便地用来测定一种可阻止器官移植后组织排斥的环状肽(Cyclosporine)的序列，这是用普通仪器很难做到的。ISMS 法还可分析质量非常接近的类蛋白，测定马体中肌红蛋白(分子量 16 950.5 dalton)时，分子量可准确到 0.2 dalton，而且由于灵敏度高，只需 3×10^{-15} mol 肌红蛋白样品。有关酶和抑制因子体系的共价键、立体专一性以及化学计量学的确定，用传统方法需要进行同位素标记合成，费时费力，用 ISMS 可在几分钟内解决问题。类牛胰岛素-Ⅰ具有刺激癌细胞生长的功效，ISMS 法为识别癌细胞调节中心的肽段提供了一种有用的方法。现在的许多新药都是多肽或蛋白，对这些药物的质量检验是一项较困难的任务，ISMS 法可解决这一难题。

5. 等离子体解吸质谱(PIMS)

PIMS 具有可测量质量范围宽和灵敏度高的优点，适用于多肽和蛋白的分子量测定，也可研究蛋白翻译后的修饰状况以及在体酶促反应等，还可提供有关合成多肽中的氨基酸缺失、去保护程序等信息。核苷和核苷酸的分析也可采用等离子体解吸质谱法。

四、生命科学中的色谱分析

1. 高效液相色谱(HPLC)

色谱分析在生命科学中占有突出地位,HPLC 法分析、分离和纯化生物大分子物质是目前极为活跃的研究领域。借助于新型取样技术——微透析,用 HPLC 法可直接测定病人血清中肌肝含量,利用微型柱 HPLC 可测定肾上腺素、去肾上腺素,利用非多孔填料的 HPLC 可对各种蛋白质进行分离。利用反相 HPLC 可分离核苷酸、核苷、脱氧核苷酸、脱氧核苷和碱,可测定重组人肿瘤坏死因子衍生物,HPLC 法及 HPLC-MS 联用技术也可用于人体体液中代谢产物的测定。HPLC 引入生物技术领域,对生物工程已产生深远的影响,单克隆及多克隆抗体配基和各种基质键合得到的亲和色谱固定相的研究已广泛开展,目前已出现以蛋白质为对象的专用色谱柱。

2. 毛细管区带电泳(CZE)

CZE 由于柱效高(可达到 10^6 板/m)、灵敏度高、易自动化,又由于载体可容纳分子量极大的生物样品(如细菌和病毒颗粒),因此在生命科学中有重要应用。CZE 可分离人体血清蛋白,可分析人体血红蛋白、同工酶,可分析重组人胰岛素原,可分离血红蛋白变异株,CZE 与免疫消去法结合还可分析免疫球蛋白。Kim 用 CZE 分析了患有肝硬化、肾病综合症、多克隆病患者的血清,Matsubara 在 CZE 中使用非离子表面活性剂,分离了 24 种丹磺酰氨基酸。目前已可根据电荷和分子形状的差别分离生物聚合物,测定 DNA 顺序和 DNA 合成中产物的纯度,甚至可进行单个细胞的研究。加入含金属离子的手性缓冲液,还可进行多肽的手性分离。

五、单分子与单细胞的光谱分析

单分子检测是分析化学的前沿领域之一,这一技术的发展对于人类认识生命的形成过程、探索疾病的成因、进行药物的分子设计等具有十分重要的作用。自从 1961 年 Rotman 发表了第一篇关于单分子检测的论文后,各种单分子检测的论文不断发表。到 20 世纪末,单分子的检测和操纵技术已经取得了突破性的进展。近十几年来,关于单分子检测的论文每年都有数篇发表在包括 *Science*、*Nature*、*Cell* 等高水平的学术刊物上,其中研究对象绝大部分是生物大分子。传统的生物学研究即使是分子生物学通常都是对大量分子在一段时间内平均行为的描述,单个生物分子的行为被平均化和掩盖,阻碍了对其结构和功能的深入认识。单分子检测技术的发展为深入了解复杂多变的生物体系中的生物分子的形态、行为、性质、相互作用等提供了一个全新的途径。目前人们已开展利用单分子技术对蛋白质的折叠、酶催化、离子通道、DNA/RNA 结合蛋白、细胞膜结构、分子电机、复杂细胞结构等研究。尽管单分子检测的研究已经取得了一些进展,但从总体上看这类技术仍处于起步和探索阶段。生物单分子的研究还存在不少技术上的问题,尤其是在接近生理条件下和活细胞中的生物单分子的原位实时检测方法并不成熟。

随着单分子技术的发展,单细胞分析也成为人们关注的另一个焦点。虽然目前单细胞分析的主要手段是电化学和质谱方法,但是随着单细胞成像技术的发展和进步,光谱分析方法在单细胞检测方面发挥着越来越大的作用。用扫描探针技术虽可以得到细胞表面单个分子的图像,但对于嵌入或深藏于介质中的分子更适合于用光谱的方法来探测和表征。特别是在细胞保持活性的状态下如在正常的生命活动状态下,对细胞中的活性成分进行原位动态光谱分析受到更多的关注。

由于单分子与单细胞分析技术的焦点是需要高灵敏度检测仪器,因此,目前报道较多的方法有激光共聚焦显微荧光法、多光子激发显微荧光法、荧光关联光谱法、消失波诱导荧光光谱法以及扫描近场光学分析法等。

(1) 激光共聚焦显微荧光光谱。用激光共聚焦显微镜已经可以探测到人子宫颈癌细胞摄入的转铁蛋白单分子,由于这一技术允许在光路中加光学滤波器共聚焦成像,因此可以得到细胞高分辨微结构的荧光图像。在激光共聚焦显微镜下,用激光钳操纵单个人工合成含钙荧光试剂的磷脂囊泡($1\sim5~\mu m$),用电脉冲融合囊泡后产生荧光响应,在荧光显微镜下检测的荧光强度提高了 40 倍。

采用荧光染料标记及共聚焦成像技术,发现新生鼠星形神经细胞能刺激成年鼠脑中干细胞产生新神经元,使神经元生长速度提高八倍,让人们看到治疗早期老年痴呆症的希望。

(2) 多光子激发显微荧光光谱。多光子与单光子激发相比较具有穿透深、自发荧光影响小、活细胞的光损伤小、可长时间观察等优点,为生物及医学成像、原位实时观察活细胞图像变化提供了有效的手段。用绿色荧光蛋白标记活鼠,利用双光子荧光显微镜观察大脑皮层单个锥体神经元突触的变化,发现了神经元中一些突触有新的隆起的生成和消失。

(3) 荧光关联光谱对于生物样品而言,当聚焦的激光束照射到分子上时,在共聚焦范围内荧光团在小范围内的移动和在不同状态之间跃迁,产生不同强度的荧光。通过测量荧光随时间的变化即得到荧光的时间涨落。根据荧光涨落的平均时间随时间衰减得到一个时间的自动相关函数,从而计算出溶液中荧光团的密度。这一技术已用于检测生物单分子、研究蛋白质折叠和 DNA 转录。

(4) 消失波诱导荧光光谱。对于处在固—液界面环境下的非破坏性单分子的检测,可采用消失波诱导荧光光谱法。该法是一种表面分析方法,所用的仪器为全内反射荧光显微镜,利用全内反射光在两个介电介质之间的表面产生特征的消失波选择性地激发在界面范围内的荧光团。用全内反射荧光显微镜测量界面内的分子时有极高的灵敏度,可观察到水溶液中单个蛋白质的运动。

(5) 扫描近场光学显微镜。扫描近场光学显微镜是高分辨的光学显微镜,它根据样品上的扫描光斑和反射光得到图像,空间的分辨率可达到约 15 nm,已用于检测生物单分子和标记生物分子的单个染料分子以及人红细胞、人染色体、大肠杆菌等的成像。

(6) 表面增强拉曼光谱。采用表面增强拉曼光谱(SERS)方法能够得到比传统拉曼光谱增强 10^{14} 数量级的效果。通过在激发光频率与待测分子的电子吸收频率接近或相同时得到的表面增强共振拉曼信号,可以检测到高灵敏度的单分子信号。

(7) 毛细管电泳—激光诱导荧光法。光谱方法与高效的分离手段如毛细管电泳结合为解决单分子检测及单个细胞中数以千计的各种物质的分析问题提供了有力手段。将单分子的激光诱导荧光检测与电泳芯片相结合,引入鞘流聚集技术使样品分子逐个穿过检测激光斑,与通常的毛细管电泳相比检测效率提高了 100 倍。Dovi-chi 等用毛细管筛分电泳—激光诱导荧光得到了单细胞中的蛋白指纹图谱,在 30 min 内对 25 个组分进行了分离测定。

纳米材料的应用是最近分析化学工作者关注的一个热点。目前基于纳米材料的各种可见紫外吸收型、荧光型、化学发光型、表面等离子体共振型和表面增强拉曼型传感器都已经被开发出来。其中 Mirkin 等根据纳米金颗粒在聚集过程中,会因粒子间距离变小,而伴有红色到蓝色的颜色变化,用这种方法可以检测出 10 fmol·L^{-1} 的多聚核苷酸。

分析化学在探讨生命过程、揭示遗传奥秘等生命科学研究中发挥了重要作用。未来的分析化学将不仅是研究生命过程,也是挖掘生命过程有力的工具。

第六章　趣味化学实验

化学是一门以实验为基础的自然科学,在化学的世界里,可以观察到绚丽多彩的实验现象和奥妙无穷的微观世界以及层出不穷的新物质。本章我们将通过一些设计巧妙、现象有趣的化学实验展示化学的魅力。

第一节　化　学　魔　术

魔术指以敏捷的动作或特殊技巧把真实情况掩盖,使观众感到或有或无、变化莫测的方术,也叫幻术或戏法。化学魔术即将以具有奇妙现象的化学变化为基础的小实验,通过一定的表演技巧展示出来,使观众感受到化学的神奇,享受到化学的乐趣。

一、神奇的瓶子

1. 实验原理
染料酸性靛蓝在溶液中能被硫化钠还原为其相应的还原态,呈黄色。在振荡时还原态的黄色靛蓝,又能被空气中的氧气氧化成绿色氧化态的靛蓝。两种颜色之间存在一系列过渡色。

2. 实验用品
1%酸性靛蓝溶液、硫化钠、蒸馏水、玻璃瓶。

3. 实验操作

取一只无色透明的 500 mL 的带有密封盖的玻璃瓶,加 2 g 硫化钠和 200 mL 蒸馏水,制成溶液,再滴加 1% 的酸性靛蓝溶液直到整个溶液呈绿色,盖紧密封盖,静置,溶液颜色由绿→褐→红→橙→黄渐变。振荡瓶子,则溶液颜色由黄→橙→红→褐→绿渐变。再静置又重复前面的颜色变化,可以反复做几次。

4. 注意事项

实验要在 25～30 ℃时做效果才好,如果冬天做,要用温水浴加热。

二、魔壶

1. 实验原理

三氯化铁溶液与不同物质反应,生成产物的颜色不同。$FeCl_3$ 溶液遇到硫氰化钾(KSCN)溶液显血红色,遇到亚铁氰化钾($K_4[Fe(CN)_6]$)溶液显蓝色,遇到铁氰化钾($K_3[Fe(CN)_6]$)溶液显绿色,遇苯酚显紫色,遇到乙醇钠显褐色,遇到硫化钠显乳黄色。$FeCl_3$ 溶液喷在白纸上显黄色。

反应方程式如下:

① $FeCl_3 + KSCN =\!=\!= [Fe(SCN)]Cl_2 + KCl$(红色)

② $FeCl_3 + 3AgNO_3 =\!=\!= 3AgCl\downarrow + Fe(NO_3)_3$(乳白色)

③ $FeCl_3 + 6C_6H_5OH =\!=\!= H_3[Fe(C_6H_5O)_6] + 3HCl$(紫色)

④ $FeCl_3 + 3CH_3COONa =\!=\!= Fe(CH_3COO)_3 + 3NaCl$(褐色)

⑤ $2FeCl_3 + Na_2S =\!=\!= 2FeCl_2 + 2NaCl + S\downarrow$(乳黄色)

⑥ $4FeCl_3 + 3K_4[Fe(CN)_6] =\!=\!= Fe_4[Fe(CN)_6]_3 + 12KCl$(蓝色)

⑦ $FeCl_3 + 3NaOH =\!=\!= Fe(OH)_3\downarrow + 3NaCl$(红棕色)

利用它的特性,可以设计一些有趣的化学实验。

2. 实验用品

高脚酒杯、白纸、毛笔、喷雾器;木架、摁钉、$FeCl_3$ 溶液、5% 硫氰化钾溶液、1 mol·L^{-1} 亚铁氰化钾浓溶液、铁氰化钾浓溶液、苯酚浓溶液、3% 的硝酸银溶液、饱和醋酸钠溶液、饱和硫化钠溶液、40% 的氢氧化钠溶液。

3．魔壶实验

（1）取 7 只尖底高脚酒杯，事先分别加入下列溶液中的一种：5%的硫氰化钾溶液、3%的硝酸银溶液、苯酚溶液、饱和醋酸钠溶液、饱和硫化钠溶液、1 mol·L^{-1}的亚铁氰化钾溶液、40%的氢氧化钠溶液各 1 mL（看上去像空杯）备用。

（2）表演时将 7 只高脚杯并排放好，从事先准备好的盛有 10%的氯化铁溶液的无色透明咖啡壶中，向各杯中依次倒入约 60 mL 氯化铁溶液，各杯依次呈现红色、乳白色、紫色、褐色、金黄色、青蓝色、红棕色。

4．喷雾作画

（1）用毛笔分别蘸取硫氰化钾溶液、亚铁氰化钾浓溶液、铁氰化钾浓溶液、苯酚浓溶液在白纸上绘画。

（2）把纸晾干，钉在木架上。用装有 FeCl$_3$ 溶液的喷雾器在绘有图画的白纸上喷上 FeCl$_3$ 溶液。白纸上出现一幅画。

三、水与火

实验一　魔棒点灯

不用火柴，只用一根玻璃棒能将酒精灯点燃么？这可以利用高锰酸钾在酸性条件下与乙醇的反应来实现。

1．实验原理

$$4KMnO_4（固体）+ 2H_2SO_4（浓）=\!=\!=2K_2SO_4 + 4MnO_2 + 3O_2\uparrow + 2H_2O$$

$$4KMnO_4（干）+ 2H_2SO_4（浓）=\!=\!=2K_2SO_4 + 2Mn_2O_7 + 2H_2O$$

反应放热使 O$_2$ 与酒精灯上的乙醇反应燃烧而点燃酒精灯

$$CH_3CH_2OH + 3O_2 =\!=\!=2CO_2\uparrow + 3H_2O$$

2．实验用品

KMnO$_4$（固体）、H$_2$SO$_4$（浓）、酒精灯、玻璃棒。

3．实验步骤

取少量高锰酸钾晶体放在表面皿（或玻璃片）上，在高锰酸钾上滴 2～3 滴浓硫酸，用玻璃棒蘸取后，去接触酒精灯的灯芯，酒精灯立刻就被点着了。

4．注意事项

玻璃棒上要沾有高锰酸钾小颗粒,点火效果才好。

实验二　滴水点火

众所周知,水能灭火,难道还能点火?

1．实验原理

$$2Na_2O_2 + 2H_2O \Longrightarrow 4NaOH + O_2 \uparrow$$

$$C_{12}H_{22}O_{11}(s) + 8KClO_3(s) \Longrightarrow 8KCl(s) + 11H_2O(g) + 12CO_2(g) \uparrow$$

2．实验用品

蔗糖粉末、氯酸钾粉末、过氧化钠、石棉网、玻璃棒。

3．实验步骤

取干燥的蔗糖粉末 2.5 g 与氯酸钾粉末 2.5 g 在石棉网上混合,用玻璃棒搅匀,堆成小丘,加入过氧化钠 1.5 g,滴水,0.5 min 分钟后,小丘冒出白烟,很快起火燃烧。

实验三　烧不坏的手帕

用火烧过的手帕居然完好无损? 这是什么原因?

1．实验原理

手帕用酒精与水以 1∶1 配成的溶液浸透,其中有水分,酒精燃烧完后,没有达到手帕燃烧的燃点,因此,手帕不会点燃。

2．实验用品

手帕、坩埚钳、烧杯、酒精/水溶液(1∶1)。

3．实验步骤

把一小块棉手帕放入用酒精与水以 1∶1 配成的溶液里浸透,然后轻挤,用两只坩埚钳分别夹住手帕两角,放到火上点燃,等火焰减小时迅速摇动手帕,使火焰熄灭,这时会发现手帕依旧完好如初。

实验四　空杯生烟

1．实验原理

$$HCl(浓) + NH_3 \cdot H_2O \Longrightarrow NH_4Cl$$

2．实验用品

玻璃杯(2 只)、玻璃片(2 块)、浓盐酸、浓氨水。

3. 实验步骤

两只洁净干燥的玻璃杯,一只滴入几滴浓盐酸,另一只滴入几滴浓氨水,转动杯子使液滴沾湿杯壁,随即用玻璃片盖上,把浓盐酸的杯子倒置在浓氨水的杯子上,抽去玻璃片,逐渐便能看到满杯白烟。

实验五 雪球燃烧

雪球能燃烧吗?

1. 实验原理

醋酸钙溶解于水中形成溶液,醋酸钙不溶于乙醇,加入酒精后,醋酸钙析出,形成白色凝状固体。乙醇分布在固体之中,点火燃烧。

2. 实验用品

烧杯、蒸发皿、玻璃棒、醋酸钙、酒精(95%)、蒸馏水。

3. 实验步骤

10 mL 水加 3.5 g 醋酸钙,制成饱和醋酸钙溶液,加到 50 mL 95% 的酒精中,边加边搅拌,就析出像雪一样的固体。将这些白色固体堆积成雪球状,点火,就会燃烧起来。

实验六 吹气生火

往棉花上吹口气,棉花就能着火燃烧。这是为什么?

1. 实验原理

过氧化钠与二氧化碳反应产生氧气并放出大量的热,使棉花着火燃烧。

$$2Na_2O_2 + 2CO_2 = 2Na_2CO_3 + O_2\uparrow$$

2. 实验用品

蒸发皿、玻璃棒、镊子、细长玻璃管、Na_2O_2、脱脂棉。

3. 实验步骤

(1) 把少量 Na_2O_2 粉末平铺在一薄层脱脂棉上,用玻璃棒轻轻压拨,使 Na_2O_2 进入脱脂棉中。

(2) 用镊子将带有 Na_2O_2 的脱脂棉轻轻卷好,放入蒸发皿中。

(3) 用细长玻璃管向脱脂棉缓缓吹气,观察现象。

实验七 "水"中之火

俗话说"水火不相容",这是大家都知道的科学常识。但是,通过化学实验可以使得在"水"中闪火花。

1. 实验原理

"水"中闪火花的奥秘在于高锰酸钾是一种强氧化剂,它能与浓硫酸起化学反应,生成氧气,同时放出大量的热。酒精是易燃物质,遇到氧气又达到一定的温度就会燃烧,于是在液体中出现了一闪一亮的奇特火花。

$$4KMnO_4(固体) + 2H_2SO_4(浓) == 2K_2SO_4 + 4MnO_2 + 3O_2\uparrow + 2H_2O$$

$$CH_3CH_2OH + 3O_2 == 2CO_2\uparrow + 3H_2O$$

2. 实验用品

大试管 1 支、酒精、浓硫酸、高锰酸钾。

3. 实验步骤

(1) 在一支干净的试管中,注入 7~8 mL 纯酒精,然后再慢慢注入 5 mL 左右的浓硫酸,因为浓硫酸的比重大,因此,浓硫酸在试管中处于下层,酒精浮在上层。

(2) 取 5~6 粒小颗粒状的高锰酸钾晶体放进试管里,颗粒状的高锰酸钾会慢慢下沉,过一会儿就会看到"水"中出现的景象:试管里两层液体的中间出现一闪一亮的火花,还会听到轻微的响声。

这个实验如果放在暗处或者夜晚来做,火花更为好看。

四、火造纸币

火也能造出纸币来,你一定会感到这是奇闻。前几天,有一位魔术师在百货商店买东西,他在交钱时,从钱包里取出一张白纸来,这张纸的大小和十元面值的纸币一样大,随后将这张白纸送到服务员眼前,说:"服务员同志,我就用这个交款吧。"服务员看见他拿的这张白纸,不解其意地说:"你有没有搞错。"还没等服务员说完,只见这位魔术师将白纸往烟头上一触,说时迟那时快,只见火光一闪,眼前出现了一张十元钱的人民币。服务员被弄得目瞪口呆,神情愕然,引起在场的观众哄堂大笑。

你知道这位魔术师表演的"火造纸币"奥秘在哪里吗?

1. 实验原理

原来,魔术师的这张白纸是在人民币上贴了一层火药棉制成的。

火药棉在化学上叫做硝化纤维,用普通的脱脂棉放在按照一定比例配制的浓硫酸和浓硝酸混合液中发生硝化反应,更可生成硝化纤维,即火药棉,然后把火药棉溶解在乙醚和乙醇的混合液中,便成了胶体物质火棉胶,把火棉胶涂在十元的纸币上,于是一张"白纸币"就造成了。

这种火药棉的燃点很低,极易燃烧,一碰到火星便瞬间消失,它燃烧速度快得惊人,甚至燃烧时产生的热量还没有来得及传出去就已经全部烧光了。所以,十元钱的纸币还没有受到热量的袭击时,外层的火药棉就已经燃光了,因此,纸币十分安全。

化学反应是:

$$[C_6H_7O_2(OH)_3]_n + 3nHNO_3 = [C_6H_7O_2(ONO_2)_3]_n + 3nH_2O$$

2. 实验用品

试管、酒精灯、脱脂棉、镊子、浓硫酸、浓硝酸、乙醇和乙醚。

3. 实验步骤

a. 制取硝酸纤维

(1) 用大试管盛取 4 mL 浓硝酸,将 8 mL 浓硫酸分几次缓慢加入到浓硝酸中,边加边振荡试管,并用流水冷却。

(2) 将一小团脱脂棉放到混合液中,将试管浸在 70 ℃ 左右的水浴中受热几分钟。

(3) 取出已硝化的脱脂棉,用镊子夹取放在流水中冲洗,将余酸挤干,撕开棉团,夹入吸水纸吸干。

b. 制取火棉胶

将已制得的硝化纤维溶解在乙醇和乙醚的混合溶液中,得到胶体物质,即火棉胶。

c. 火造纸币

将火棉胶均匀涂抹在纸币上,放置,干燥。

4. 注意事项

"火造纸币"是有趣的,不过,千万不要随便玩它,弄不好,不但火药棉制不出来,还容易发生危险。要玩"火造纸币"就更不容易了,如果掌握不好药品的数量,那么 10 块钱就要和火药棉"同归于尽"了。

五、会变色的花

1. 实验原理

二氧化钴由于盐中结晶水数目不同而呈现不同颜色,它们的转变温度及特征颜色如下:$CoCl_2 \cdot 6H_2O$(粉红色)、$CoCl_2 \cdot 2H_2O$(紫红色)、$CoCl_2 \cdot H_2O$(蓝紫色)、$CoCl_2$(蓝色)。当氯化钴溶液喷到纸花上,晾干后是 $CoCl_2 \cdot 6H_2O$,所以纸花是粉红色的,当把纸花加热到 120 ℃ 以上,$CoCl_2 \cdot 6H_2O$ 就脱水成为 $CoCl_2$,于是纸花变成蓝色。再往蓝色的 $CoCl_2$ 上喷水,它又变成 $CoCl_2 \cdot 6H_2O$,于是纸花又变成了粉红色。

$$CoCl_2 \cdot 6H_2O(粉红色) \overset{25\,℃ \sim 52\,℃}{\rlap{\rule[0.5ex]{6em}{0.4pt}}} CoCl_2 \cdot 2H_2O(紫红色) \overset{90\,℃}{\rlap{\rule[0.5ex]{4em}{0.4pt}}}$$

$$CoCl_2 \cdot H_2O(蓝紫色) \overset{120\,℃}{\rlap{\rule[0.5ex]{4em}{0.4pt}}} CoCl_2(蓝色)$$

2. 实验用品

喷雾器 1 只、酒精灯 1 盏、滤纸若干、$1\ mol \cdot L^{-1}$氯化钴。

3. 实验步骤

把滤纸剪成玫瑰花瓣的形状,用细铁丝把这些花瓣扎成一朵花,把氯化钴配成 $1\ mol \cdot L^{-1}$ 的溶液,把它装在喷雾器中,将溶液喷到纸花上它变成粉红色。

表演时,把粉红色的玫瑰花放在酒精灯的火焰上烤(注意不要把花烤着了),它就变成了一朵蓝色的花,再把蓝花从酒精灯火焰上拿开,蓝色的花瓣上喷一些水雾,它又恢复原样,又是一朵粉红色的玫瑰花。

4. 注意事项

(1) 若用电吹风代替酒精灯烘干纸花,效果尤佳。

(2) 此花在日常生活中可做晴雨花,根据花的颜色可以判断空气湿度,从而知道天气变化。

六、化学振荡实验

振荡现象广泛存在于自然界中。例如在新陈代谢过程中占重要地位的糖酵解反应中,许多中间化合物和酶浓度是随时间而周期性变化的(振荡周期约为几分钟)。

1958 年,俄国化学家别洛索夫(Belousov)和扎鲍廷斯基(Zhabotinskii)首次报道了以金属铈作催化剂,柠檬酸在酸性条件下被溴酸钾氧化时可呈现化学振荡现象:溶液在无色和淡黄色两种状态间进行着规则的周期振荡。该反应被称为 Belousov-Zhabotinskii 反应。

在化学振荡反应发现的初期,人们感到难以理解。人们认为,这种魔术一般的"古怪行为"是在跟热力学第二定律开玩笑,是由于实验条件的错误安排或某种干扰所致。因此,Belousov 的发现长期未被承认,其论文也未能及时发表,被搁置达 6 年之久。在此之前,美国加州大学伯克利分校的 Bray 于 1921 年在过氧化氢转化为水的过程中也发现了化学振荡反应。然而也被认为是由于实验操作低劣而产生的人为现象而未被接受。直到 20 世纪 60 年代以后,由于发现的事实越来越多,化学振荡现象的存在已经不容置疑,才逐渐被承认且引起广大化学家的注意。

1968 年比利时化学家普里高京在经历了近 20 年的探索后,提出了耗散结构理论。他指出:一个开放体系达到远离平衡状态的非线性区域时,一旦体系的某一参量达到一定的阈值之后,通过涨落就可以使体系发生突变,从无序走向有序,产生化学振荡一类的自组织现象。

普通的化学反应,随着反应的进行,反应物和产物的浓度单调地发生变化,最终达到浓度不随时间变化的平衡状态。而在化学振荡反应中,某些组分的浓度忽大忽小,呈现周期性的变化,处于非平衡状态.

在振荡反应中,不仅组分的浓度呈现周期性的变化,在合适的条件下,还能形成漂亮的图案。因此,人们将这些运动的图案称为空间化学波。化学振荡不仅是一种有趣的现象,也是一类机制非常复杂的化学过程。

化学振荡现象的发生必须满足以下三个条件:① 反应必须是敞开体系且远离平衡态;② 反应历程中应该包含自催化的步骤;③ 体系必须能有两个稳定态存在,即具有双稳定态。就像在给定条件下,当钟摆摆动到右方最高点后,它就会自动摆向左方最高点。

1. 实验原理

在一定的条件下,过氧化氢可以作还原剂,又可以作氧化剂。在该实验条件下,过氧化氢在 Mn^{2+} 催化下分别跟碘酸钾、单质碘发生振荡反应,使溶液的颜色呈现周期性的变化(无色→琥珀色→蓝色的循环),直至过氧化氢完全反应,溶液的颜色才不会再变化。上述颜色变化的反应机理很复杂,有人认为是:

$5H_2O_2 + 2IO_3^- + 2H^+ \longrightarrow 5O_2 \uparrow + 6H_2O + I_2$(在 Mn^{2+} 催化下,使可溶性淀粉溶液变蓝)

$I_2 + 5H_2O_2 \longrightarrow 2HIO_3 + 4H_2O$ 使蓝色淀粉溶液褪色

$I_2 + H_2C(COOH)_2 \longrightarrow IHC(COOH)_2 + I^- + H^+$

$I_2 + IHC(COOH)_2 \longrightarrow I_2C(COOH)_2 + I^- + H^+$ } 溶液呈琥珀色

2. 实验用品

碘酸钾、$2\ mol \cdot L^{-1}\ H_2SO_4$、30%的 H_2O_2、$MnSO_4$ 晶体、可溶性淀粉、丙二酸、蒸馏水(可用自来水代替)、400 mL 的烧杯、100 mL 烧杯、100 mL 量筒 1 个、10 mL 量筒 1 个、台秤 1 个、玻璃棒 1 支、秒表 1 个(可用手机代替)。

3. 实验步骤

(1)溶液 A 的配制:在 400 mL 的烧杯中,加入 41 mL 30%的 H_2O_2 溶液,再加入 59 mL 蒸馏水,用玻璃棒搅拌均匀,为溶液 A。

(2)溶液 B 的配制:称取 4.3 g 的碘酸钾,放入到 100 mL 烧杯中,用少量的蒸馏水溶解,再加入 4 mL $2\ mol \cdot L^{-1}\ H_2SO_4$ 溶液,用蒸馏水稀释到 100 mL,即为溶液 B。

(3)溶液 C 的配制:称取 1.6 g 丙二酸,0.34 g $MnSO_4$ 晶体,放入到 100 mL 烧杯中,用少量蒸馏水溶解,加入含有 0.03 g 可溶性淀粉的溶液,搅拌均匀后,用蒸馏水稀释到 100 mL,即为溶液 C。

(4)混合溶液:在不断搅拌溶液 A 时,同时加入 100 mL 溶液 B 和 100 mL 溶液 C 于溶液 A 的烧杯中。观察实验现象,并记录颜色周期性变化的时间。

4. 实验现象记录

(1)颜色周期性变化情况记录在表 6-1。

表 6-1

周期	从无色→琥珀色→蓝色→无色的时刻/s		时间/s	说明
1	起始时间:	结束时间:		
2	起始时间:	结束时间:		
3	起始时间:	结束时间:		

(2) 振荡总时间:从三种溶液相混合开始,到不再发生振荡止(即蓝色不再褪去时该蓝色开始出现的时刻),共需要的时间为＿＿＿＿＿＿ min。

第二节 化 学 侦 探

一、指纹显现

指纹是每个人的特征,即使表皮磨损或者烧伤,愈合后的新生表面仍能恢复原来的纹路。一个人的 10 个指头的指纹也各不一样,可以说,在世界上没有任何两个人的指纹是绝对一样的,正如世界上没有两片完全相同的树叶一样。因此,在刑侦技术中常常从案发现场的器物上作案者留下的指纹找到破案的线索。

人的手指表面有油脂、汗水等,当手指接触器物后,指纹上的油脂、汗水会印在器物表面,人眼不易看出来。使器物上指纹显现的方法有多种:物理显现法、化学显现法、物化显现法等。

1. 实验原理

(1) 碘蒸气法。指纹中的油脂、汗水对碘有黏附作用,能将指纹染色,且指纹的物质中含有不饱和脂肪酸,能与吸附的碘发生加成反应,生成碘饱和的硬脂酸,使指纹线变成褐色。用碘蒸气熏,由于碘能溶解在指纹印上的油脂之中,而能显示指纹。这种方法能检测出数月之前的指纹。

(2) 硝酸银溶液法。向指纹印上喷硝酸银溶液,指纹印上汗水中的氯化钠就会转化成氯化银不溶物。经过日光照射,氯化银分解出银细粒,就会像照相一样显示棕黑色的指纹,这是刑侦中常用的方法。这种方法可检测出更长时间之前的指纹。

$$NaCl + AgNO_3 === AgCl\downarrow + NaNO_3$$
$$2AgCl === 2Ag\downarrow + Cl_2\uparrow$$

(3) 有机显色法。因指纹印中含有多种氨基酸成分,因此采用一种叫二氢茚三酮的试剂,利用它跟氨基酸反应产生紫色物质,就能检测出指纹。这种方法可检出一两年前的指纹。

(4) 激光检测法。用激光照射指纹印显示出指纹。这种方法可检测出长达五年前的指纹。

2．实验用品

白纸片、小试管、酒精灯、碘(固体颗粒)、凡士林、硝酸银溶液。

3．实验步骤

(1) 指纹纸片的制作。在手指上涂一层极薄的凡士林或擦手油(注意,只要轻轻一抹就可以了),然后让手指在一张白纸上压一下,指纹就会留在这张纸上。这时,看不出纸上有什么痕迹。

(2) 指纹检验如下:

① 在一支干燥的小试管中加入少量碘的固体颗粒,放在酒精灯上加热,即产生紫色的碘蒸气。让刚才那张按过手指纹的白纸与碘蒸气接触,就会在白纸上显现出指纹。

指纹是怎样显现出来的呢? 当手指上涂了一薄层凡士林以后,只在指纹的凸出处抹上了油,而在指纹的缝隙中是没有油的。这样,手指压在白纸上以后,纸上一部分吸了油,而另一部分没有吸油。如果用碘蒸气熏纸,有油的地方是不会吸附碘蒸气的而没有油的地方则会吸附碘蒸气,于是正好显现出手指的指纹。

② 向指纹印纸上喷硝酸银溶液,放在日光下照射数分钟,纸上显现棕黑色的指纹。

4．注意事项

(1) 手指上的油不可太多,只要轻轻地抹上薄层就行,切不可在指纹的缝隙内也抹上油。

（2）吸附在纸上的碘蒸气不宜太多，只要能看到出现指纹就可以了。熏的时间太长了，碘结晶会逐渐长大，反而会把指纹掩盖起来。

（3）使用的纸张最好不用打印纸，因为打印纸里有大量的淀粉，与碘蒸气、水蒸气共同作用而变为蓝色，致使指纹印迹不明显。

（4）如果找不到碘颗粒，也可以用消毒用的碘酒来代替，但是加热的时间要长一些，要等到碘酒中的溶剂挥发以后，才能产生碘蒸气使白纸显现指纹。

二、酒精测试

酒精使人的警觉性和灵敏度降低，因为醉酒驾车而出的交通事故，已经有为数不少的惨痛教训。目前，国际公认的酒后驾驶的认定有两种，一种是"酒后驾车"，一种是"酒醉驾车"。根据我国 2003 年的修订规定，当驾驶者每毫升血液中酒精含量大于或等于 0.2 mg 时，就会被交警认定为"酒后驾车"，大于或等于 0.8 mg 时，则会被认定为"醉酒驾车"。

当人饮酒时，酒精被吸收，但是不会被消耗，一部分酒精挥发出去，经过肺泡，重新被呼出体外。经测定，这种呼出气体中的酒精浓度和血液中的酒精浓度的比例是 2 100∶1，即，每 2 100 mL 呼出的气体中含有的酒精和 1 mL 血液中含有的酒精在量上是相等的。酒精检测仪就是根据这样的原理，通过检测驾驶者呼出的气体，很快计算出受测者血液中酒精的含量。

在酒精测试中，接受测试的司机把呼出的空气吹进一支试管。如果司机呼出的空气含有酒精成分，管中橙红色的部分会呈现绿色。

1. 实验原理

利用重铬酸钾容易被还原的特性，将其负载在硅胶上。当呼出的空气内含有酒精，那么酒精内的乙醇会被重铬酸钾氧化为乙酸，而橙红色的重铬酸钾便会变成绿色的铬（Ⅲ）离子。呼出空气中的酒精含量越高，那么越多的重铬酸钾被还原为绿色的铬（Ⅲ）离子。当测试管里的重铬酸钾变成绿色，并且超过了法例规定的警戒线时，警察便知道司机呼出的空气里酒精含量超出标准。

$$2K_2Cr_2O_7 + 3CH_3CH_2OH + 8H_2SO_4 = 2Cr_2(SO_4)_3 + 3CH_3COOH + 11H_2O$$
（橙红色）   （绿色）

2. 实验用品

无水乙醇、$0.1\ mol \cdot L^{-1}K_2Cr_2O_7$ 溶液、浓 H_2SO_4、蒸馏水、烧杯、塑料吸管（或玻璃导管）。

3. 实验步骤

(1) 在小烧杯中装入 $10\ mL\ 0.1\ mol \cdot L^{-1}$ 橙红色的 $K_2Cr_2O_7$ 溶液，滴入几滴浓 H_2SO_4，逐滴加入无水乙醇，可看到橙红色慢慢变成绿色。

(2) 在试管内加入 $2\ mL$ 蒸馏水和 $0.5\ mL$ 浓 H_2SO_4（小心滴加），振荡混匀，再滴加 3 滴 $0.1\ mol \cdot L^{-1}K_2Cr_2O_7$ 溶液，振荡混匀。实验者用一支塑料吸管（或玻璃导管）插入试管中溶液底部，徐徐吹气。若刚饮酒的人吹气，溶液会由橙红色变为绿色。饮酒越多，颜色变化越快。

4. 注意事项

(1) 使用三氧化铬（CrO_3）代替 $K_2Cr_2O_7$ 也可。它发生下列反应：

$$2CrO_3 + 3C_2H_5OH + 3H_2SO_4 = Cr_2(SO_4)_3 + 3CH_3CHO + 6H_2O$$

(2) 还可以利用 $KMnO_4$ 与乙醇的反应进行检测。此反应非常灵敏，即使喝上一口啤酒，紫红色的 $KMnO_4$ 也可变成绿色的 K_2MnO_4。

$$2KMnO_4(紫红) + C_2H_5OH + 2KOH = 2K_2MnO_4(绿) + CH_3CHO + 2H_2O$$

(3) 酒精测试仪测出的酒精含量不够精确。更精确的方法是检验血液和尿液中的酒精含量，但这种方法所需的时间较长，不够便捷。在实际操作中，交警常常联合应用酒精测试仪和验血这两种方法来确定饮酒者的醉酒程度。

第三节 化 学 游 戏

一、踩地雷

1. 实验原理

在常温时，碘跟浓氨水反应生成一种暗褐色的物质，通常称之为碘化氮（实际上,该物质是带有不同数量氨的碘化氮的化合物,如 $NI_3 \cdot NH_3$,$NI_3 \cdot 2NH_3$ 等)。其化学反应方程式如下:

$$5NH_3 + 3I_2 \!=\!=\!=\! NI_3 \cdot NH_3 \downarrow (暗褐色) + 3NH_4I$$

碘化氮在干燥条件下,极轻微的触动即引起爆炸。如受振动、碰撞或脚踩时,极易分解发出爆炸声。反应式如下:

$$2NI_3 \cdot NH_3 \!=\!=\!=\! 3I_2 + N_2 + 2NH_3$$

爆炸时,由于有热量放出,从而使生成的碘变成紫色的碘蒸气。

2. 实验用品

400 mL 烧杯 1 只、漏斗架、长颈漏斗、滤纸、100 mL 量筒、托盘天平、药匙、作搅棒用的木条 1 根、碘、浓氨水。

3. 实验步骤

称取 1～2 g 碘(最好是粉末状)置于 400 mL 烧杯中,然后注入 50～100 mL 浓氨水,用木条作搅棒,不断搅拌以使碘能与浓氨水充分反应。反应 2 min 后,过滤。过滤时应尽可能使不溶物聚集在滤纸的圆锥中央。过滤一次后,烧杯内仍残留许多未反应的碘,为此应将滤液再次倒回原烧杯,以使浓氨水与未反应的碘进一步反应,然后再摇动烧杯,倾出上层滤液过滤。重复以上过滤过程,直至碘与浓氨水充分反应。最后,将烧杯中所残留的固体,全部转移到滤纸上。当漏斗中仅剩余少量液体未滤出时,即可将滤纸从漏斗中取出,平铺于一块木板上。这样,“地雷”就制备完成了。用木条将滤纸上的滤饼泼洒到要进行表演的水泥地面上,晾干 30～60 min 后,即可进行,试验者将发现,当脚踩到该药品时,会发出清脆的爆炸声,并且随着脚步的移动,这种爆炸声将持续不断,致使实验者不知如何是好,犹如身陷地雷阵似的,正是“进亦难,退亦难”。

4. 注意事项

(1) 由于碘化氮极易分解、爆炸(甚至在潮湿时)。因此在制备碘化氮及进行实验时,均须小心,而且不可多制,制备的碘化氮必须一次用尽。

(2) 鉴于“地雷”晾干后就会容易爆炸,所以,在布置“地雷阵”时,一定要在滤饼湿润时进行,否则,在泼洒过程中就会分解爆炸,那就是“炸弹”,而不是“地雷”了。

二、粉笔炸弹

1. 实验原理

强氧化剂氯酸钾与强还原剂红磷的混合物在干燥条件下,受到撞击发生化学反应,同时放出大量热而引起爆炸。

$$5KClO_3 + 6P = 5KCl + 3P_2O_5$$

2. 实验用品

粉笔1支、氯酸钾、红磷、水、玻璃棒1支、蒸发皿1个。

3. 实验步骤

在粉笔大头上钻一个小孔,深度约1cm。接着在蒸发皿中放入研细的3∶1的氯酸钾和红磷,加入少量水,在潮湿的状态下,用玻璃棒使其搅拌成稠厚浆糊状。把糊状物装入粉笔大头的小孔中,然后用粉笔灰覆盖在其上,外观仍如粉笔一样,放在阴凉稳妥处,让水自然挥发掉,数小时后即干燥了。

取此粉笔头,使装有红磷与氯酸钾混合物的一端向下,用力摔向坚硬的地面或墙壁,立即发生光、声、白烟共生的爆炸。

4. 注意事项

(1) 装糊状物时要十分小心,不要拼命挤压、敲打,否则炸弹会提前爆炸。

(2) 氯酸钾与红磷必须浸没在酒精或水中才能拌和,干时拌和极容易发生燃烧和爆炸。

(3) 制好的粉笔炸弹要及时摔响,剩余的混合物要放在铁盘中点火烧掉,不能贮存。

(4) 做此实验时千万要注意安全。

三、蛇形焰火

焰火又叫"礼花",在节日和喜庆的日子,各种焰火腾空而起,在空中竞相展现不同的造型,把节日的夜空点缀得绚丽多姿,五彩缤纷。有一种焰火,一经点燃,就会喷射出蛇一样的火焰,人们称它为"蛇形焰火"。

1. 实验原理

重铬酸钾、硝酸钾等都是强氧化剂,受热分解放出氧气和有色固体残渣,蔗糖在氧化剂中燃烧生成二氧化碳和水蒸气,过量的蔗糖碳化成黑色黏稠的焦炭。

$$4K_2Cr_2O_7 =\!=\!= 4K_2CrO_4（黄色）+ 2Cr_2O_3（绿色）+ 3O_2 \uparrow$$

$$2KNO_3 =\!=\!= 2KNO_2（白色）+ O_2 \uparrow$$

$$C_{12}H_{22}O_{11} + 12O_2 =\!=\!= 12CO_2 \uparrow + 11H_2O \uparrow$$

$$C_{12}H_{22}O_{11} =\!=\!= 12C（黑色）+ 11H_2O$$

三种物质混在一起点燃,生成各种颜色的固体残渣在 CO_2、$H_2O(g)$ 的作用下,剧烈膨胀形成彩色团条状的蛇形物。

2. 实验用品

重铬酸钾、蒸馏水、蔗糖、硝酸钾。

3. 实验步骤

将 10 g 蔗糖、10 g 重铬酸钾、4 g 硝酸钾分别研成细末,放在一张铝箔纸上混合均匀,然后卷裹在铝箔中,下端封死装进有底的硬纸圆筒里,水平放在稳妥处,用火柴或燃着的木条点燃口部一端的混合物,立即燃烧起来并有"蛇"从筒内曲曲弯弯地"爬"出来。

4. 注意事项

点火时勿对人,以免发生危险。

第四节　化学制作

一、用鸡蛋做的趣味实验

1. 实验原理

鸡蛋蛋壳的主要成分是碳酸钙,与酸作用会放出二氧化碳。利用这一性质,可以设计多个与鸡蛋有关的趣味化学实验。

$$CaCO_3 + 2HCl \Equal CaCl_2 + H_2O + CO_2 \uparrow$$

$$CaCO_3 + 2CH_3COOH \Equal Ca(CH_3COO)_2 + H_2O + CO_2 \uparrow$$

2．实验用品

10%醋酸、蜡、广口瓶、毛笔 1 支、鸡蛋数个、铁钉 1 个、小刀 1 把、稀硫酸铜溶液、6 mol·L^{-1}HCl 溶液。

3．实验内容

（1）鸡蛋入瓶

将鸡蛋浸在 10%的醋酸中,待鸡蛋壳变软后,将蛋取出,找一个瓶口略比鸡蛋小的广口瓶,往广口瓶中投入一燃着的酒精棉球,火焰熄灭后,迅速将鸡蛋的小头对准瓶口,鸡蛋很快被吸入瓶中。

这是因为瓶中压强低于外界大气压的缘故。过一段时间蛋壳会稍变硬,似鸡蛋原样。这是为什么呢? 你能说出其中的原因吗?

（2）蛋壳刻画

取一只红壳鸡蛋(红壳鸡蛋的蛋壳稍硬),洗净,用布轻轻擦干。取 10～20 g的蜡,加热使之熔化,用毛笔蘸取蜡液,在蛋壳上绘图或写字,待白蜡冷凝后,把鸡蛋慢慢浸入 10%的醋酸中,用筷子拨动鸡蛋,使它均匀地跟溶液接触约 20～30 min。当蛋壳表面产生较多的气泡,蛋壳上有明显的腐蚀现象即可。取出鸡蛋,用清水漂洗,晾干。用铁钉在鸡蛋的两端各打一孔,用嘴吹出蛋清和蛋黄。待蛋清和蛋白全部滴出后,用小刀轻轻刮去涂在壳上的白蜡,最后将蛋壳放在热水中浸一下,就能看到明显的图案花纹或字迹,被腐蚀的蛋壳表面很容易上色。

（3）蛋白留痕

取一只鸡蛋,洗去表面的油污,擦干。用毛笔蘸取醋酸,在蛋壳上写字。等醋酸蒸发后,把鸡蛋放在稀硫酸铜溶液里煮熟,待蛋冷却后剥去蛋壳,鸡蛋白上留下了蓝色或紫色的清晰字迹,而外壳却不留任何痕迹。

这是因为醋酸溶解蛋壳后能少量溶入蛋白。鸡蛋白是由氨基酸组成的球蛋白,它在弱酸性条件中发生水解,生成多肽等物质,这些物质中的肽键遇 Cu^{2+} 发生络合反应,呈现蓝色或者紫色。

(4) 鸡蛋潜水

将一只生鸡蛋投入盛放有大半杯 6 mol·L^{-1} HCl 溶液中,由于鸡蛋密度大于盐酸溶液,鸡蛋沉入杯底。蛋壳的主要成分是碳酸钙,和盐酸作用生成大量的二氧化碳气泡,这些气泡附着在蛋壳表面上,它产生的浮力能把鸡蛋托举到溶液表面上来。鸡蛋和空气接触后,部分二氧化碳逸散到空气中,浮力减小,鸡蛋又会下沉,过一会儿又上浮,然后又下沉,如此反复,极为有趣。

注意 本实验中,盐酸浓度过稀,沉浮速度将减慢,影响实验效果,应根据实际情况调节盐酸的浓度。

(5) 会变形的鸡蛋

一般的鸡蛋是不会变形的,因为蛋壳比较硬,如果非要使它变形,除非把它敲碎。现在有一个捏在手里会变形的鸡蛋,就像橡皮一样,你一定会觉得很好玩又很惊奇吧!

把一个完好的鸡蛋,放在稀醋酸溶液里浸半天左右,开始看不出什么变化,后来在蛋壳上冒出了不少小气泡,蛋壳就慢慢软化了,拿出来洗净后就成了一个会变形的鸡蛋。

因为醋酸把蛋壳中的大部分碳酸钙慢慢溶解掉,成为可溶性的醋酸钙,坚硬的蛋壳就会被软化,变得富有弹性了。

注意 鸡蛋浸在稀醋酸里的时间必须恰当,以蛋壳软化、可用手揉压、但又能保持鸡蛋的原形为宜。如果把鸡蛋浸在米醋中,同样可以制得会变形的鸡蛋,不过,时间需要稍长一些。

二、固体酒精

近年来家庭或餐馆利用火锅用餐的,以及野外作业和旅游野餐者,常使用固体酒精作燃料。固体酒精是在工业酒精(乙醇)中加入凝固剂使之成为胶冻状。使用时用一根火柴即可点燃,燃烧时无烟尘、无毒、无异味,火焰温度均匀,温度可达到 600 ℃左右。每 250 g 可以燃烧 1.5 小时以上。比使用电炉、酒精炉都节省、方便、安全。因此,它是一种理想的方便燃料。

1. 实验原理

硬脂酸(又称十八酸,化学式为 $CH_3(CH_2)_{16}COOH$,分子量为 284),是一种白色有光泽的柔软固体,不溶于水。加热至 $70\sim71\,℃$ 时,硬脂酸熔化,并能溶于酒精形成溶液。当加入氢氧化钠溶液后,氢氧化钠与硬脂酸反应生成硬脂酸钠。硬脂酸钠在较高的温度下溶于酒精,冷却时以凝胶块析出。该凝胶的结构是以硬脂酸钠为长链状骨架,骨架间隙充满大量的酒精分子,这就是固体酒精。在酒精体系中,主要的化学反应是:

$$CH_3(CH_2)_{16}COOH + NaOH \longrightarrow CH_3(CH_2)_{16}COONa \downarrow + H_2O$$

固体酒精燃烧,实际上是酒精燃烧。酒精燃烧后,余下的残渣即为硬脂酸钠。化学反应为:

$$CH_3CH_2OH + 3O_2 \longrightarrow 2CO_2 + 3H_2O$$

2. 实验用品

硬脂酸、95%酒精、NaOH 固体、水、烧杯(2 只)、量筒(大、小各 1 个)、台秤。

3. 实验步骤

(1) 在一个烧杯内先装入 75 g 水,加热至 $60\sim80℃$,加入125 g 95%酒精,再加入 90 g 硬脂酸,搅拌均匀。

(2) 在另一个烧杯中,加入 75 g 水,加入 20 g 氢氧化钠,搅拌,使之溶解。

(3) 将配制好的氢氧化钠溶液倒入盛有硬脂酸酒精溶液的烧杯中,再加入125 g 酒精,搅匀,趁热灌注进成型的模具中,冷却后即成为固体酒精燃料。

4. 注意事项

(1) 在实验中使用反应物的比例应合理,使氢氧化钠充分利用,可使所得产品碱性较小,光润、色白。

(2) 固体酒精燃烧后的剩余物是硬脂酸钠,还有极少量的硬脂酸钠燃烧后的碳化物。

三、神奇暖手袋

寒冷的冬天,小小的暖手袋,只要轻轻扭曲里面的金属片,暖手袋便开始发热。这是什么原理呢?高效速热暖手袋属于快速致热取暖用品,由复合塑料袋、醋酸钠液体和不锈钢启动片构成。醋酸钠液体和不锈钢启动片封装在复合塑料袋内。需要取暖时，用手反复掀动不锈钢启动片，醋酸钠液体开始固化，并放热。高效暖手袋可广泛用于学生、老年人、野外作业者及登山、旅游、出差人员等的取暖，还可用于腰腿病、关节炎等的辅助治疗。暖手袋携带方便，成本低，可反复使用。

1. 实验原理

要了解暖手袋的原理，首先要知道什么是过饱和溶液。饱和溶液是指溶质的溶解速率等于结晶速率的溶液，在饱和溶液中晶体颗粒逐渐变大，而剩下的溶质重量却不变。过饱和溶液与饱和溶液相比有更多的溶质，这种状态属于介稳态，当受到某些刺激（如加入一些固体的晶体或晃动使其产生微小的结晶），则此状态会失去平衡，过多的溶质就会结晶出来，恢复成一个适合此时温度的稳定平衡状态（饱和溶液）。

在某温度下，溶质在溶剂中的可溶性是不变的。例如食盐（NaCl）在水的可溶性在室温时是 36 g 每 100 mL 水。当溶液中的浓度与其可溶性相等时，这种溶液便称为饱和溶液；而当溶液的浓度比其可溶性还要高的时候，这种溶液便称为过饱和溶液。暖手袋里的液体就是过饱和溶液醋酸钠（CH_3COONa）。由于过饱和溶液的浓度太高，所以并不稳定。当我们扭曲里面的金属片的时候，所产生的轻微震动便足以使溶质结晶，变成较稳定的固体。然而，这个过程是放热的，所以暖手袋开始暖起来。

暖手袋有一个优点，就是可以循环使用。只要把暖手袋放入沸水中加热约 10 min，凝结的溶质便会再次溶解；这是由于在高温下，溶质的可溶性增加。在溶解的过程中，溶质进行吸热反应，再次成为过饱和溶液。

$$CH_3COONa(s) = CH_3COO^-(aq) + Na^+(aq)$$

2. 实验用品

天平、烧杯、锥形瓶、玻璃棒、蒸发皿、铁架台、煤气灯、醋酸钠、蒸馏水、金属片。

3. 实验步骤

(1) 现象观察如下：

(a) 制备 NaAc 的过饱和溶液：

将 50 g 的 $CH_3COONa \cdot 3H_2O$ 和 5 mL 的水放入锥形瓶中搅拌并加热，直

到所有的醋酸钠晶体全部溶解,然后置于室温下冷却。

(b) 制热:

用金属片摩擦锥形瓶瓶壁,会看到有大量晶体析出,而且可以感到瓶壁很热。

(2) 自制神奇暖手袋:

把 175 g 的醋酸钠(CH_3COONa)放入盛有 50 mL 水的烧杯中,用热水浴把烧杯中的醋酸钠溶解,把溶液倒进保鲜袋,并加入一块可扭曲的金属片。溶液降温后,扭曲金属片,看看有什么变化。

4. 注意事项

(1) 冷却时可以用铝箔将保鲜袋包起来,避免因温度突然下降很大而在冷却的过程之中就结晶出来。

(2) 若冷却之后得到晶体,可以加少许的水后再加热,直到溶液在室温时为一澄清的溶液为止,可多试几次。醋酸钠晶体可重复使用。

(3) 过饱和溶液很不稳定,经过搅拌或碰撞即有晶体析出,该过程放出大量的热。

四、水果电池

物质失去电子,氧化数增加,这个过程称为氧化。物质得到电子,氧化数减少,这个过程称为还原。

原电池是怎样产生电的呢? 原电池需要利用两种金属,使其成为正极与负极,在这两极之间放置导电性的物质即电解质。电解质可以游离出金属离子,一般说来,任何金属接触到电解质,都会放出电子,成为带正电的离子。

水果中含有 80%~90% 的水分及蛋白质、脂肪、碳水化合物、维生素、果酸及无机盐等。水果的汁液是酸性的,因此可以充当原电池的电解液。

不同的水果含有不同的有机酸,主要有苹果酸(苹果、梨子、桃子、杏子、李子、西红柿等)、柠檬酸(柠檬、橘子等)、酒石酸(葡萄)等,这些都是有机弱酸。

含酸调味品(醋)和饮料(汽水、可乐),含碱的洗涤用品(洗衣粉、牙膏等),盐(食盐、小苏打粉等),皆为电解质,都可以做电池。

1. 实验原理

金属锌的化学性质比铜活泼,当这两种金属同时处在电解质溶液中时,锌就会失去电子,这些失去的电子沿着导线传到铜片上,形成电流。因为电子带的是负电荷,因此铜和锌组成的原电池中,铜是正极,锌为负极。

当锌片与铜片插入水果中时,水果中的组织液作为电解质溶液与之构成原电池,若干个这样的电池串联起来能够使小灯泡点亮。

因此可以推断出哪种水果最适合用来做水果电池:首先要很酸;其次要多汁,因为汁水相当于电解液。

水果电池的反应式如下:

阳极(负极):$Zn(s) \longrightarrow Zn^{2+}(aq) + 2e^-$;$Ni(s) \longrightarrow Ni^{2+}(aq) + 2e^-$;

阴极(正极):$2H^+(aq) + 2e^- \longrightarrow H_2(g)$。

例:以锌和铜为电极,柠檬为电解质时:

阳极(负极):$Zn(s) + H_3C_6H_5O_7 \longrightarrow ZnHC_6H_5O_7 + 2H^+(aq) + 2e^-$;

阴极(正极):$2H^+(aq) + 2e^- \longrightarrow H_2(g)$;

Zn 失去电子成为 Zn^{2+},电子经外电路到正极,H^+ 因获得电子而产生 H_2。

2. 实验用品

西红柿、柠檬、橘子、苹果(各数个)、锌片(1 个)、铜片(1 个)、电线、三用电表(1 个)、小灯泡(1 个)、夹子、pH 计、果汁机。

3. 实验步骤

(1) 分别将各种水果切半,取铜片与锌片各一片,两片距离 2.0 cm,分别插入:西红柿、柠檬、金桔、苹果等,电极片均须露出果实一半长度。三用电表上"+"接头的导线连接在铜片上,"-"接头的导线连接在锌片上,测量各种水果的电流与电压并记录在表 6-2 中。

表 6-2

	西红柿	柠檬	橘子	苹果
电流				
电压				

(2) 利用果汁机把各种水果打成果汁(不加水),将电极插入果汁,用电线

将电极接到三用电表,测量果汁原汁的电压和电流,并记录在表 6-3 中。

表 6-3

	西红柿原汁	柠檬原汁	橘子原汁	苹果原汁
电流				
电压				

再利用 pH 计测量各种水果汁的 pH 并记录在表 6-4 中。

表 6-4

	西红柿原汁	柠檬原汁	橘子原汁	苹果原汁
pH				

(3) 把原汁中水果的纤维过滤掉,过滤后的无纤维果汁插入电极,将电极接到三用电表,测量电压和电流,并记录在表 6-5 中。

表 6-5

	西红柿汁	柠檬汁	橘子汁	苹果汁
电流				
电压				

再利用 pH 计测量 pH,并记录在表 6-6 中。

表 6-6

	西红柿汁	柠檬汁	橘子汁	苹果汁
pH				

(4) 将各种水果的电压和 pH 作关系图,找出各种水果的电压和 pH 的关系与各种水果电压和电流的顺序。

(5) 将几个相同的水果串联或并联起来,测量其电流和电压。

(6) 在电路中连接小灯泡,此水果电池可点亮小灯泡。

五、自制泡沫灭火器

生活中常常会发生火灾,需要使用灭火器。起火的原因不同,所使用的灭火器也不同。

不同的灭火器内装物质不同,外观颜色和标示也不同(见表 6-7)。

表 6-7　常用灭火器种类及使用范围

名　称	使 用 范 围
泡沫灭火器	用于一般失火及油类着火。由 $Al_2(SO_4)_3$ 和 $NaHCO_3$ 溶液作用生成大量的 $Al(OH)_3$ 和 CO_2 泡沫,泡沫把燃烧的物质覆盖与空气隔绝而灭火。因为泡沫能导电,所以它不能扑灭电气设备的火灾
四氯化碳灭火器	用于电气设备及汽油、丙酮等着火。此种灭火器内装液态 CCl_4。CCl_4 沸点低,相对密度大,不会被引燃,所以 CCl_4 喷射到燃烧物的表面后,CCl_4 迅速气化,覆盖在燃烧物上而灭火
1211 灭火器	用于油类、有机溶剂、精密仪器、高压电气设备着火。此种灭火气内装 CF_2ClBr 液化气,灭火效果好
二氧化碳灭火器	用于电气设备失火及忌水的物质灭火。内装液态 CO_2.
干粉灭火器	用于油类、电气设备、可燃性气态及遇水燃烧等物质的着火。内装 $NaHCO_3$ 等物质和适量的润滑剂和防腐剂。此种灭火器喷出的粉末能覆盖在燃烧物上,形成阻止燃烧的隔离层,同时它受热分解出 CO_2,能起到中断燃烧的作用,因此灭火速度快

1. 实验原理

泡沫灭火器中的药剂由 $Al_2(SO_4)_3$、$NaHCO_3$ 与泡沫稳定剂组成。$Al_2(SO_4)_3$ 具有酸性,与 $NaHCO_3$ 作用生成大量的 CO_2 气体,反应方程式如下:

$$6NaHCO_3 + Al_2(SO_4)_3 =\!=\!= 2Al(OH)_3 + 3Na_2SO_4 + 6CO_2 \uparrow$$

泡沫稳定剂使 CO_2 气体产生大量稳定的泡沫,把火源与空气隔绝,起到了灭火的作用。

2. 实验用品

台秤、大试管(1 支)、小试管(1 支)、小烧杯(1 个)、$Al_2(SO_4)_3$、$NaHCO_3$、甘

草末。

3. 实验步骤

(1) $Al_2(SO_4)_3$ 溶液的配制:将 2 g 固体 $Al_2(SO_4)_3$ 溶解于 10 mL 水,放入大试管中。

(2) 泡沫稳定剂溶液的配制:将 0.4 g 甘草末溶解于 10 mL 沸水中,冷却后加入 1 g $NaHCO_3$ 固体,装入小试管中,再将小试管放入大试管。

(3) 大试管塞上带导管的塞子。

(4) 倒转试管,使泡沫稳定剂溶液和 $Al_2(SO_4)_3$ 溶液接触,发生反应,带泡沫的二氧化碳会从导管中喷射出来。

4. 注意事项

在实验过程中,要确保安全,注意别让泡沫喷溅出来伤人。

六、化学"冰箱"

现代家庭离不开电冰箱,尤其在夏天,用电冰箱储存食物可以长期不腐败。但外出与郊游时,需要保鲜食品或致冷饮料就成了难题,本实验使用化学试剂制冷技术,可在夏季形成 0～5 ℃ 低温小环境,食物一天不变味,饮料随时取用都凉爽可口。

1. 实验原理

无机盐溶于水的过程包括两个部分,首先是在水分子作用下破坏原有无机盐的离子晶格,使无机盐的组成离子进入水溶液,这个过程需吸热;然后离子与水分子化合形成水合离子,这个过程放热。无机盐溶解于水时总的热效应就由这两部分的综合效应来决定。硝酸铵等少数盐类溶解时吸热特别强烈,因而是常用的化学制冷剂。

2. 实验用品

硝酸铵(NH_4NO_3)、水、保温瓶或保温饭盒、10 号铁丝、量筒(100 mL)、台秤、烧杯(200 mL)。

3. 实验步骤

(1) 将硝酸铵在台秤上称出几份,每份 120 g,分别装入小塑料袋,封口携带备用。

（2）用 10 号铁丝弯成一铁丝支架，以备放置待保鲜制冷的食品。

（3）使用时先用烧杯盛 100 mL 水，然后将硝酸铵全部一次倒入烧杯中，不要搅拌。

（4）将上述烧杯放入保温瓶底部，把铁支架架在其上方，最后将饮料、食品等放在铁架上，盖好保温瓶盖，连续约 5 个小时瓶内可保持在 5 ℃以下。

（5）使用后硝酸铵水溶液可以再生。方法是将硝酸铵水溶液加热浓缩或在野外敞口晾晒，使水分蒸发，硝酸铵晶体析出后，可重复使用。

4. 注意事项

（1）可以使用含有结晶水的碳酸钠与硝酸铵混合物做"化学冰箱"。

（2）也可以使用氯化铵等在溶解时具有强吸热性的物质作为制冷剂。

七、树叶电镀

树叶是非导体，能对它进行电镀吗？回答是肯定的。只要将树叶先变成导体，就可以在电镀液中进行电镀。

树叶电镀是一种树叶保鲜和增加其观赏性的新技术，不会影响树叶的纹理，借助金属的保护可永久地保持树叶最好的形态，金属的光泽可使其更加耀眼，树叶镀铜后可以作为高档纪念品和高级饰品。

1. 实验原理

由于经过前期处理后的树叶是非导体，因此电镀前树叶表面必须进行金属化。本实验采用如下流程：敏化—活化—化学镀—电镀，现将相关原理表述如下：

（1）敏化。树叶经过敏化处理，表面吸附有一层薄的敏化液，进入清洗水槽时，由于清洗水 pH 高于敏化液，发生两价锡的水解作用。

$$SnCl_2 + H_2O == Sn(OH)Cl + HCl$$

$$SnCl_2 + 2H_2O == Sn(OH)_2 + 2HCl$$

液膜中存在的部分 $SnCl_4^{2-}$ 也会随之发生水解。

$$SnCl_4^{2-} + H_2O == Sn(OH)^+ + H^+ + 4Cl^-$$

$$SnCl_4^{2-} + 2H_2O = Sn(OH)_2 + 2H^+ + 4Cl^-$$

生成的 Sn(OH)Cl 与 Sn(OH)$_2$ 还可以聚合,形成微溶于水的凝胶状物质 Sn$_2$(OH)$_3$Cl。其反应为:

$$Sn(OH)Cl + Sn(OH)_2 = Sn_2(OH)_3Cl$$

(2) 活化。经过敏化后的树叶,表面吸附了一层还原剂,需要在含有氧化剂的溶液中进行反应,使贵金属离子还原为单质,在树叶表面形成"催化中心",以便在化学沉积中加速反应。

$$Sn^{2+} - 2e^- = Sn^{4+}$$
$$Pd^{2+} + 2e^- = Pd$$
$$Sn^{2+} + Pd^{2+} = Sn^{4+} + Pd\downarrow$$

(3) 化学镀。采用银镜反应原理镀银:

$$AgNO_3 + NH_3 \cdot H_2O = AgOH\downarrow + NH_4NO_3$$
$$AgOH + NH_3 \cdot H_2O = Ag(NH_3) \cdot 2OH$$
$$4Ag(NH_3) \cdot 2OH + HCHO = 4Ag\downarrow + CO_2\uparrow + 8NH_3\uparrow + 3H_2O$$

(4) 电镀原理如下:

(a) 电镀铜

阳极:Cu $- 2e^- =$ Cu^{2+}(氧化反应);

阴极:Cu^{2+} $+ 2e^- =$ Cu(还原反应)。

电极材料:阳极为铜,阴极为叶脉;

电解质溶液为硫酸铜溶液;草酸和氨水调节溶液的 pH。

(b) 电镀银

阳极:Ag $- e^- =$ Ag$^+$(氧化反应);

阴极:Ag$^+$ $+ e^- =$ Ag(还原反应)。

电极材料:阳极为银,阴极为叶脉;

电解质溶液为硝酸银溶液;亚氨基二磺酸铵调节溶液的 pH。

2. 实验用品

1 000 mL 的烧杯、250 mL 的烧杯、酒精灯、水槽、小刷子(用来刷去叶肉)、pH 试纸、温度计、玻璃棒、量筒、学生电源、计时器、若干导线、NaOH、SnCl$_2$、PdCl$_2$、TiCl$_3$、CuSO$_4$ · 5H$_2$O、NaKC$_4$H$_4$O$_4$ · 4H$_2$O、HCHO(37%)、

$NiCl_2 \cdot 6H_2O$、草酸、氨水适量、酒精、盐酸、碳酸钠、亚氨基二磺酸铵、蒸馏水适量、新鲜树叶。

3. **实验步骤**

(1) 脱叶绿素处理。选取质硬、完好、带柄的新鲜叶片适量在 1 000 mL 的烧杯中加入 250 g 氢氧化钠固体和 250 g 碳酸钠固体,各加入 500 mL 水溶液,放在酒精灯上加热至沸腾,将树叶放入煮 15 min,取出树叶放在清水中漂洗 2～3 min。然后用刷子小心把树叶上的叶肉去除,晾干待用。

(2) 敏化。称取 5 g $SnCl_2$ 溶于部分盐酸水溶液中,然后用蒸馏水稀释到 500 mL。并控制 pH 在 0～2 的范围,为防止二价锡离子氧化成四价锡离子,在敏化槽中应放一些金属锡粒,加入约 50 mL 酒精,并将步骤(1)的树叶放入敏化液中浸泡约 5 min,然后用蒸馏水漂洗 1 min,取出待用。

(3) 活化。称取 0.25 g $PdCl_2$ 放入 1 000 mL 烧杯中,加入 2 mL HCl,用酒精稀释至 1 L。并控制 pH 在 1～3 的范围,然后将步骤(2)中的树叶放入该液中约 2 min,然后取出待用。

(4) 化学镀的步骤如下:

(a) 化学镀铜。化学镀铜液各成分:$CuSO_4 \cdot 5H_2O$, 14 g $\cdot$ L^{-1};$NaKC_4O_6 \cdot 4H_2O$, 44.5 g $\cdot$ L^{-1};Na_2CO_3, 4.2 g $\cdot$ L^{-1};$NaOH$, 9 g $\cdot$ L^{-1};HCHO(37%), 51 mL;$NiCl_2 \cdot 6H_2O$, 4 g $\cdot$ L^{-1};pH, 12;温度,室温;时间,20 min。

① 将 7 g $CuSO_4 \cdot 5H_2O$ 和 22.5 g $NaKC_4H_4O_4 \cdot 4H_2O$ 分别溶解于少量 50～60 ℃ 蒸馏水中,冷却至室温。

② 用蒸馏水溶解 4.5 g 氢氧化钠冷却至室温。

③ 在镀槽内加入 300 mL 的蒸馏水,然后依次缓慢加入 $NaKC_4H_4O_6$,氢氧化钠和 $CuSO_4$ 溶液,加水至 500 mL,再加入 51% HCHO 26 mL,并用 Na_2CO_3 溶液调节,使溶液的 pH>11(12～13),加入 2 g $NiCl_2 \cdot 6H_2O$。

④ 将步骤三中的树叶放入浸泡约 2 min 取出后,用蒸馏水漂洗,此时叶片上已镀上了一层铜。

(b) 化学镀银。化学镀银液各成分:$AgNO_3$,2%;氨水,2%;HCHO,37%;pH,12;温度,50～600 ℃;时间,2 min。

① 在洁净的烧杯里加入 10 mL 2% $AgNO_3$ 溶液；

② 边摇动边逐滴滴入 2% 的稀氨水，至最初产生的沉淀恰好溶解为止；

③ 滴入 1 mL 甲醛 37% 振荡；

④ 将步骤③中的树叶放入；

⑤ 把烧杯放入水浴锅中温热约 2 min 取出，用蒸馏水漂洗，此时叶片上已镀上了一层银。

（5）电镀的步骤如下：

（a）电镀铜。电镀铜液配方：$CuSO_4 \cdot 5H_2O$，$15\,g \cdot L^{-1}$；草酸，$100\,g \cdot L^{-1}$；氨水，$80\,g \cdot L^{-1}$；PH，2～3。

① 将 50 g 草酸和 8 g $CuSO_4 \cdot 5H_2O$ 晶体分别溶解在 50 mL 蒸馏水中（加热可加快溶解）。

② 将草酸溶液倒入水槽中，再将 $CuSO_4$ 溶液倒入，此时溶液出现浑浊。

③ 向浑浊液中加浓 $NH_3 \cdot H_2O$ 至浑浊消失，此时溶液 PH≈2～3。

④ 阳极接铜片，阴极接叶柄，进行常规电镀，大约 3 min，并将控制电流密度为 $j = 0.1 \sim 0.5\,A \cdot dm^{-2}$。

（b）电镀银。电镀银液配方：硝酸银，$25\,g \cdot L^{-1}$；亚氨基二磺酸铵，$80\,g \cdot L^{-1}$；pH，2～3；

① 将 25 g 硝酸银、80 g 亚氨基二磺酸铵分别溶于 100 mL 蒸馏水中。

② 将硝酸银、亚氨基二磺酸铵溶液依次倒入镀槽，搅拌均匀，加水稀释至 1 L。

③ 阳极接银棒，阴极接叶柄，进行电镀。大约 3 min 即可。

4. 注意事项

（1）已经处理过上色的树叶不能镀上铜或银，干枯的树叶镀上的铜或银分布不均匀，新鲜的树叶电镀最理想。

（2）电镀时一定要从最小电压（最小电流密度）开始试探电镀，至刚好有少量气泡冒出为宜，以防止电流密度过大烧穿镀品。

（3）铜在高温和潮湿的环境中不稳定，而银在电镀时对电镀液要求较高，采用非氰镀液电镀，镀层不太紧密。

第七章　化学实验设计

第一节　化学实验设计概述

一、化学实验设计概述

化学实验设计是指实验者在进行化学实验之前，根据化学实验的目的和要求，运用化学知识与技能，按照一定的实验方法对实验的原理、仪器、装置、步骤和方法等进行合理的安排与规划。

化学实验设计在化学科学研究中具有极其重要的作用，它直接关系到实验效率的高低，实验能否成功。科学、合理、周密、巧妙的实验设计，往往是导致化学科学的重大发现的基础。

化学实验设计需要设计者拥有较为扎实的化学知识和实验技能，而且还必须掌握相关的科学方法（如假设、测定、实验条件的控制、实验观察与记录、实验结果的处理与表达等），要求设计者能够灵活应用化学知识与技能以及科学的研究方法来解决化学问题。

二、化学实验设计程序

一般来说，进行化学实验设计要遵循下列程序：

(1) 提出实验研究的课题即明确实验目的。实验目的是实验的出发点和归宿，因此在实验设计前，必须确定实验目的。

（2）确定实验的原理和实验方法。只有明确实验原理和方法，才能对实验设计做出合理的规划。

（3）理清实验设计思路。根据实验目的明确实验要解决的问题并提出假设。围绕假设确定实验的内容和实验变量。按照实验变量采取相应的方法、手段。依从变量控制安排实验步骤，选择合适的实验器材和反应条件等。

（4）实验的实施、对比和控制。在实验实施过程中要特别重视对比和控制，对照不当，实验将失去意义；没有控制，则不能成为实验。实验要求应始终保持主题的活性。在实验过程中要细致观察实验现象，详实记录实验数据。

（5）实验结果的处理。对实验现象、结果、数据进行加工整理，准确表述实验得到的结论。

6. 实验评价与修正。回顾实验设计，反思实验过程，修正检验假设，对实验结果进行评价。

三、化学实验设计内容

一个完整的化学实验设计方案从内容上说应该包括以下七个方面：

（1）实验目的。"实验目的"是实验者根据实验课题所提供的信息，确定研究方向和研究内容，即明确"做什么"。

（2）实验原理。"实验原理"是化学实验能够顺利进行的理论依据。实验设计者根据课题所提供的信息以及已经储备的知识和经验确定达到实验目的的方法和途径，在综合考虑各方面因素的基础上筛选出最佳途径并明确其理论基础。即明确"做的实质是什么？"

实验原理是化学实验设计的核心部分，在设计时应确保它的科学性和可行性。

（3）实验用品。"实验用品"是化学实验顺利进行的物质保障。化学实验中，正确选用实验仪器和药品是保证化学实验能够顺利进行的前提条件之一。实验设计者要根据实验目的和实验原理，反应物和生成物的性质和特点，反应条件等因素，选择所需要的实验仪器和药品，即明确"需要什么"。

（4）实验步骤。"实验步骤"即具体的实验操作过程，是化学实验设计中的重点,是实验思想和实验方法的具体体现。实验设计者要根据实验目的、原理、反应条件等,精心地设计出合理的实验操作步骤和实验操作方法,即明确"怎样做"。

(5) 实验数据记录和结果处理。实验设计者为如实记录实验操作结果并进行数据处理而预留的空白处。即明确"做的结果和得到的结论"

(6) 注意事项。"注意事项"是实验设计者对化学实验过程中的关键条件、操作重点和安全要素等给予的详细说明。即明确"怎样才能做好、做得安全"。

(7) 参考文献。"参考文献"是对化学实验设计有参考价值并引用在化学实验设计中的一类研究成果。在进行化学实验设计时,实验设计者查阅与该实验相关的文献资料越多,对实验设计者的启迪会越大,设计实验方案的会越完善、越有新意。在化学实验设计中,注明参考文献既是对别人成果的尊重,又能方便其他实验者和阅读者查阅原始文献。即明确"实验方案设计与别人的有何不同"。

四、化学实验设计原则

在规划实验设计时,必须遵循一些基本原则。具体有:

(1) 科学性原则。科学性原则是指所设计实验的原理、操作顺序、操作方法等,必须与化学理论知识以及化学实验方法论相一致。例如,验证氯酸钾($KClO_3$)中存在氯元素,不应该采用将其溶于水再加 $AgNO_3$ 溶液的方法,因为 $KClO_3$ 中不存在 Cl^-。而应该先让固体与 MnO_2 混合,充分反应后,冷却,再将固体溶于水,取上面的清液滴入少量的 $AgNO_3$,看到白色现象,再加入稀硝酸,震荡,沉淀不溶解,这样才能够证明存在氯元素。

(2) 可行性原则。可行性原则是指设计实验时,所运用的实验原理在实施时要切实可行,而且所选用的化学药品、仪器、设备、实验方法等在现行的条件下能够得到满足。例如,鉴别 $NaCl$ 和 Na_2SO_4,选用硝酸银溶液就不可行,因为尽管溶解性表标明 $AgCl$ 难溶而 Ag_2SO_4 微溶,但事实上无法将它们区分。这是因为 Ag_2SO_4 容易分解为难溶的氧化银。

(3) 简约性原则。简约性原则是指化学实验的设计要尽可能地采用简单的装置或方法,用较少的步骤及实验药品,在较短的时间内来完成实验。例如,除去铜表面的氧化铜杂质,一般人很容易想到用还原剂(H_2、C 或 CO)还原的方法。这种方法由于需要加热甚至高温条件下才能进行反应,因而对装置及操作的要求就比较高,在实验设计中不宜采用。比较简便、易行的方法是用稀硫酸或稀盐酸作试剂,在常温下清洗铜片。

(4) 安全性原则。这是指实验设计时应尽量避免使用有毒药品或具有一定危险性的实验操作。如鉴别稀溴水和稀碘水(均呈浅黄色溶液)时,就不能采取加热蒸发、通过观察蒸气颜色的方法来区分,因为溴、碘的蒸气均有剧毒,这样操作是很危险的。而应采取加有机溶剂(如 CCl_4)萃取的方法,或者加入硝酸酸化的硝酸银溶液的方法,很快便可区分清楚。由此看来,能构成环境污染的,能造成人身伤害的思路及操作均是不安全的,因而在实验设计中是不可取的。

(5) 最优化原则。最优化原则是指在实验设计中对所运用的反应原理、实验步骤和实验方法进行全面的优化;或者在多个化学实验设计方案中进行比较,挑选出最佳的实验设计方案。

在进行实验设计时,要综合考虑原料、环境、可行性、产品等几个方面,对生产的原料成本、环境(包括生产环境)状况、生产的简单性和可行性、产品的状况加以多角度、多层面的分析,提出一系列实验设计方案,再分析哪个方案可行或哪个方案最佳。

五、化学实验设计方法

由于化学实验设计的具体对象、内容、目的和方法各不相同,因此实验设计没有必须遵循的固定模式。但是,在化学实验的研究和设计中,已有不少人摸索创造了一些方法和策略,可供人们在具体的实验设计中借鉴。

(1) 化学原理物化法。化学原理物化法是指将化学原理通过基本的实验手段由纯化、简化的抽象形式直接复原成为具体实验的一种方式。

(2) 模仿法。模仿法是指通过模拟化工生产原理或者实际操作过程进行实验的一种方式。

（3）移植法。移植法是指把某些比较成熟的实验构思、实验设计移植应用到类似的实验中，以获得更好的化学实验方案的一种方式。

（4）试探法。试探法是指从某一现有的化学实验方案出发，逐一试探改变某一实验条件，若效果不好，就停止这一方向的努力；若实验效果变好，就继续沿着这一方向改变条件，直到取得满意的实验效果为止，从而形成良好的实验方案的一种方式。

六、化学实验设计评价

化学实验设计方案的优选标准有：① 实验原理恰当；② 实验效果明显；③ 实验装置简单；④ 实验操作安全；⑤ 药品易得且节约；⑥ 实验步骤简单；⑦ 实验误差较小。总之，要符合"绿色化学"的要求即采用无毒、无害的原料；在无毒、无害的反应条件下进行；减量、循环、重复使用；反应具有高选择性、极少副产物、甚至实现零排放；得到的产品应是对环境友好的；满足价廉物美的传统标准。以上几个方面在实验设计的过程中必须充分注意，同时这些标准也是评价实验设计方案优劣的关键要素。

第二节　化学实验设计案例赏析

目前，随着科学的发展和技术手段的进步，化学学科有了很大的变化，出现了很多新的领域、研究手段和研究方法，化学实验也变得更为复杂和精细。

化学、化工生产和化学科学研究所涉及的化学实验有很多种。一般而言，与日常生活有关的化学实验大致可以分为三种类型，即物质的合成或制备，物质成分或含量的检验，物质中某组分的分离、提纯。

进行不同类型的化学实验要采用不同的实验方法，因此在进行化学实验设计时，也要根据不同的实验目的采用不同的实验方案。下面列举一些与日常生活有关的化学品的制备、提纯和检验相关的化学实验方案,从而使我们更好地欣赏化学实验,对化学实验有一些初步的了解和认识。

一、物质合成制备实验

物质的合成和制备是化学工业和化学科学研究的重要内容。在日常生活中,人们使用的绝大多数化学品是人工合成的,可以说,在人类生活中,化学用品无处不在。不同性质的化学品有不同的用途,合理使用化学品,对提高人类的生活质量可以起到至关重要的作用。

在化学实验设计中,物质的合成和制备要根据原料与产品的组成、性质,选择合适的反应路线和反应装置,并根据反应的原理,选择适当的实验条件。实验条件对反应的方向、速率和反应进程有很大的影响。

物质合成和制备实验一般流程如下:

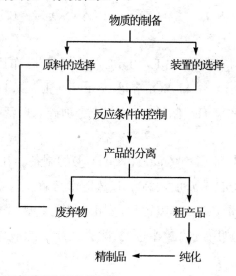

赏析实验一　废旧铝制品制备明矾

日常生活中常用铝制品有铝锅、铝箔、易拉罐等。如何更好地回收、使用废旧铝制品是化学研究的课题之一。

1. 实验目的

(1) 认识铝和氧化铝的两性性质;

(2) 学习明矾的制备方法；

(3) 学会溶解、过滤、结晶等常用基本操作。

2. 实验原理

铝是一种两性元素，既能与酸反应，又能与碱反应。将其溶于浓氢氧化钠溶液中，能生成可溶的四羟基合铝（Ⅲ）酸钠（$Na[Al(OH)_4]$），再用稀 H_2SO_4 调节溶液的 pH，可将其转化为氢氧化铝；氢氧化铝可溶于硫酸，生成硫酸铝。硫酸铝能同碱金属硫酸盐如硫酸钾在水溶液中结合成一类在水中溶解度较小的同晶复盐，称为明矾 $[KAl(SO_4)_2 \cdot 12H_2O]$。当冷却溶液时，明矾结晶出来。

相关化学反应如下：

$$2Al + 2NaOH + 6H_2O =\!=\!= 2Na[Al(OH)_4] + 3H_2\uparrow$$

$$2Na[Al(OH)_4] + H_2SO_4 =\!=\!= 2Al(OH)_3\downarrow + Na_2SO_4 + 2H_2O$$

$$2Al(OH)_3 + 3H_2SO_4 =\!=\!= Al_2(SO_4)_3 + 6H_2O$$

$$Al_2(SO_4)_3 + K_2SO_4 + 24H_2O =\!=\!= 2KAl(SO_4)_2 \cdot 12H_2O$$

3. 实验用品

烧杯（100 mL）、量筒（100 mL，10 mL）、玻璃漏斗、布氏漏斗、抽滤瓶、表面皿、蒸发皿、煤气灯、台秤、H_2SO_4 溶液（3 mol·L^{-1}）、H_2SO_4 溶液（1∶1）、NaOH(s)、K_2SO_4(s)、废旧铝制品（实验前充分剪碎）、广泛 pH 试纸、无水乙醇。

4. 实验步骤

(1) 四羟基合铝（Ⅲ）酸钠（$Na[Al(OH)_4]$）的制备。在台秤上用 100 mL 烧杯快速称取固体 NaOH 1 g，加入 20 mL 蒸馏水溶解。将烧杯放置在水浴上加热，盖上表面皿。称量 0.7 g 碎废铝片，分几次小心将铝片放入溶液中。激烈反应。待反应完毕，趁热用玻璃漏斗过滤，除去杂质。滤液即为四羟基合铝（Ⅲ）酸钠溶液。

(2) 氢氧化铝的生成和洗涤。在四羟基合铝（Ⅲ）酸钠溶液中加入约 4 mL 的 3 mol·L^{-1} H_2SO_4 溶液，调节溶液的 pH 为 7～8，溶液中生成大量的白色氢氧化铝沉淀，抽滤，所得沉淀用去离子水洗涤。

(3) 明矾的制备。将抽滤所得氢氧化铝沉淀转入蒸发皿中，加入 5 mL 1∶1 H_2SO_4 溶液，再加入 7 mL 蒸馏水，小火加热，氢氧化铝沉淀溶解。加入 2 g

硫酸钾,继续加热至其溶解。待自然冷却后,加入 3 mL 无水乙醇,结晶。

待结晶完全后,用 5 mL 1∶1 的水—乙醇混合溶液洗涤晶体两次,将晶体用滤纸吸干,称重。计算产率。

赏析实验二　肥皂的制取和分析

油脂为动植物体内合成的有机化合物,一般含有硬脂酸甘油酯、软脂酸甘油酯及油酸甘油酯,脂肪酸甘油酯为其主要成分。通常含饱和脂肪酸较多的油脂其熔点较高,常温下呈固态,称为脂肪,常温下为液体的油脂称为油。

肥皂为高级脂肪酸的钠盐,其成分为硬脂酸钠、软脂酸钠及油酸钠等。将油脂与氢氧化钠或氢氧化钾溶液共热,即水解生成硬脂酸钠和甘油,硬脂酸钠为肥皂的主要成分,通过盐析等工序分离后即得到肥皂。

$$
\begin{array}{l}
CH_2COOC_{17}H_{35} \\
| \\
CHCOOC_{17}H_{35} \\
| \\
CH_2COOC_{17}H_{35}
\end{array}
+ 3NaOH \longrightarrow 3C_{17}H_{35}COONa +
\begin{array}{l}
CH_2-OH \\
| \\
CH-OH \\
| \\
CH_2-OH
\end{array}
$$

肥皂溶解后,硬脂酸钠溶于水,用一定量的盐酸酸化,硬脂酸钠变为不溶于水的硬脂酸。将硬脂酸过滤后,用一定量的氢氧化钠来滴定过量的盐酸,即可得出肥皂中硬脂酸钠的含量,即肥皂量。

$$C_{17}H_{35}COONa + HCl \longrightarrow C_{17}H_{35}COOH + NaCl$$

$$NaOH + HCl \longrightarrow NaCl + H_2O$$

1. 实验目的

(1) 利用皂化法及盐析法制备肥皂;

(2) 利用酸碱中和法测定肥皂主要成分的含量及含水量。

2. 实验用品

猪油或牛脂、食盐、氢氧化钠溶液($5\ mol \cdot L^{-1}$)、乙二醇、盐酸($1\ mol \cdot L^{-1}$)、NaOH 溶液($1\ mol \cdot L^{-1}$)、酚酞指示剂、过滤装置、量筒、吸管、滴定管、电子天平、烧杯(250 mL)、玻璃棒、锥形瓶(125 mL)、酒精灯、石棉网。

3. 实验步骤

(1) 肥皂的制取过程如下:

① 称取约 4 g 猪油,放入 125 mL 锥形瓶中,加入 30 mL $5\ mol \cdot L^{-1}$ 氢氧化

钠溶液,10 mL 乙二醇。锥形瓶置于石棉网上,以微火煮沸,不断搅拌防止突沸。不时加水补充蒸发所消耗的水分。继续煮沸直至油滴完全消失,皂化反应完成。

② 从石棉网上取下锥形瓶,冷却,加入 20 mL 饱和食盐水,快速搅拌使肥皂析出,抽滤,得到粗制肥皂。

③ 将粗制肥皂放入锥形瓶中,加入 20 mL 水,快速搅拌以除去残余氢氧化钠,再加 5 g 氯化钠使肥皂析出。

④ 将精制的肥皂过滤,此时肥皂呈粒状,加入 10 mL 水,加热搅拌调成皂浆,倒入模型中冷却使其成型。

(2) 肥皂的分析过程如下:

① 取肥皂样品约 3 g,准确称量后放入 125 mL 锥形瓶中,加入 30 mL 蒸馏水,加热溶解。

② 冷却后,量取 25 mL 1 mol·L^{-1}盐酸,逐滴滴入肥皂溶液中,快速搅拌,使脂肪酸沉淀完全。

③ 过滤,除去脂肪酸,用蒸馏水洗涤数次,将滤液置于锥形瓶内,加入两滴酚酞指示剂,用 1 mol·L^{-1}NaOH 溶液滴定反应后剩下的盐酸。

④ 假定肥皂成分为硬脂酸钠,由反应所消耗的盐酸量计算肥皂中所含的肥皂量。

4. 注意事项

调整火焰慢慢加热,尤其是在检验油滴是否完全消失时要防止沸腾逸出。

赏析实验三　泡沫塑料的制备

泡沫塑料是由聚合物基材和发泡气体制成的复合材料,具有密度小、隔热、吸音、缓冲等优良性能,且价格低廉、制造工艺简单,被广泛应用于各行各业。

根据泡沫塑料内气泡的形态,有开孔和闭孔之分。闭孔泡沫塑料内的气泡是一个一个独立分立的,而开孔泡沫塑料内的气泡是相互连通的。如果材料内兼有开孔和闭孔两种气泡,该材料可被称作混合孔型。密度高、泡孔细小均匀的泡沫塑料力学性能好。

泡沫塑料的发泡方法分为三种。一是机械发泡法,即聚合物乳液或液体橡胶通过机械搅拌而成为发泡体,而后通过化学交联的方法使泡沫结构在聚合物中固定下来;二是物理发泡法,即先使气体或低沸点的液体溶入聚合物中,然后加热使材料发泡;三是化学发泡法,是将发泡剂混入聚合物或单体中,发泡剂受热分解而产生气泡,或者经过发泡剂与聚合物或单体的化学反应而产生气泡。

1. 实验目的

(1) 了解泡沫塑料的一般概念;

(2) 制备聚氨酯泡沫塑料。

2. 实验原理

目前,可用作泡沫塑料的聚合物品种有很多,如酚醛树脂、聚氨酯、聚苯乙烯、聚氯乙烯、聚乙烯醇缩甲醛、聚有机硅氧烷和天然橡胶等。本实验制备聚氨酯类泡沫塑料,以水为发泡剂,反应方程式如下:

(1) 二异氰酸酯与二元醇反应生成聚氨基甲酸酯:

$$O=C=N-R-N=C=O \longrightarrow \left[\begin{matrix} O \\ \| \\ CNH-R-NH-C-O-R'-O \\ \| \\ O \end{matrix}\right]_n$$

式中,R=— $(CH_2)_7$—CH=CH—CH_2—$(CH_2)_3$—CH_3 。

(2) 二异氰酸酯和水反应放出 CO_2,使聚合物得以发泡:

$$R-N=C=O + H_2O \longrightarrow R-NH_2 + CO_2\uparrow$$

(3) 反应(2)中产生的氨基可与体系中尚存的异氰酸酯基反应生成脲:

$$-NH_2 + O=C=N- \longrightarrow -NH-\overset{O}{\overset{\|}{C}}-NH-$$

生成的脲还可以进一步与异氰酸酯基反应生成二脲等。

3. 实验用品

烘箱、电热套、烧杯、自制纸质模具。

氮气、二氮杂双环[2,2,2]辛烷(DABCO)、一氟三氯甲烷、甲苯二异氰酸酯、双十二碳酸二丁基锡、三羟基聚醚(相对分子质量约 3 000)、有机硅表面活性剂。

4. 实验步骤

(1) 硬质闭孔泡沫塑料的制备。在一号 50 mL 烧杯中加入 0.5 g 的 DABCO 和 8 mL 一氟三氯甲烷，使 DABCO 完全溶解。在二号 250 mL 烧杯中依次加入 27 g 三羟基聚醚、21 g 甲苯二异氰酸酯和 1 滴双十二碳酸二丁基锡。完成以上操作后向一号烧杯中加入 0.3 g 约 12 滴有机硅表面活性剂，然后将此溶液倒入二号烧杯中并用玻璃棒迅速搅拌。当反应物变稠后将其倒入预先制好的模型容器中，得到白色闭孔塑料一块。

(2) 软质聚氨酯泡沫塑料的制备。在一号 50 mL 烧杯中加入 0.1 g DABCO、5 滴水、10 g 三羟基聚醚，使 DABCO 完全溶解。在二号烧杯中依次加入 25 g 三羟基聚醚、10 g 甲苯二异氰酸酯和 5 滴双十二碳酸二丁基锡，搅匀。完成上述操作后向一号烧杯中加入约 0.25 g 约 10 滴有机硅表面活性剂，搅匀后将此溶液倒入二号烧杯中并用玻璃棒迅速搅拌。反应物变稠后，将其倒入预先制好的模型容器 50 mm×50 mm×50 mm 纸盒中，室温下放置半小时，然后放入烘箱中 70 ℃下烘干半小时，得到白色聚氨酯塑料一块。

二、物质检验实验

（一）物质成分检验

在生产和生活中，常常需要检测一些物质的成分，从而确定这些物质的真假，这种化学实验即物质成分检验实验。

物质成分检验实验的方法，主要是依据物质中某组分的特殊性质和特征反应，选择适当的试剂和方法，使其转变成为某一已知的物质，或者产生某些特殊现象，如颜色的变化、沉淀的生成和溶解、气体的产生和气味、火焰的颜色等，然后进行判断、推理，从而确定某组分是否存在。它包括确定物质的组成元素，无机化合物中所含离子和有机化合物中的官能团等等。物质检验的一般流程如下：

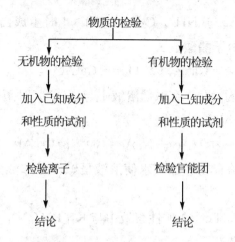

赏析实验四 茶叶中某些元素的检验

茶叶是一种含有丰富活性物质的天然产物,也是人们日常生活中常用的天然饮料之一,长期饮用对人体健康很有益处。茶叶的成分很复杂,含有丹宁、茶碱(1,3-二甲基黄嘌呤)、咖啡因(1,3,7-三甲基黄嘌呤)、蛋白质、碳水化合物、挥发性物质、树脂、胶质、果胶素、维生素 C、灰分等。茶叶和其他植物一样,都属于有机体,主要由碳、氢、氧、氮等元素组成,此外,还含有少量的磷、碘和某些金属元素,如钙、镁、铝、铁、铜、锌等。

如何检验茶叶中一些含量少的元素呢? 一般的方法是,把茶叶加热灰化,除了几种主要元素形成易挥发性物质逸出外,其他元素留在灰烬中,用酸浸取,它们进入溶液,然后从浸取液中分离检验钙、镁、铝、铁和磷等元素。磷元素可以单独检验,其他四种金属元素需分离后检验。

1. 实验目的

(1)了解植物的元素组成。

(2)学会从茶叶中分离和检验钙、镁、铝、铁和磷元素的原理和方法。

(3)掌握离心分离法的操作。

2. 实验原理

将植物组成中的某些元素,转化为能溶于水溶液的相对应的离子(或原子团),然后通过某种实验方案(如沉淀分离法、离心分离法等)将其分离并分别检验。

（1）Ca^{2+} 的检验。与 $(NH_4)_2C_2O_4$ 在 PH＞4 时生成白色结晶形沉淀。此沉淀溶于强酸，但不溶于醋酸。

$$Ca^{2+} + C_2^{2-}O_4 \Longrightarrow CaC_2O_4 \downarrow$$

（2）Mg^{2+} 的检验。Mg^{2+} 在碱性溶液中与镁试剂（对硝基偶氮间苯二酚）的碱性溶液生成天蓝色沉淀。

（3）Al^{3+} 的检验。在 HAc — NaAc 缓冲溶液中，Al^{3+} 与铝试剂（金黄色素三羧酸铵）生成红色螯合物。加氨水使溶液呈碱性并加热，可促进鲜红色絮状沉淀生成。

（4）Fe^{3+} 的检验。Fe^{3+} 在酸性溶液中与 $K_4[Fe(CN)_6]$（黄血盐）生成蓝色沉淀（又称为普鲁士蓝）。

$$Fe^{3+} + K^+ + [Fe(CN)_6]^{4-} \Longrightarrow KFe[Fe(CN)_6] \downarrow$$

（5）PO_4^{3-} 的检验。PO_4^{3-} 与 $(NH_4)_2MoO_4$ 生成黄色的磷钼酸铵 $(NH_4)_3[P(Mo_3O_{10})_4]$ 沉淀，此沉淀溶于氨水或碱中，但不溶于酸。以此检验方法来说明植物中有磷元素存在。

$$PO_4^{3-} + 3NH_4^+ + 12MoO_4^{2-} + 24H^+ \Longrightarrow (NH_4)_3PO_4 \cdot 12MoO_3 \cdot 6H_2O \downarrow + 6H_2O$$

3. 实验用品

茶叶（干燥）、HCl 溶液（2 mol·L^{-1}）、浓氨水、铝试剂（0.1%）、镁试剂、$K_4[Fe(CN)_6]$ 溶液（0.25 mol·L^{-1}）、$(NH_4)_2C_2O_4$ 溶液（0.5 mol·L^{-1}）、钼酸铵试剂、CCl_4 试剂、浓 HNO_3 溶液、NaOH 溶液（2 mol·L^{-1}）、NaOH 溶液（40%）、蒸馏水、滤纸、PH 试纸、台秤、蒸发皿、酒精灯、三脚架、研钵、烧杯（50 mL，100 mL）、普通漏斗、玻璃棒、量筒（10 mL，100 mL）、离心试管、离心机、石棉网。

4. 实验步骤

（1）茶叶灰的制取。称取 10 g 干燥的茶叶，放入蒸发皿中，在通风橱内用酒精灯加热，并不断搅拌，使其充分灰化。然后移入研钵中研碎，即为茶叶灰。

（2）溶解和过滤。取大部分茶叶灰于 100 mL 烧杯中，加入 15 mL 2 mol·L^{-1}HCl 溶液，加热搅拌，溶解，冷却，过滤，保留滤液，弃去不溶性杂质。

（3）调 pH 和离心分离。用浓氨水将滤液的 pH 调至 7 左右，倒入离心管进行离心分离，得到上层清液（1）和下层沉淀。将上层清液（1）转移到另一支离心管,留作后用;下层沉淀(1)用少量蒸馏水洗一洗,倒去洗液。

① 检验 Fe^{3+} 和 Al^{3+}。在沉淀(1)中加入过量的 2 mol·L^{-1} NaOH 溶液,然后离心分离,得到上层清液(2)和下层沉淀(2),把沉淀(2)和清液(2)分开。在所得到的沉淀(2)中加入 2 mol·L^{-1} HCl 溶液使其完全溶解,然后滴加 2~3 滴 0.25 mol·L^{-1} $K_4[Fe(CN)_6]$ 溶液,有蓝色沉淀生成,说明有 Fe^{3+} 存在。

在清液(2)中加入 2~3 滴铝试剂,生成红色物质,再加 2~3 滴浓氨水,放在水浴上加热,有红色絮状物质生成,说明有 Al^{3+} 存在。

② 检验 Ca^{2+} 和 Mg^{2+}。在清液(1)的离心管中加入 0.5 mol·L^{-1} $(NH_4)_2C_2O_4$ 溶液至无白色沉淀生成,离心分离,得到上层清液(3)和下层沉淀(3)。将清液(3)转移到另一支离心试管里,往沉淀(3)中加入 2 mol·L^{-1} HCl 溶液,沉淀溶解,说明有 Ca^{2+} 存在。向清液(3)中加入几滴 40% NaOH 溶液,再加入 2~3 滴镁试剂,生成天蓝色沉淀,说明有 Mg^{2+} 存在。

(4) 磷元素的检验步骤如下:

① 浸取和过滤。取少量的茶叶灰于 50 mL 烧杯中,在通风橱中,向其中加入 2 mL 浓 HNO_3 溶解,再加入 30 mL 蒸馏水稀释,过滤,弃去不溶物,保留滤液。

② 检验 PO_4^{3-}。向滤液中加入 1 mL 钼酸铵试剂,放在水浴上加热,有黄色沉淀生成。说明有 PO_4^{3-} 离子存在。

5. 注意事项

(1) 溶液的 pH 大小对四种金属离子分离效果有很大的影响。

(2) 每种金属离子的沉淀量极少,每次检验时应离心分离,这样实验现象会更明显。

(3) 铝试剂、镁试剂和钼酸铵试剂的配制分别如下:

① 铝试剂的配制:1 g 铝试剂用 1 000 mL 水溶解并定容至 1 000 mL。

② 镁试剂的配制:0.01 g 镁试剂用 1 mol·L^{-1} NaOH 溶液溶解并定容至 1 000 mL。

③ 钼酸铵试剂的配制。溶解 124 g $(NH_4)_2MoO_4$ 于 1 L 水中,将所得溶液倒入 1 L 6 mol·L^{-1} HNO_3 中,放置 24 小时,取其清液。

（二）物质含量的测定

物质含量的测定是指准确测定被测物质中某组分的含量是多少。物质的含量测定方法多种多样，按化学分析和仪器分析来划分，有：

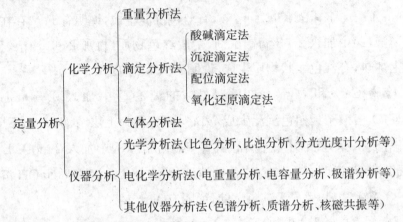

赏析实验五　食醋中醋酸含量检验

食醋是人们日常生活中常用的调味品之一。除此之外，食醋还具有降血压、降血脂、软化血管、消除疲劳、助消化等多种食疗功能。

食醋中主要含有醋酸（乙酸），还含有少量的乳酸、酒石酸、苹果酸、柠檬酸、蚁酸、焦谷氨酸、蛋白质、糖类、酯等有机化合物。食醋的酸味主要是由醋酸产生的，因此，醋酸含量是食醋品质好坏的重要指标之一，也是食醋生产工艺中要控制的重要条件之一。市场上的食醋由于生产厂家不同，其中的配料所占的比例各不相同，醋酸酸度也有所区别。食醋中到底含有多少醋酸，我们能否运用相关知识来设计检测食醋中的醋酸含量呢？

根据所学的酸碱滴定知识，我们可以设计下列检测方案：

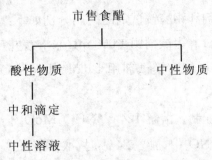

1. 实验目的

(1) 使用酸碱滴定法的基本原理以及数据记录、处理的方法。

(2) 应用滴定分析的基本操作。

(3) 利用酸碱滴定法测定食醋中醋酸的含量。

(4) 认识化学知识在食品安全中的重要应用价值。

2. 实验原理

市售食醋中的酸主要是醋酸,其他酸含量极少,可以忽略不计。可以利用酸碱中和反应的原理来测定市场上食醋中总酸量的含量。利用标准浓度的氢氧化钠溶液滴定醋酸,化学计量点的反应产物是 CH_3COONa,pH 在 8.7 左右,所以以酚酞为指示剂确定滴定终点。化学反应为:

$$CH_3COOH + NaOH \longrightarrow CH_3COONa + H_2O$$

3. 实验用品

市售食醋、NaOH 标准溶液($1.0\ mol \cdot L^{-1}$)、酚酞试液(0.1%)、蒸馏水。

碱式滴定管(50.00 mL)、移液管(10.00 mL)、容量瓶(200 mL)、锥形瓶(250 mL)、烧杯(100 mL,200 mL)、天平、洗瓶、胶头滴管、玻璃棒、洗耳球。

4. 实验步骤

(1) 配制 NaOH 标准溶液的步骤如下:

① 用 100 mL 的烧杯迅速准确称取 8.00 g 的 NaOH 固体,加入少量蒸馏水溶解;

② 把烧杯中的 NaOH 溶液转移到 200 mL 容量瓶中,用少量蒸馏水洗涤烧杯和玻璃棒 3 次,洗涤液均转移到容量瓶中;

③ 用蒸馏水定容到刻度,摇匀。

(2) 称量食醋样品的步骤如下:

① 准确称量空锥形瓶的质量(W_1);

② 用移液管准确移取 10.00 mL 食醋至锥形瓶中,再称量锥形瓶的质量(W_2);

③ 在锥形瓶中加入 50 mL 蒸馏水。

(3) 装 NaOH 标准溶液的步骤如下:

① 分别用自来水、蒸馏水洗涤碱式滴定管,再用 NaOH 标准溶液润洗

2～3次；

② 将 NaOH 标准溶液装入碱式滴定管,赶走气泡并将液面调至零刻度(或者其他整数刻度),记录数据(V_1)。

(4) 中和滴定的步骤如下:

① 在锥形瓶中滴加 3 滴酚酞试液,摇匀;

② 将 NaOH 标准溶液逐滴滴入锥形瓶,边滴边震荡;

③ 当滴入 NaOH 标准溶液时,锥形瓶内溶液出现红色,并立即消失时,开始一滴一滴慢慢滴加,摇匀,直至溶液恰好呈浅红色并在 30 秒内不褪色,记录数据(V_2);

④ 重复上述滴定实验两次。

(5) 数据记录与处理。所测数据记录与处理见表7-1。

表 7-1

	1	2	3
V(样品)/mL			
m(样品)/g			
V_1(NaOH)/mL			
V_2(NaOH)/mL			
V(NaOH)/mL			
$V_{平均}$(NaOH)/mL			
c 样品/mol·L^{-1}			
ω%			

5. 实验成败关键及注意事项

(1) 若市售食醋的颜色较深,会影响指示剂变色情况的观察,从而影响滴定终点的判断,导致测定结果产生误差。但是不能采用活性炭脱色,因为在脱色、过滤的过程中,会使样品损耗,带来更大的误差;可以用蒸馏水和容量瓶将食醋稀释到一定的体积,使溶液颜色变得很浅,不影响观察。滴定时,从容量瓶中移取一定体积的醋酸溶液进行测定。

(2) 醋酸与氢氧化钠溶液完全反应时生成强碱弱酸盐,使溶液呈碱性,接近酚酞的变色点。

（3）测定某物质中酸含量,中和滴定是最常用的定量分析法之一,其最基本的原理是:通过加入一定量的已知浓度的酸(或碱)溶液完全中和来确定未知浓度的碱(或酸)的浓度,溶液中 pH 的突变可以通过指示剂来跟踪。在滴定分析中,已知浓度的溶液称作标准溶液,未知浓度的溶液称作待测溶液。

（4）也可利用 pH 计测定食醋的总酸量,并利用数据采集器来采集、处理实验数据。这种方法不仅使实验操作变得简单易行,而且不受食醋颜色的影响,提高了测定结果的准确性。

（5）如果需要更精确的测定,则应该使用 $KHC_8H_4O_4$(邻苯二甲酸氢钾)作为基准试剂,用待标定的 NaOH 溶液进行滴定,从而确定 NaOH 的准确浓度。

赏析实验六　分光光度法测定水中的磷酸盐

磷酸盐在生活与生产中的应用十分广泛,如在洗衣粉中常常加入三聚磷酸盐除去水中的 Ca^{2+}、Mg^{2+}。同时,磷是重要的植物养分,因而,磷酸盐也是一种重要的化肥成分,对种子的形成、根的生长以及谷物的成熟等都起着十分重要的作用。有机磷农药与有机氯农药相比,较易被生物降解,它们在环境中的滞留时间较短,在土壤和地表水中降解速率较快,杀虫力较高,常用来消灭那些不能被有机氯杀虫剂有效控制的害虫。这些含磷物质最终进入江河湖海并成为重要的污染物。

1. 实验目的

（1）了解分光光度计的构造,掌握其使用方法。

（2）利用分光光度法分析确定水样中磷酸盐的浓度。

2. 实验原理

分光光度分析的原理在于样品吸收的光强与溶剂中化合物的浓度呈线性关系,可以用朗伯-比尔定律来描述,即当一定波长的光通过某物质的溶液时,入射光强度 I_0 与透射光强度 I_t 之比的对数与该物质的浓度及液层厚度成正比。其数学表达式可写为:

$$A = \frac{\lg 1}{T} = \frac{\lg I_0}{I_t} = kbc$$

式中,A 为吸光度;T 为透过率;b 为液层厚度,cm;c 为吸光物质的浓度;k 为

比例系数。当浓度以 mol·L^{-1} 表示时,上式可表示为:

$$A = \varepsilon b c$$

式中,ε 为摩尔吸光系数,在特定波长和溶剂情况下,是吸光物质(分子或离子)的一个特征常数。

磷酸盐是无色的,因此对可见光没有吸收。实验中首先需要利用钒钼酸铵试剂来显色,钒钼酸铵试剂由偏钒酸铵(NH_4VO_3)和钼酸根(MoO_4^{2-})组成,它们与磷酸盐反应生成一种黄色的结构可能为(($NH_4)_3PO_4 \cdot NH_4VO_3 \cdot 16MoO_3$)的杂多酸化合物,该黄色溶液的亮度与磷酸盐的浓度成正比。通过配制标准溶液和测定各溶液的吸光度可以绘制标准曲线,利用标准曲线可确定未知溶液中的磷酸根离子浓度。

3. 实验用品

可见分光光度计、容量瓶(50 mL,7 只)、吸量管(5 mL,2 mL,1 mL)、比色皿(1 cm)、烧杯(100 mL)。

钒钼酸铵溶液、硝酸溶液(2 mol·L^{-1})、磷酸钠标准溶液(1.00 × 10^{-3} mol·L^{-1})、未知含磷酸盐水样。

4. 实验步骤

(1) 配制标准溶液

取 6 只 50 mL 的容量瓶编号为 1~6,分别移取 0.00 mL,1.00 mL,2 mL,3.00 mL,4.00 mL,5.00 mL 1.00×10^{-3} mol·L^{-1} 磷酸钠标准溶液加入 1~6 号容量瓶,依次加入 2.00 mol·L^{-1} 硝酸溶液、1.00 mL 钒钼酸铵溶液,定容至刻度,摇匀。

(2) 绘制吸收光谱

打开预热分光光度计,调整至所需波长,校正透过率 $T = 0$。然后用试液润洗比色皿,采用编号 1 的溶液(空白溶液,不含磷酸盐)为参比溶液,设透过率为 100%。在 400~450 nm 之间,每隔 10 nm 测一次编号为 6 的溶液的吸光度。以波长为横坐标,吸光度为纵坐标,绘制吸收光谱,从而选择吸收峰的最高点所对应的波为工作波长 λ_{max}。

(3) 绘制标准曲线

在工作波长下,以 1 号空白溶液为参比,测定上述各标准溶液的吸光度。

以磷酸盐的浓度为横坐标,吸光度为纵坐标,绘制标准曲线。

（4）测定未知水样中磷酸盐的浓度

移取 5.00 mL 未知含磷酸盐水样,2.00 mL 硝酸溶液和 1.00 mL 钒钼酸铵溶液至 7 号 50 mL 容量瓶,定容至刻度,摇匀。在工作波长下,以 1 号空白溶液为参比,测定该未知水样的吸光度。通过标准曲线的拟合方程求出未知水样中的磷酸盐浓度。

5. 注意事项

钒钼酸铵溶液的配制:称取 25 g $(NH_4)_6Mo_7O_{24} \cdot 4H_2O$ 溶于 300 mL 水中,配制成溶液;称取 1.25 g NH_4VO_3 溶解于 300 mL 热水中,冷却后加入 330 mL 浓盐酸,再冷却至室温,然后将钼酸铵溶液倒入其中,并稀释至 1 L。

三、物质分离提纯实验

天然的和人工合成的物质往往不是纯净物,而在生产和生活中常常要求得到较纯净的物质,因此需要对物质进行分离和提纯。如从海带、紫菜等含碘丰富的天然物质中提取碘元素,就需要对海带等物质先进行相应的处理,再根据一系列相关的化学反应设计实验,提取纯净的单质碘。

分离即指将相互混在一起的不同物质彼此分开而得到相应的各个组分的过程。提纯是指将物质中混有的杂质除去的过程。

在化学中,分离和提纯的方法有多种,普通的化学实验主要有过滤、结晶、萃取、蒸馏、升华、沉淀、柱色谱法等。

根据实验过程的变化实质,可将分离和提纯的方法分为两种,即物理方法和化学方法:

$$\begin{cases} \text{物理方法——过滤、蒸发、结晶、萃取和分液、蒸馏与分馏、升华、渗析、层析等。} \\ \text{化学方法——沉淀法、转化法、酸碱法、氧化还原法、离子交换法等。} \end{cases}$$

赏析实验七　β-胡萝卜素和番茄红素的提取分离

β-胡萝卜素和番茄红素的分子式均为 $C_{40}H_{56}$,相对分子质量为 536.85。它们的分子骨架是由 8 个异戊二烯单位链接而成的,在分子中有一个较长的 π-π 共轭体系,能吸收不同波长的可见光,因而它们都呈现一定的颜色。β-胡萝卜素是黄色物质,番茄红素是红色物质,所以又称为多烯色素。

胡萝卜素是最早发现的一种多烯色素,后来又发现了许多在结构上与胡萝卜素类似的色素,即类胡萝卜素。这些化合物大都难溶于水,易溶于弱极性或非极性的有机溶剂,也称作脂溶性色素。

胡萝卜素广泛存在于植物的叶、花、果实中。胡萝卜素有 α、β、γ 三种异构体,在生物体中以 β-异构体含量最多,生理活性最强。在动物体内,胡萝卜素在酶的作用下可以转化为维生素 A。胡萝卜素在人和高等动物体内具有重要的生理功能,是人和高等动物生存不可缺少的营养物质。

番茄红素是胡萝卜素的开链异构体。番茄红素在成熟的红色植物果实如番茄、西瓜、胡萝卜、草莓、柑橘等中含量最高。近年来的研究表明,番茄红素是一种优越的天然色素和生物抗氧化剂,它可以预防一些癌症的发生,并且在预防心血管疾病、动脉硬化等各种与衰老有关的疾病,增强机体免疫力等方面具有重要的作用。番茄红素作为新型的保健食品、食品添加剂、化妆品和药品具有广阔的市场前景。

1. 实验目的

(1) 掌握从胡萝卜或番茄中提取分离 β-胡萝卜素和番茄红素的原理和方法。

(2) 学会使用柱色谱分离有机物的实验技术。

(3) 学会使用分光光度法测定 β-胡萝卜素或番茄红素的方法。

2. 实验原理

β-胡萝卜素和番茄红素都是不饱和碳氢化合物,难溶于甲醇、乙醇等极性溶剂,可溶于乙醚、石油醚、正己烷、丙酮、氯仿、二硫化碳、苯等弱极性溶剂中。根据它们的这些性质,可以利用石油醚、乙酸乙酯等弱极性溶剂将它们从植物材料中浸取出来,根据它们对吸附剂吸附能力的差异,用柱色谱进行分离。并根据它们在可见光区有强烈吸收的性质,用紫外可见分光光度法进行测定,β-胡萝卜素的最大吸收峰为 451 nm,番茄红素的最大吸收峰为 472 nm。

3. 实验用品

锥形瓶(50 mL)、分液漏斗(150 mL)、蒸馏瓶(50 mL)、普通蒸馏装置(或减压蒸馏装置)、色谱柱、量筒、烧杯、试管、721 型分光光度计。

番茄(或番茄酱)、胡萝卜、食盐、丙酮、乙酸乙酯、石油醚(60～90 ℃)、乙醇、无水硫酸镁、氧化铝(分离用,100～200 目)、硅胶(分离用,200～300 目)、无水硫酸钠、石油醚－丙酮(3∶2)、乙醇(2∶1)。

4. 实验步骤

(1) 类胡萝卜素的提取步骤如下:

① 食盐脱水:称取 20 g 新鲜番茄果肉,捣碎,置于 50 mL 锥形瓶中,再加入 5 g 食盐,用玻璃棒搅拌,使食盐与番茄果肉充分混合均匀,放置大约 30 min,果肉组织中大量水分渗出。过滤,滤出水分放入 150 mL 分液漏斗。

② 丙酮脱水:滤出果肉加入 10 mL 丙酮,用玻璃棒搅拌,静置 10 min。过滤,滤液放入分液漏斗。

③ 在经过丙酮处理的番茄果肉中加入 10 mL 乙酸乙酯浸提 5 min。浸提过程中不时振摇锥形瓶,使番茄果肉与溶剂充分接触。过滤,滤液放入分液漏斗。再用乙酸乙酯重复提取 2 次,每次 10 mL,合并滤液放入分液漏斗。

④ 充分振荡分液漏斗中的混合溶液,静置,完全分层后,弃水层。有机层(乙酸乙酯层)再用蒸馏水洗涤 2 次,每次 8～10 mL,弃水层。将有机层倒入干燥的小锥形瓶中,加入无水硫酸镁避光干燥 15 min。

⑤ 过滤,弃去硫酸镁,滤液放入 50 mL 干燥的蒸馏瓶中,水浴加热,减压蒸馏,浓缩至 1～2 mL,所得浓缩液即为类胡萝卜素样品。

(2) 类胡萝卜素的柱色谱分离步骤如下:

① 色谱柱装柱:使用氧化铝(100～200 目)作吸附剂,干法装柱,高度约 10～20 cm,要求紧密匀实。

② 加样:沿着色谱柱管壁滴加 5～8 mL 石油醚(60～90 ℃),待溶剂液面降低至氧化铝柱面顶端时,迅速小心滴加样品 5～10 滴,待样品液面即将在柱面上消失时,沿着管壁再小心滴加石油醚 3～5 滴,冲洗管壁上的有色物质。重复上述操作3～4次,直到管壁冲洗干净为止。

③ 洗脱:不断将石油醚加入管中,收集第一步黄色洗脱液,浓缩。

④ 待洗脱液清亮无色后加入石油醚与丙酮体积比为 3∶2 的混合液进行洗脱,收集第二步洗脱液为红色,浓缩。

⑤ 最后,用丙酮将剩余组分洗脱下来,收集第三步洗脱液,浓缩。

(3) 类胡萝卜素的分光光度法测定。

将所得三步洗脱液用石油醚适当稀释,然后用 721 型分光光度计分别在 420～520 nm 范围测定它们的光密度 E,并做 E-λ 曲线(每隔 10 nm 测定一次 E 值)。指出各自最大吸收峰 λ_{max},并与标准吸收对照鉴定。

5. 实验注意事项

(1) 若使用番茄酱作原料,可省去食盐脱水及丙酮再脱水这两步。

(2) 浓缩提取液时应当用水浴加热蒸馏瓶,最好减压蒸馏,不可蒸得太快、太干,以免类胡萝卜素受热分解。

第三节　设计实验

设计实验一　纯碱的制备

纯碱是碳酸钠的俗称之一,又称苏打,是一种常用的日常生活化学品,它易溶于水,水溶液呈碱性。在日常生活中常用它去掉面食发酵时产生的酸味(即除去多余的酸),也可用来洗涤餐具及沾有油污的衣物等。此外,碳酸钠还是重要的化工原料,可用于玻璃、造纸、纺织、石油精炼等工业。

1. 实验课题

使用原料:浓氨水、食盐、大理石、盐酸等,设计实验制备纯净的碳酸钠。

2. 设计思路提示

可利用二氧化碳和氨在反应先生成碳酸氢铵,再和氯化钠反应生成碳酸氢钠,然后再得到碳酸钠。

设计实验二　从废铜制备硫酸铜

$CuSO_4 \cdot 5H_2O$ 俗称胆矾或蓝矾,易溶于水,难溶于乙醇,在干燥的空气中会风化,加热至 230 ℃会失去结晶水变成白色无水 $CuSO_4$。它是重要的工业原料,也常常用作印染工业的媒染剂、杀虫剂、水的杀菌剂、防腐剂等。

1. 实验课题

利用废铜屑、硝酸和硫酸等原料设计实验,制备硫酸铜。

2. 设计思路提示

可先将废铜屑焙烧为氧化铜,再利用相应的化学反应制备硫酸铜。

设计实验三　铝合金易拉罐主要成分检测

市场上易拉罐主要成分为铝合金,其中以铝铁合金和铝镁合金最为常见。铝合金是向纯铝中加入一些金属元素制成的,有铝-锰合金、铝-铜合金、铝-铜-镁硬铝合金、铝-锌-镁-铜系超硬铝合金等。铝合金比纯铝具有更好的物理力学性能:易加工、耐久性强、适用范围广、装饰效果好、花色丰富。铝合金分为防锈铝、硬铝、超硬铝等种类,均有各自的使用范围,并有各自的代号,有不同的用途。

铝合金仍然保持了质轻的特点,但机械性能明显提高。铝合金材料主要应用于以下三个方面:一是作为受力构件;二是作为门、窗、管、盖、壳等材料;三是作为装饰和绝热材料。利用铝合金阳极氧化处理后可以进行着色的特点,制成各种装饰品。铝合金板材、型材表面可以进行防腐、轧花、涂装、印刷等二次加工,制成各种装饰板材、型材。

1. 实验课题

市场上常见的铝合金易拉罐的主要成分是铝合金,选用可口可乐公司生产的雪碧易拉罐为实验材料,设计实验检测雪碧易拉罐的主要成分。

2. 设计思路提示

假设易拉罐的主要成分是铝、镁和铁。利用铝与铁、镁的不同化学性质来确定铝合金易拉罐的主要成分。

设计实验四　市售果汁饮料中柠檬酸和维生素 C 的定量测定

柠檬酸又名枸橼酸,学名 2-羟基丙烷三酸或 2-羟基-1,2,3-三羧酸,无色晶体或白色粉末,密度为 1.665 g·cm^{-3},熔点为 153 ℃,易溶于水、乙醇、微溶于乙醚、在潮湿空气中易潮解。柠檬酸是柠檬、柚子等水果中所含的天然成分,饮料中常添加柠檬酸作酸味剂、螯合剂、抗氧化剂等,使其口感爽快柔和,增进食欲、促进消化。

维生素 C 又名抗坏血酸,无色晶体,熔点为 190～192 ℃,易溶于水,其水溶液呈酸性。维生素 C 广泛存在于新鲜的水果和蔬菜中,人体不能合成维生素 C,必须从食物中获取。当人体缺乏维生素 C 时易患坏血病,而过量摄入也会危害健康。

1. 实验课题

市售各种品牌的果汁饮料中含有柠檬酸和维生素 C(抗坏血酸)两种主要成分,这些成分的含量有多少? 是否符合人类健康的标准? 如何通过实验的方法进行测定? 选用市售的几种果汁饮料,设计实验方案测定其中柠檬酸和维生素 C 的含量。

2. 设计思路提示

柠檬酸和抗坏血酸均具酸性,可分别与 NaOH 反应,测出样品中酸的总量。而抗坏血酸易被 KIO_3 氧化,柠檬酸不能被 KIO_3 氧化,可以用氧化还原滴定测定样品中抗坏血酸的含量,再得到样品中柠檬酸的含量。

设计实验五　菠菜中铁含量测定

菠菜营养丰富,素有"蔬菜之王"之称,在营养价值上是一种高效的补铁剂。长期以来,民间流传着"菠菜不能与豆腐同食","菠菜根比菠菜更有营养"等说法。但是这些说法是否正确还存在争议。

1. 实验课题

请设计实验验证下列问题:

(1) 菠菜中是否含有丰富的铁,是补铁的最佳蔬菜吗?

(2) 菠菜是否可以与豆腐同食?

(3) 菠菜根是否更有营养?

2. 设计思路提示

菠菜中的铁元素,应该以 Fe^{2+} 的形式存在,故应先使菠菜中的铁元素转入溶液中,用氧化剂将 Fe^{2+} 氧化为 Fe^{3+},再用相应的试剂鉴定 Fe^{3+}。

设计实验六　牙膏成分检验

牙膏一般有普通型和药物型两类,其中含有摩擦剂、甜味剂、胶黏剂、发泡剂、润湿剂、香料、水等物质。摩擦剂主要有碳酸钙、碳酸氢钙、氢氧化铝、二氧化硅等。发泡剂有月桂酰基氨酸钠和十二烷基苯磺酸钠等。香料有月桂醛、肉桂醛及香兰素等。药物型牙膏主要功能有防龋齿、消炎、去结石等。含氟牙膏具有防龋齿的作用。常用的氟化物有 NaF 和单氟磷酸钠等（Na_2PO_3F）等。牙膏中加入止血环酸和甲硝唑能起到消炎的作用。

1. 实验课题

牙膏的主要成分为摩擦剂（$CaCO_3$）、甜味剂（甘油）、防止龋齿的氟化物（如NaF）等。选用市售含氟牙膏一支,设计实验检验其成分。

2. 设计思路提示

分别利用各类化学反应检验 $CaCO_3$、甘油和 F^-。

设计实验七　从红辣椒中分离红色素

辣椒中含有多个颜色鲜艳的色素成分,其中呈深红色的色素主要由辣椒红脂肪酸脂和少量辣椒玉红素脂肪酸酯所组成,呈黄色的是 β-胡萝卜素。

1. 实验课题

选取市售红辣椒数 g,设计实验从红辣椒中提取辣椒红色素。

2. 设计思路提示

可使用有机溶剂浸提法提取红辣椒中的色素成分,通过柱色谱分离提纯,制得辣椒红素,测定其红外光谱,分析辣椒红素的结构和红外光谱的对应关系。

设计实验八　从海带中分离碘元素

碘是一种重要的工业原料,可用于半导体材料的研制和生产。碘还参与人体甲状腺素的合成,能够调节新陈代谢,人体内缺少碘不但引起甲状腺肿痛,而且导致智力障碍,因此被称为人的智慧元素。

碘在海水中含量甚微,但是在海带、紫菜等海藻类植物中含量较为丰富。其中海带中碘的产量高,海带价格低,常常用作提取碘的原料。

1. 实验课题

海带中主要含有碳、氢、氧三种元素,还含有钾、钠、氯、溴、碘等元素。怎样通过简单的实验将碘元素分离出来?取用市售海带数 g,设计实验分离提取单质碘。

2. 设计思路提示

海带在灰化时,其中的碘被有机物还原为 I^-,与碱金属离子结合成碘化物,碘化物在酸性条件下可被氧化。可通过灼烧海带、浸取溶液、分离提取单质碘。

参 考 文 献

[1] 徐培珍,赵斌,孙尔康.化学实验与社会生活[M].南京:南京大学出版社,2008.

[2] 来增祥,陆震纬.室内设计原理[M].北京:建筑工业出版社,2004.

[3] 朱天乐.室内空气污染控制[M].北京:化学工业出版社,2003.

[4] 江家发.现代生活化学[M].合肥:安徽人民出版社,2006.

[5] 张成芬.室内甲醛污染的危害及测定方法的研究[J].化学教学,2007,1:8-10.

[6] 梁文珍.食品化学[M].北京:中国农业大学出版社,2010.

[7] 张根生.食品中有害化学物质的危害与检测[M].北京:中国计量出版社,2006.

[8] 顾良荧.日用化工产品及原料制造与应用大全[M].北京:化学工业出版社,2000.

[9] 周学良.日用化学品:化工产品手册[M].北京:化学工业出版社,2002.

[10] 王慎敏.日用化学品[M].北京:化学工业出版社,2005.

[11] 马腾文,殷广胜.服装材料[M].北京:化学工业出版社,2007.

[12] 邢声远.服装面料的选用与维护保养[M].北京:化学工业出版社,2007.

[13] 张胜义,陈祥迎,杨捷.化学与社会发展[M].合肥:中国科学技术大学出版社,2009.

[14] 李梅.化学实验与生活:从实验中了解化学[M].北京:化学工业出版社,2009.

[15] 范杰.趣味化学辞典[M].上海:上海辞书出版社,1993.

[16] 陈润杰.生活的化学[M].上海:上海远东出版社,1999.

[17] 熊言林.化学实验研究与设计[M].合肥:安徽人民出版社,2009.

[18] 罗一帆.中级化学实验[M].北京:化学工业出版社,2008.

[19] 何晓文.学生必做的 100 个拓展实验[M].上海:华东师范大学出版社,2007.

[20] 王麟生,钮泽富,徐承波,等.中学化学原创题集[M].上海:华东师范大学出版社,2009.

[21] 章福平.化学与社会[M].南京:南京大学出版社,2007.

[22] 吴泳.大学化学新体系实验[M].北京:科学出版社,1999.

[23] 周宁怀.微型无机化学实验[M].北京:科学出版社,2000.

[24] 张礼和.化学学科进展[M].北京:化学工业出版社,2005.